台灣書房

台灣書房

1949古寧頭戰紀

影響臺海兩岸一場關鍵性的戰役

李福井 著

古寧頭戰役六十週年的歷史意義

仙洲首僑　李炷烽　敬書

今年適逢古寧頭戰役六十週年紀念，歲月悠悠，對於親身經歷此役之人，相信至今猶仍記憶深刻，歷歷在目，時筆者雖未出世，於與聞先輩述及戰事一二，仍不免慷慨激昂。每為戰役之塗炭生靈而義憤不已。金門因此役而揚名中外，卻彼原富農漁之利的古寧村，受創慘重，南山村舍全為砲火所毀，林厝亦大半不存，至是不惟古寧村，至浯地各鄉，亦多流徙外域，遠赴各地。

面對飽經戰禍的金門歷史，炷烽自接任金門首長以來，朝乾夕惕、宵衣旰食，而願為我金門擘劃安身立命之所，為金門永續發展，繆謀良策，尤於兩岸和平，更秉持「戰爭無情、和平無價々之普世價值，孜々矻々，致力以赴，期毋負承受戰爭之苦的先民，此乃身為是役倖存者之後代，滿懷感恩之餘，所得奉獻棉薄者。

平淡的古寧鄉村，祥和恬靜，遙想青年，砲聲隆々、彈如雨下，今感恩滿懷，鄉里承載之豐富歷史，尤需保留諸多親自參與之真切史實，存供後世徵文考證之用，誠得任職於金門日報社之福井學長，於中國時報服務多年涵、以記者之專業，投入鄉土史料之纂輯，其雄健之筆力，敘事談史，令人耳目一新，秉持其對家鄉濃厚之情感，於公務餘暇，編撰此書，為此役對於國史、方志及鄉里之影響，留下深刻之詮解。 期逢付梓，謹綴數語，用誌申賀，並願金門世々代々遠離戰爭之威脅。

推薦序二

止爭息戰，珍惜和平！

我與福井先生比鄰而居，他的曾祖母享年百歲，我們常伴隨她老人家，聽她訴說一生的經歷。其實「享年」兩字只是吉祥話，自她嫁作古寧頭媳婦，幾曾有幾天讓她享福過！戰爭一發生，瘟疫流行肆虐，土匪犯境，她的家園莫不首當其衝，數不清的深沉苦難體驗，救亡圖存的經驗，難免不斷對子孫叮嚀交代，因而深深烙印在兒孫的腦海。何況福井先生自幼生活在彈痕累累的空間，又日以繼夜飽受巨砲爆炸的震撼，之後又嘗盡逃難流離失所的痛苦。戰亂是他刻骨銘心的記憶，驚慌顛沛的鬱悶情結積滿他的胸臆，任何人都想一吐為快。歷經三十多年文藝生涯的淬鍊，終於把金門最慘烈、影響大局最深遠的古寧頭戰役的始末，用深沉感性的角度傾瀉出來。

戰爭多是非理性的、不擇手段的，故一旦發生，便意味著無數生靈塗炭，骨肉相殘。古寧頭的血戰之後，屍骨尚未收盡，「大擔二擔」、「九三」、「八二三」諸役相繼而起。參加戰鬥的人員又是連番骨肉離散。百姓尤其倒楣，徭役頻頻、家園殘破，甚且有全家被流砲坑殺的。作者透過幾位有代表性的實戰軍人、現場住民的田野紀錄，參照文獻，把他感觸最深的小地方戰爭吶喊出腥風血雨的驚悚，籲請止爭息戰，珍惜和平。

或許苦難過的人，會比較敏銳、富同情心，因而容易憤世嫉俗，對時局就不免有所批評，對人物亦多少會褒貶，但卻可能會讓當事人或其後裔不高興。試想夜黑風高，殺聲震天，烽火漫天，感官的覺察很難精準，故不同角度，觀點自會有所差異。

但眞金不怕火煉，眞英雄三二步調的差池，也不至於滅英雄的本色。

大凡經由人民印證的歷史才最眞實，古寧頭戰役距今已屆滿六十週年，戰後有不少專訪文章、札記、回憶錄相繼出版，多少都有點主觀意識存在，但地方民衆發表的文字絕少。作者雖然在字裡行間也充滿著鄉土情感，由於引據充分，故不失客觀可靠。我身歷其境，也讀了不少文獻，感到內在與眞實度，以本書爲最。

金門國家公園前管理處處長

李養盛

代序

戰爭的終點，和平的起點！——給胡錦濤先生的一封信

錦濤先生左右

想寫這封信已然有些時日了。一個小小地方的一個小小人物，提筆向您致意，確實得頗費思量，尤其處在兩岸夾縫中的金門，有許多的歷史糾結，曾經影響兩岸的政治情勢與人民的感情。

在過去六十年的歲月之中，是否曾有金門人寫信給您呢？表達金門人的感受、看法與期望呢？我想恐怕會有些困難吧！因爲歷史條件不允許。那麼今天我就站在一個金門人的立場，不揣簡陋，想說一說金門人的心聲，不論講得妥貼與不妥貼，起碼爲金門人發聲，爲時代建言，爲歷史見證。

我是戰後的一代，出生的前一年，在我的家鄉剛好結束了一場戰役。因此，我是爲戰爭而生的，而在童稚的時候，就經過八二三砲火的洗禮。我那時不知道爲什麼兩岸要打仗？爲何會有砲擊？我只有懵懵然跟著大人一起躲避、逃命。

所以在我的人生歲月之中，戰亂已經構成記憶的一部份，不可抹去的陰影。小學校門口的對聯寫著：「立大志，滅共匪。」至今字跡猶然清晰映在腦海之中，然而那時我不知道甚麼意思？只感受到我們所有遭受的痛苦，大概都與您們脫不了關係。

我每天徒步上學，耳膜不時傳來「共軍弟兄們」的心戰喊話，餘音那麼的清楚迴盪，常常要你們駕機駕艇起義來歸，還訂有黃金賞格；而天氣好的時候，我也會聽到你們「蔣軍弟兄們」的呼喊。金門，在對峙與肅殺的氣氛中，消磨了不少的歲月，犧牲了不少的國人同胞。因爲，我們都有仇恨。

我每天跟著父母親上山下海，從古寧頭的海邊，舉目遙望大陸一髮青山，感覺那麼的密邇？又那麼的遙遠！啊，咫尺天涯，但是難越雷池一步，我的感情也就痲痺了，只能從父母親的回憶中，去緬懷和平的歲月，出入內地的生活情景。我活在對立與對抗之中，常感覺生不逢時。

中國自鴉片戰爭之後的苦難，都是因爲中國的貧弱，國民知識的闇昧。一個貧弱的國家與闇昧的國民，而又流著驕傲者的血液，在面對二千多年來的世界變局，不免要受到列強的宰割，面臨瓜分的命運，凡是有血性的中國人，無不想救亡圖存，拯斯民於水火。

中國的包袱太重，救亡圖存又急，國民黨與共產黨都各自拿出藥方，一個想要追踵華盛頓，一個師法馬列史大林，也就蘇化與歐美化路線的鬥爭，權力的競逐。中國人一向臣服於皇權思想，臣服於科舉制度，臣服於宗法社會，無法發展出以人爲本的人權思想，就難以產生英國式的光榮革命。中國人缺乏政治哲學進化思想，而封建殘餘的錮蔽又根深蒂固，演變成中國式的輪迴，遂構成中國人生生世世的悲慘命運。

我們都置身在歷史之中，從蔣介石與毛澤東的爭天下，殺人如痲，血淵骨嶽，都是欲除之而後快，何曾有憐恤之心？殘殺與殘忍，與孔仁孟義形成一種強烈的反諷，中國人每一次的興替，不知有多少人溺斃在權力的血塘裡？魯迅說：「中國的人民，是常用自己的血，去洗權力者的手，使他又變成潔白的人物的，……」。

作爲一個中國人，實在很辛苦。我們有太多的災難，有些是人家給我們的，有些卻是我們自己造成的，想要抬頭挺胸，以中國人爲榮，有時竟感到那麼的困難、那麼的無可奈何？

在過去的歲月中，砲火、戰亂、流離伴隨著我成長，兩岸的隔絕，相互的仇殺；土地痛苦的哀號，戰死游魂的夜泣，好像還在眼前。然而自從蔣經國先生一九八七年開放大陸探親之後，政治氣氛開始轉變，兩岸仇恨日益的轉淡，而情感日漸的增濃，這是兩岸第一次歷史機遇。

一九七八年鄧小平先生宣佈改革開放，要先讓一部份中國人富起來。由於大陸採行市場經濟，先由經濟的開放，臺商的轉進投資，轉向政治的融冰，辜汪會談的實質接觸，兩岸氣氛再一次轉變，有了進一步交流與交往的動力。

因此，那個昔日在古寧頭海邊遙望廈門半屏山、深感生不逢時的兒童，終於在一九九〇年踏上大陸河山的土地，前往觀光旅遊，這是以前所不敢想像的。當傍晚飛機抵達上海的上空，這個往日有名的十里洋場，竟暗無燈火，不免使我覺得有負盛名而頗感失望。

可是當我十七年後再到上海，高樓大廈林立，入夜之後黃浦江畔燈火熒煌，遊人如織，一派昇平景象，有如置身美國的紐約，那裡像是中國的共產世界？我在上海終於感受到改革開放的威力。走錯一步，千萬顆人頭落地，走對一步，登斯民於衽席，從共產黨的革命歷程，可以活生生的印證。

二〇〇一年一月二日，金馬開放小三通，兩岸交往有一條正式的管道。這個曾是砲火喧囂的反共前哨，現在反而扮演和平的堡壘，每天不知有多少人進出，來往於兩岸。金門的角色改變了，地位也改變了，短短幾十年變化之大，眞是歷史的弔詭。回首前塵，不免覺得鬥爭的荒謬，犧牲的無謂。

二〇〇八年十二月十五日，馬政府開放兩岸大三通，這是第二次歷史機遇。臺灣經過政黨的輪替之後，政治的操作，民意如流水，可以從扁政府時代兩岸幾乎兵戎相見，到馬政府時代的加大交流步伐，開放大陸同胞到臺灣觀光旅遊，進行雙向交流，並帶動臺灣觀光產業的發展，與幾十年前老兵返鄉探親，目睹大陸的窘境，不可同日而語了。

中國人終於找到幸福的階梯，那是西洋先驗的；只是中國人一直忙著鬥爭、忙著奪權、忙著廝殺，用仇恨包裹著權力的慾望，要不是鄧小平先生的睿智與決斷，中國十三億人口恐怕還要在貧窮線煎熬，忍受自己強加給自己的天命，如何站得起來呢？更別說揚眉吐氣了。

我的父執輩，從和平到戰爭，又經歷兩岸的開放交流，可以經由小三通到大陸追尋年輕時的步履，一生見證了三個階段。我們戰後這一代，出生於戰爭，經歷了和平，不希望又終於戰爭。和平應是兩岸的主軸，交流的前提，唯有展現善意，才能呈現智慧。

幾十年前您們打的宣傳彈，當時的傳單，我無意中找到了一張，附寄給您，那樣的穿著，那樣的意旨，那樣的政治語言，今天看起來都覺得有些可笑。一個貧弱的民族，為了振興，以鬥爭為手段，以殺戮為目標，以同胞為祭品，供奉在五千年軒轅大帝的靈前，我想祂都會食不下嚥。

兩岸的變化太快，從砲火滿天飛舞，不時夜襲摸哨，互指「蔣匪」與「毛匪」，有不共戴天之仇，這是自相殘殺的痛苦遊戲，一個衰敗民族的自我凌虐，過去幾十年砲彈的呼嘯，單打雙不打的精神凌遲，午夜夢迴還深刻的記憶；到今天國共兩黨相互擁抱，在中南海與您舉杯互敬，一笑泯恩仇，不知今夕何夕？

六十年的歲月，在人生不算短，但在中國的歷史長河中，只是一瞬，即使所有的艱難苦痛，也只不過是一顫而已。但是這一瞬與一顫，卻讓人刻骨銘心。今年北京兩會時，高齡六十七歲的溫家寶先生，希望有一天能親訪臺灣，即使爬也要爬過來，令人為之動容。

見諸兩岸的歷史，這並非不可能，只是兩岸應如何體現善意，掌握不可多得的歷史機遇而已。今年是您們建政六十周年，也是金門戰役（臺灣稱為古寧頭戰役）之後，兩岸分裂分治六十周年，溫家寶先生想訪問臺灣，短時間恐怕不易達成。不過先生如果有意屈駕訪問金門，展開一趟和平之旅，與馬先生在此一會，弭兵息爭、標舉新時代的意義，將是一樁歷史盛事。

先生的一小步，將是兩岸和平的一大步，使金門從戰爭之島，蛻化為和平之島，使金門從兩岸戰爭的終點，變成和平的起點，不僅撫慰受到戰火荼苦的鄉親，而且告慰一九四九年戰死在金門的英靈——建碑、遷葬、安魂、公祭，兩岸領導人共同馨香祭拜，展現中國人不再打中國人，中國人不再自相殘殺的善意，使魂魄有依，九泉之下燦然一笑，無憾往生。並且總結兩岸紛爭的歷史，宣告以一種開闊、自信與和平崛起，開創歷史新局。

這是一個小小地方小小人物的小小願望，卻是關係到兩岸千千萬萬同胞與世代子孫的幸福。

錦濤先生，這是兩岸第三次歷史機遇，是一甲子以來難逢的契機，是上天的殊眷，千祈不可錯過。歷史在前面等著我們，希望先生能夠掌握機運，以悲憫戰死英靈的襟懷惠予考慮，尊重死者，尤其葬身沙場的人，是國族文明的指標，比祭拜軒轅大帝更有意義。金門雖然地方很小，但是有時作用卻很大；我人雖然言微，先生幸而採納，影響可以很大。

先生日理萬機，聽我叨叨絮語，實在是有關兩岸的大局，所以不厭其煩，有辱清聽，祈望俯察善意。金廈海峽日升月沉，潮起潮落，砲聲止息，水鳥先知，金門現已成爲樂活的島嶼，賞鳥的天堂，站在古寧頭慈湖岸邊賞鳥，從三角堡遙望廈門濱海大廈林立，夜間燈火輝煌，宛如看到中國前途的燈光，與小時在蚵田邊舉目河山，一片漆黑已經迥然不同了。

如今兩岸通婚，即使金門也有很多大陸媳婦，每天生息在一起，可見兩岸同胞本身並沒有甚麼深仇大恨，只是歷史衍生的結果。先生能不能總結歷史，甚至於開創歷史呢？有如鄧小平先生明斷者然，就有賴先生的睿智了。

希望有一天我可以說，因爲我們有愛。

時因大三通，書不盡意。耑肅敬此

謹頌

政綏

金門資深媒體人

李福井　敬上

2009.5.27

※本書寫作，多承旅居新店的同學李增得、居住烈嶼的同學林福德襄贊，謹此致謝。

▲鬥爭、殺伐與策反，構成單打雙不打的政治語言，撫今追昔，能不慨然。

目次

第二輯 戰爭的魅影 56

第三輯 殺伐的年代　238

第四輯

和平的曙光　326

附錄　364

獻頌

▲父親　李錫註

▲母親　李吳賢

「中國人不怕死！」這是小時候的觀念，而且有一點莫名的自豪，長大以後，有一點惶愧，夾雜著一種莫名的悲哀。

中國人其實不是不怕死，而是不惜死。不怕死，是英勇的表現；不惜死，是芻狗的行爲。

國共鬥爭、兩岸分裂，打打殺殺幾十年，血流成河，骨堆如山，多少同胞葬身沙場，多少骨肉黃土沉埋，多少親人暗夜飲泣；以前是主義與信仰之爭，古寧頭戰役之後，逐漸衍成統獨之爭，到底是要統還是獨？是要和抑或是戰？正考驗著這個綁在火藥庫上的古老民族的智慧。

歷史悲劇究竟會不會重演呢？

謹以此書

獻給那些受到戰火荼毒的戰士、鄉親父老、以及生我育我的父母。

一座村庄，扭轉一場戰局；
一座島嶼，改寫一部歷史。

▲金門與兩岸關係圖

▲古寧頭南山村，八二三遭受猛烈砲擊，西風殘照，留下哀哀無告的歷史畫面。（吳雪燕提供）

第一輯

苦難的墟落

01 殺機

天發殺機，移星易宿，地發殺機，龍蛇起陸；
人發殺機，天地反覆，天人合發，萬化定基。
太公陰符

分裂的時代，
分裂的心靈，
分裂的感情，
一九四九年，
記錄了戰爭的悲劇，
國家的不幸，
民族的災難，
歷史的晦暗。
戰神，曾經獰笑；
和平，漫步雲端，
打開史頁，
只見墨瀋猶存，
依稀可辨兩字——苦難。

炎黃，以戰爭起家，中華民族背負了歷史的原罪，五千年來相翦相屠，環顧中原誰是主？沒有反省，沒有救贖，這是歷史的大悲劇；黎民百姓，血淚滔天，不斷重演，情感已經痲痹了。

中原不是英雄塚，誰能喚醒民族的迷夢、殺伐的種性？

02 赤潮澎湃

別夢依稀咒逝川，故園三十二年前，紅旗捲起農奴戟，黑手高懸霸主鞭；
為有犧牲多壯志，敢教日月換新天，喜看稻菽千重浪，遍地英雄下夕煙。
《七律・到韶山》毛澤東

這是毛澤東建政多年後返鄉所賦的七律，可謂俯仰慷慨、躊躇滿志了；然而他仍有遺憾，所謂天意難違，新天沒有換徹，無法完成一統大業，問題就出在金門的古寧頭一戰，一刀割斷兩岸，讓毛澤東齎志以歿。

一九四九年一股歷史赤潮，以千軍萬馬之勢，從東北一路奔流，淹沒了遼瀋，淹沒了平津，淹沒了淮海，毛澤東投鞭渡江，席捲半壁河山，國府風雨飄搖，天地轉，光陰迫，不爭千秋，只爭朝夕；在此危急存亡之秋，誰能挽狂瀾於既倒？神州赤燄勢燎原，百萬官軍如火煎，而東南沿海，也已戰雲密佈：

▲古寧頭戰役衝殺的吶喊，凝結在歷史煙塵之中。

一九四九年
九月一日
國軍精銳南北增援
湘粵邊境將有大戰
湘中我軍已越過湘潭進迫長沙
九月七日
廈門形勢轉緊
我陸海空配合迎擊犯匪
馬巷同安一帶接戰激烈
九月十八日
強大國軍增援金廈
漳州外圍展開激戰
我移防各小島控制平潭
十月十八日
閩海改守金門
廈門國軍主動轉進

歷史想要改道，赤雲掩蓋了藍天，毛澤東聲言「凡身上染有人民之血的都是戰犯，逃到天涯海角，概要歸案究辦……」十月十七日廈門失守，國軍倉皇轉進，金門風雲緊急，山雨欲來風滿樓，古寧頭無意中捲入了時代的大難之中，卻頂住了赤潮拍岸，讓蔣介石等逃過了歷史劫難，也讓毛澤東敢教日月換新天，頓時黯然無光。然而時光倏忽，一晃六十周年了，探討古寧頭戰役的歷史定位，允宜從古寧頭的歷史談起。

03 古寧頭從歷史一路走來

健勇聞海陬，滄桑古寧頭；
屢遭兵火噬，哀哀淚不收。

李福井

古寧頭是金門西北角上最大的村落，……民國三十八年十月二十五日以後，由於國民革命軍在這裡打了一次勝仗，古寧頭這個小村子，一夜之間，變成舉世皆知的名地。這一仗打的乾淨俐落，把敵人的錯誤都捉到手，把我們的長處發揮到極點，決定了金門不被奴役的命運，也樹立了國民革命軍轉敗為勝的基礎。其實戰爭進行的範圍包括到安岐以南，但人們卻把古寧頭作為這場大戰的地名，多少和強悍這個風氣有些關連。

胡璉將軍

古寧頭，初名古龍頭，開發已有六百餘年了；它有過戰亂、顛沛與流離，也有過風華、絢爛與傳奇，從歷史上一路走來，有些顛簸，又有些浪漫，有些古典，又有些激情。古寧頭人的強悍，就是展現強韌的生命力，因此，在胡璉將軍的眼中，卻別有一番滋味在心頭。

古寧頭位處金門西北隅，三面環海，地勢平坦，東南與浦頭、安岐、湖尾接壤；

▲古寧頭村莊的大門，標示著戰爭的長影，是兩岸分裂之門。

西北海岸峭壁斷崖；東北隔海灣與官澳、馬山遙遙相對；西南與烈嶼、廈門隔海相望。

金門大規模開發始自唐代，相傳牧馬監陳淵率十二姓前來墾殖，奠定丕基。古寧頭的開發稍晚，關鍵人物是宋朝的曾從龍，地名的起源聽說也與他有關呢！

曾從龍，泉州晉江縣人，宋寧宗慶元己未（西元一一九九年）高中狀元。封建時代，有所謂「山海歸士夫」之例，讀書人十年寒窗苦讀，一旦擢了高科，就有申請開發家鄉附近湖蕩的特權，並且成爲家傳永業。曾從龍中舉，就循成例，發動親族過海來金門墾荒，落腳在現今南山的東界。

曾家來到了南山，就開闢草萊，大興水利，與海爭地了，從南山沙塘頭築了一道土堤到湖下沙汕，將羅星港圍了起來，放流海水，開闢埭田，然後引西堡溪水，從安岐流經浦頭沙埒外到東區頭，再注入埭內灌溉，當年水田漠漠，飛鳥點點，上下翱翔，嘉禾綠油油的，隨風翻揚。埭田，南宋時也稱圩田，史稱水田之利，富於中原呢！

曾從龍做過樞密使及參知政事，與三位弟弟周用、天麟、地鳳都以能吏、清廉聞名鄉裡，因爲世居晉江龍頭山，人稱龍頭山曾家，而把南山新闢的產業稱爲龍頭別業，以後羅星港堤防崩塌，海水倒灌，埭田荒廢了，曾氏家族就遷居了，久而久之，後世的人遂稱爲古龍頭，就是「古時龍頭別業」的簡稱。

明代隆慶年間洪受滄海紀遺：「浯洲山脈……或云由澳頭而過古龍頭。」浯洲是金門的古稱，滄海紀遺是金門最早的地方志。洪受，西洪人，做過京師國子監助教。

清道光時林焜熿的「金門志」，也有古龍頭的記載，至於什麼時候才改稱古寧頭，恐怕很難查考了。

曾家埭田荒廢以後，到了元朝，埭內兩側興建鹽場，據金門志記載：

> 元成宗元貞元年（西元一二九五年），浯洲始建鹽場，令崩塌通潮之地及拋荒埭田，砌石為鹽場，日曬滷水，結成白粒。

埭田一變爲鹽田了，羅星港內西浦頭有東土區，古寧頭有上土區、中土區及下土區，土區就是鹽區，西元一九四九年以前，鹽石還在，日據時代及國軍據守金門，鹽石陸續被拆去作道路與工事，現已片石不存了。

羅星港就是古寧頭港，也稱爲前江，古寧頭、湖下、浦頭三村環繞，潮退時，曾家埭路遺址率先隆起，古寧頭人一見埭路，就可抄捷徑涉水經湖下到後浦，俗稱「潦埭路」。西元一九七〇年，從南山東鰭尾到湖下築堤，圈起了現今的慈湖，曾家的埭路從此長埋湖底了，眞是滄桑歷盡。

曾氏遷族以後，到了元代中葉，同安有一張姓人家，看到這裡山清水秀，又有漁鹽之利，因此就卜居曾氏故址——南山東界，取名爲「佳里寨」。以後蘇、蕭、錢諸姓相繼到來，這時南山人煙雖然稀少，但落戶氏族增多，已有村落的雛型了，仍以佳里爲鄉名，取龍頭之「頭」，合稱爲「佳里頭」。

明初，李氏先祖來此避難，宗族繁衍，人丁漸旺，「佳里」諧音「佳李」，有人認爲是李氏興旺之兆，「佳」諧音爲「家」，遂稱爲「家李頭」。

目前古寧頭村民都以閩南語自稱爲「家李頭人」。

04 靖難之變與開基始祖應祥公

悠悠我祖，爰自陶唐。
邈為虞賓，歷世重光。
〈命子詩〉陶潛

古寧李氏世系源遠流長，無法詳述，現在僅從幾個比較重要的階段談起，就可以明瞭了。

唐朝開國君主李淵，淵有二十二子，第二十子元祥公，封爲閩江王，傳至孫子祖叢公，祖叢公有三子：萬康、萬壽、萬昌。萬康又名融授，曾任南安縣丞。萬康有四子：楚珪、晁唐、晁嵩、晁巃。

唐玄宗時安史之亂，攻陷兩京，中原板蕩，生民塗炭，楚珪公當時擔任福建漳浦司戶參軍，起兵勤王，與郭子儀、李光弼平定變亂，死後葬於南安縣嘉禾里𡿨林村樓山，樓山又名五山，後世子孫就尊稱楚珪公爲「五山祖」，也就是李氏開閩始祖。

北宋初年，傳到裔孫保朱公，保朱公號念三郎，有五子：金德、木德、水德、火德、土德。南宋時，火德公裔孫君選公，號赤滿，移居銀浦。同安縣舊名大同，別名銀城、銀同、銀邑，浦園在同安縣東界濱海，鄰近澳頭，以縣與鄉合名爲銀浦，君選公就是銀浦開基始祖，世號銀浦李。

君選公有兩子：汝義、汝和。汝義公有四子：致朱、致虎、致熊、致羆。致朱生仲華，仲華生容，一字庸，號巽庵。

明洪武廿四年（西元一三九一年），容公中進士，爲明代同安登第第一人，所以燈號稱「銀邑開第」。容公官拜河南監察御史，歷任四川提學僉事，所以容公也稱爲御史祖。

明太祖朱元璋因太子朱標早亡，乃立標子允炆爲皇太孫。太祖崩，皇太孫即位，是爲惠帝。明太祖第四子燕王朱棣，早有異志，因此以清君側爲名，從北京起兵南下，攻陷都城南京，惠帝失蹤，史稱「靖難之變」。親叔搶了侄兒的皇位，有逆亂之名，但是爲了杜悠悠之口，爲自己遮醜，就要草詔登基，佈告天下，掩人耳目。

方孝孺，浙江海寧縣人，是宋濂的學生。惠帝即位，爲翰林侍講，翌年遷侍講學士、文學博士，政事多諮詢他。方孝孺是大儒，名重一時，不僅是才子，道德、學問、文章、書法也冠絕一時，燕王要草詔，大家認爲非方孝孺莫屬，但是方孝孺讀聖賢書，有士君子的節概，不齒朱棣所爲。

朱棣把筆交給方孝孺，逼他草詔，但是方孝孺很強項，只寫了「燕賊篡位」四個大字，然後把筆摔在地下，傲然不屈。朱棣心想今天是大喜的日子，方孝孺竟敢抗旨不遵，氣得發抖，紫漲著臉，朱棣忍無可忍，惱羞成怒，就說：「你不怕誅九族嗎？」

「殺十族我也不怕。」方孝孺果然有種，不願附逆。朱棣把方孝孺押入大牢，處以磔刑，方孝孺慨然就義，絕命詞曰：「天降亂離兮孰知其由，奸臣得計兮謀國用猶。忠臣發憤兮血淚交流，以此殉君兮抑又何求？嗚呼哀哉兮庶不我尤。」然後再捕殺了他九族，連朋友學生也一併殺了，合為十族。這是中國歷史上第一次聽說殺十族的。

容公是方孝孺的門生，科舉時代主考官是座主，及第者自稱門生，容公受到了株連，有抄家滅門之禍了，容公跟老師一樣有骨氣，抗節不屈，從殉師門。

容公有五子：長敏軒、次敬齋、三敦齋、四巖山、五佚名。當家難來臨時，親族趕緊四處逃亡，敦齋公子名爾芳，逃到了烈嶼。敬齋公子名應祥，先逃到同安大盈嶺，受到族人的掩護，躲藏了幾個月，又輾轉逃到澳頭親戚家，但外頭搜捕欽犯風聲甚緊，為了避免連累親戚，就於永樂元年（西元一四〇三年）二月某日，乘著夜霧迷茫的時候，從澳頭雇一艘船逃到浯洲，從十九都古龍頭的烏沙頭登陸。

烏沙頭在現今的南山海邊，遙對烈嶼與廈門。

因此古寧李氏，源出銀浦二房，祖廟舊門聯：

第開銀邑，仲氏宗風遠。

龍迴金鯉，三江世澤長。

應祥公隻身逃到金門只有十三歲而已，舉目無親，無依無靠，生活陷入困境，而為南山富戶張翁所收容。明初金門只在金門城設有千戶所，管理軍事而已，天高皇帝遠。因此，應祥公隱姓埋名，在張家幫忙經紀，工作勤奮認眞，作人又很樸實，很得東家的信賴與賞識，等到廿歲長大成人，體貌俊偉，一表人才，張翁就把長女許配給他。

▲古寧頭李氏家廟，就是當年應祥公的草房改建的。

▲宗廟毀於砲火，遺跡殘存，記錄一頁歷史滄桑。

張翁養了一位「贛州仙」，以前有錢人家都養風水師，一養都養很久，風水師要看東家待他好不好，才決定願不願幫他看風水；應祥公每天都跟風水師在一起，跟前跟後，執弟子禮，照顧得無微不至，因此很得風水師的歡心。

過了數年，張翁兩位兒子長大成人，準備分家產。風水師就對應祥公說：「你是女婿，岳丈如果問你，你只要求把那一間草房留給你就好了。」後來張翁就照應祥公的請求，給予一間堆放柴草的房舍居住。

據堪輿家的說法，古龍頭像一條蟠龍，山脈從雙乳山而來，到了赤塗突起，盤繞林厝、北山村後，到後煙墩轉向西南行，蜿蜒到烏沙岑頭（俗稱倒插金花），又迴轉向東北行，到了南山村這間草房結穴，靈氣就注於此。

後來李氏子孫繁衍，日漸昌盛，張家看在眼裡，不免有些憂心，就問風水師，將來村裡怎麼發展？風水師說：「東張、西張，中間都是『李的』」，風水師現已改為泉州人，怪怪的泉州腔，張家把「李的」誤聽成「你的」，在閩南語這兩字的口音很近似。果然發展到清末，南山、北山兩村東西兩邊還保留了數戶張家子孫，中間都是李姓的天下。

聽說張家有一年蓋祠堂，木匠把地基都打好了，張家看到基座打得很低，頗覺納悶，就問木匠為什麼打得這麼低，如果蓋高一點可不可以？風水師說「越高李好」，張家又聽成「越高越好」，就請風水師加高一尺基座，張家的祠堂八二三毀於砲火，不過從遺址看來，依稀可以看出當年加高一尺的痕跡。

應祥公辭世之後，葬於北山後茂林石櫸仔，祖妣張氏孺人葬於北山西田頂穴，俗稱「曲尺墓穴」。清乾隆十三年（西元一七四八年），後世子孫恭建祖廟於南山，廟址就是應祥公當初居住的草房，堪輿家認爲是「迴龍鍾秀，龍脈駐結」之處，有「進前三宰相，退後萬人丁」之讖，如果按照目前規劃點，再前進三尺興建，將來能出三位宰相，但是族人認爲三宰相不過一時的光榮，不如萬人丁永久興旺，因此就不更動。

李氏子孫繁衍，到了清朝，更見昌盛，但是張家走北洋船，仍然富甲一方，有一年張家又請風水師到南山「田裡」這個地方看風水，風水師相好了一塊墓地，但是東家也懂一點風水，卻看中附近另一塊墓地，兩人意見相左，就起爭執，風水師說：「草山一條龍的靈脈在此，你不相信，明天早上來看，這裡一定沒有露水，你看的地方一定有露水」，兩人打賭，就相約明天早上來一驗究竟。

他們兩人用普通話爭論，剛好被南奇（房號）一名耕作農人聽到，這名農人也走過北洋船，因此聽得懂普通話，他將信將疑，又覺得好奇，要試試看到底誰說的比較準。那時剛好是夏天，農人當晚露宿山上，到了夜半時分去查看，果然風水師看中的地方沒有露水，張家看中的有露水，趕忙回家拿了一張草席，蓋在張家相中的墓地，然後灑水在風水師相中的墓地。

隔天早晨，張家與風水師一同去看，發現張家相中的沒露水，風水師相中的有露水，張家就說：「你看！你看！我說的沒錯吧！」風水師輸了，當場很懊喪，啞口無言，但是心裡仍覺奇怪：怎麼會這樣子呢！

後來李氏奇房將四世祖遺蛻遷葬於此，因爲他是農曆三月初七日忌辰，所以稱爲「初七墓」。奇房分別住在南山者爲南奇、北山東角者爲北奇與林厝者爲西林，合稱爲三奇，三奇在古寧頭人口最多。

05 宗族的勃興

采采榮木，結根於茲。
同源分流，人易世疏。
〈榮木詩〉陶潛

應祥公有四子：長以舜，次以敬，三以忠，四以文。（以文公遷居同安仁德里兑山鋪，後世失聯。）以上稱爲二世四公。

以舜公又生六子：仕明（派下號奇房，分居南山、北山、林厝，故又稱三奇）；仕昭（派下振房，後來改稱進房）；仕靜（派下於清初遷界到內地，沒有回來）；仕安（派下住南山，號南合房）；仕顯（派下號主房）；仕達（派下住北山，號北合房）。

以前祭祖做頭（所謂做頭就是輪流祭祖，然後以祭品宴饗宗親），仕安公與仕達公派下人丁較少，就合起來做，因此統稱合房。

二世長房派下四房，合二房以敬公（派下號雄房）；三房以忠公（派下號興房）；稱爲六房。

古寧頭還有另一房——順房。

據金門縣志記載，古寧李氏先世來源有二：一爲應祥公的銀浦李；另一爲洝江派，又稱過任派。洝江派始祖應煌遠公，於明初由南安洝江遷居小嶝後堡，傳二世以喜公，到三世仕宗公才分居古寧頭，因浦園始祖君選公與湖江始祖君懷公原屬兄弟行，「溯源同派，敘倫一本」，所以與應祥公派聯譜爲一宗，同氣連枝，因此稱爲順房。

所以說，古寧頭現有七房。

▲國軍參戰前於北山四公祖厝前宣誓效忠。

▲當年宣誓效忠的祠堂前，同一角度今昔對比。

按照昭穆排行，原有：應以仕，廣時世漢，端均維侚，永隆謦懿十五字，到了清乾隆中葉，傳到十六世，沒有輩份字可用，南進李謦宴就到浦園抄錄，依浦園族譜「廣時世漢」四世統一改正爲「德存洪甫」四字，又依金木水火土五行字根，增列廿字：滋森炎增錫，沃根煥培欽，澤梁炳基鈺，治棟熠坦燨（或作銓），現已傳至培字輩。

古寧李氏傳到五世以後，因人口衆多，開始向外分衍，據新金門志：「俗多合族聚居，在地理條件下，人口達到飽和點時，則發展爲第二村落，如古寧頭之李，先居南山，後繁衍分居北山、林厝。」

古寧頭現有南山、北山、林厝三村，林厝又以入口馬路爲界，以北稱東林，以南稱爲西林。五世祖存信公住林厝，生兩子：洪淵（住南山）、洪濳（住林厝，派下號西林），洪濳有四子：長甫及、次甫昌、三甫仁、四甫水。七世祖甫昌公由林厝移居南山，派下號南奇，所以說林厝跟南山比較親。南奇祖廟在南山東界，橫額寫著「李氏宗祠，西林派」，就是由林厝分衍過來。

06

關帝廟與水尾塔

關帝廟前清江水，中間多少行人淚。
西北望同安，可憐無數山。
改易辛棄疾〈菩薩蠻〉

關帝廟是古寧頭的守護神，建於清乾隆十三年，歲月悠悠，已經有了三百多年的歷史了，歷經了多少潮起潮落，看盡了多少月圓月缺；歷史，在它面前走過，先民，在它面前遞衍，可是，關帝廟依然屹立，已成爲古寧頭人的寄託，讓人不時的省思、回顧與咀嚼，沒有關帝廟，古寧頭人會覺得空虛、孤單與落寞。

關帝廟坐落在古寧頭港一塊小洲上，穴名「浮水蓮花」。爲什麼叫浮水蓮花呢？因爲漲潮的時候，關帝廟矗立在水中央，四週汪洋一片，不論海水漲得多高，都不會淹過基座，尤其農曆九月大潮，俗稱「漲九降」，海水倒灌，南北山近港的地方都淹水，有時順著溝渠淹到村腳下，大人小孩還可以就地捉魚呢！每年碰到這樣的大潮，關帝廟基座始終浮出水面三十公分，鄉民都說，這是蓮花穴，會隨海水浮起的。

關帝廟的絕勝處，也跟風水有關。據說南山與北山各像一條鯉魚，烏沙東鰭尾與岑頭下的流仔線，爲南鯉的尾鰭，沙塘頭爲腹鰭，魚嘴在大道公廟；頂汕仔及加烈口爲北鯉尾鰭，北山村下漏仔爲腹鰭，魚嘴在石獅爺。南鯉直游，北鯉曲躍，皆朝向關

▲關帝廟在海中浮洲上，可以想像當年的歷史風華。

帝廟，關帝廟像一顆靈珠，所以稱爲「雙鯉迎珠」，廟地就稱爲「雙鯉古地」。

關帝廟是古寧頭最早的廟宇，也是南山、北山、林厝三村村民精神信仰的中心，海通時代，每年農曆六月二十四日關帝爺生日，村民搬戲做醮，在廟前連日公演，有本地的「九甲」戲，也有從內地請來的戲班子，大打對臺，但是廟前不過幾坪大，搭起兩個戲棚已經不容旋馬，然而，說來奇怪，廟前咫尺空地，古寧頭人扶老攜幼去看戲，外地來的食客與香客也都絡繹不絕，不論去了多少人，總有餘地可以容納，好像會伸展一樣，村民都覺得很神奇，也很不可思議。因此，關帝爺威靈顯赫，常留在古寧頭人的腦海中，口耳相傳，一代傳給一代了。

以前到關帝廟進香，漲潮的時候，要坐船前往，潮落時，須從水尾塔右側下海，沿石板便道拾級而上。西元一九五一年，國軍在廟前築起一條馬路，圈出雙鯉湖，西元一九七〇年，南山烏沙頭到湖下又築堤成

▲古寧頭水尾塔是全國獨一無二，名列全國三級古蹟。

爲慈湖，海水完全隔斷，關帝廟失去了古典的浪漫風情，以前佇望關帝廟，浸在海水中央，容留了仙洲、靈蹟的想像空間，從此成爲廣陵散了。

西元一九五八年八二三砲戰，雙鯉湖彈如雨下，關帝廟距離砲兵陣地，不過一百公尺左右，是最容易挨砲的地方，居然沒有損傷。據砲兵傳述，他們曾看到一位綠袍將軍，站在廟宇頂上，揮舞著關刀，消息不脛而走，大家都說關帝爺很靈驗，砲戰後金門駐軍很多，時局仍然緊張，許多充員戰士都到關帝廟乞香灰保平安，廟裡沒有那麼多香灰，村民就以家中老虎灶的灰燼充數，一天供應三畚斗。

慈湖築堤時，出動金門軍民日夜趕工，但是只剩下一小段，始終不能合龍，不斷被海潮沖垮，湖下的長老就說，曾看到一位騎白馬的將軍跑進跑出，認爲這是關帝爺的通路，如不得祂的允准，恐怕是做不成的，軍方接受了長老的意見，請山外屠宰公會備了三牲禮品，到關帝廟祭拜，並經擲杯筊獲得諭允，才趁著小潮的時候，一夜間把堤築了起來。

關帝廟坐東南朝西北，面向雙鯉湖，大門兩側對聯寫著：

雙鯉迎珠輝生佳里；

古龍蟠鎮福庇寧鄉。

神龕左右對聯：

志在春秋，正氣兩間光日月；

威振華夏，義聲千古壯山河。

神龕外側圓柱對聯：

完大節以篤忠貞，名高三國；

扶正統而昭信義，威震九州。

面向關帝廟，左側是水尾塔，它是全國唯一的海底塔，經評定爲國家三級古蹟。水尾塔，根據李氏族譜記載，建於清乾隆三十二年，方塔，塔身分三層，每層有一簷相隔，除了塔尖，塔身可分塔座、塔盤、塔礎，塔身頂層四面，分別刻有佛、法、僧、寶四字，佛法僧是佛教三寶，三字朝向村外，可以淨心、鎮邪，並壓制海上

▶水尾塔上刻字，依稀可辨出佛與僧。

來的陰風邪氣，以求保境安民，寶字朝向村內，旨在鎮寶固財，同時警示村人應節儉持家，不可將辛苦賺來的錢，像潮水一樣浪擲。

水尾塔，以前退潮的時候，四週可見彈塗魚、花跳出沒，漲潮的時候，潮水輕和柔美，拍打迴旋，光陰荏苒，潮起潮落，四時更替，水尾塔已經改變了它的歷史風貌。西元一九七八年，古寧頭人見塔向東傾斜，有倒塌之虞，就重修匡正，原來在海底，如今基座墊高，更加以圍起慈湖，以前那種海浪輕吻的景象已經不見了；那種海水淹沒水尾塔，金門就會漲大水的古老傳說，恐怕會隨記憶一起消失了。

水尾塔，那古老的水尾塔風情，到那裡可以再找尋呢？

07 關帝爺操兵——相擲

南北村酣戰，當時豈尋常？
恨柔不恨剛，番名自此揚！
李福井

金門宗教信仰是多神教，有時像佛教，有時像道教，有時非道又非佛，而有一點像撒滿教了。

這些神明深植於老百姓心中，代代相傳，很多人不知道祂的起源，或者根本不去追究祂的起源，只是默默跟著膜拜。在農業社會時代，宗教是一帖心靈的良藥，神明是正義的化身，救苦救難的菩薩，村民無論遭受什麼困厄與橫逆，總希望求得福佑，然後會搬戲、做醮、陣頭遊行來酬謝，這是最常見的一種方式，但是像古寧頭人將宗教信仰與運動結合在一起，在全國恐怕是絕無僅有的了。

古時疾疫流行，但是民智未開，對於這種不明不白的大量死亡，村民都說是王船來捉人，爲了禳災，大約從清朝道咸年間開始，古寧頭人在關帝廟前，隔著一條內港，發展出一種特殊的遊戲方式，南山與北山村民雙方互丟石頭，名之爲「相擲」，每年從清明節過後開始，直到端午節結束。

起初是小孩開始丟擲，接著是大人也加入了戰團，兩邊的人馬越聚越多，累日累月，樂此不疲，吸引了許多外鄉人前來觀看，盛況空前，熱鬧非比尋常，這種活動，稱爲「關帝爺操兵」。大家在泥灘中追逐、混戰、嬉戲，渾然忘我，形成了一種獨特的習俗。爲什麼這樣做呢？因爲運動，可以強健體魄；海水，可以消毒，減少瘟疫的發生。

傳說有一年夜半時分，繁星滿天，古寧頭有人在羅星港捕魚，海水已經快漲滿「埭路」了，依稀聽見有人說話的聲音：

「古寧頭已經到了，爲什麼不進港呢？」

「不行啦！」

「爲什麼不行呢？」

「關帝爺在操兵。」

據說，這是王船的聲音，那一年王船沒到古寧頭來，轉到了鄰莊，因此鄰莊鼠疫死了很多人。

這種說法，現代看起來也許是無稽之談，也許有些可笑，但是在茫昧的時代，古寧頭人寧可信其有，並且相信得到關帝爺的庇佑，因此，發展成一種大規模、有組織的相擲遊戲。南山人與北山人爲了爭強鬥勝，運籌帷幄，有指揮，有佈陣，有埋伏，雙方鬥智又鬥力，有如行軍作戰一樣。

通常相擲分爲四路：關帝廟前到大道公廟一路，中路通源遠商店（俗稱下店）一路，大橋頭一路，西田尾一路，雙方各在岸邊用蘆竹插青標界，那一方攻過標界，那一方就算贏了。

抗戰以前，南山有幾個好手，孔武有力，

▲古寧頭海通時代，漲潮之時南北山之間需靠擺渡，就是這樣的畫面。

身手矯健，因此南山村連勝了好幾年，抗戰勝利之後，這些人多到南洋謀生去了，南山勢力大衰，就常常吃敗仗了，而且這時也壞了規矩，北山人成群結隊，聲勢浩大，壓過南山，衝進了村莊，上門捉人了，有時連門窗玻璃與屋瓦都砸破，石頭叮咚作響，來勢洶洶，南山人一落單可就慘了，常被石頭砸得頭破血流，鮮血淋漓，但是不需上藥，馬上跑到海邊，用海水洗滌傷口，再挖一把泥巴塞住止血，轉身又拚鬥去了。

有一年戰陣在關帝廟前擺開，潮水漲起來了，雙方不願罷兵，且戰且退，向中路、大橋這邊移動，但是南山李海瑞深陷泥中，拔腿不及，膝蓋骨被石頭擲破；另外，也曾有人被石頭擊昏，抬了回去，但從來沒有人因此喪生。

南山、北山兩村交戰，林厝也沒有閒著，林厝因地緣關係加入北山，與南山對抗，然而村中流行一句話：「林厝嘸份，傷到會運（發炎）。」

兩村村民在港中互丟石頭，拚得你死我活，等到鳴金收兵了，大家又上山下海幹活去了，在路上碰頭，大家照樣親切招呼，剛才的「冤家」，已經拋到九霄雲外了，好像沒事兒一樣；端午節終戰了，北山晚上搬戲，還請南山人過去看戲，拿出椅子，熱誠招待，不會記恨，不會乘機報復，外鄉人看到古寧頭人這種行徑，覺得很奇怪，很不可思議。因此，「家李頭番」諢名不脛而走。

一九四九年古寧頭大戰以後，相擲就成爲絕響了，只能從老一輩人的記憶中去追尋，他們仍然帶著一種快樂與滿足，津津樂道。

目前，關帝廟前景觀改變，物換星移，面目全非，古寧頭人又因遷徙星散，想要再來演一場相擲的遊戲，重溫舊夢，已經不可得了。

相擲，已經成爲歷史，永遠埋藏在古寧頭人的心底，不時的咀嚼、回味，直到生生世世。

08 南船與海蚵

日出看田坵；赤日看鹽坵；日落看蚵都。

古寧頭諺語

蚵都，就是閩南語的蚵田。古寧頭盛產海蚵，海通時代，南船到了古寧頭村腳的金源遠商店，載來南北雜貨，載回去海蚵與蚵殼，海蚵成爲兩岸主要交易貨品，也維繫古寧頭人世世代代的生計。

南船，已經成爲記憶，南船，已經成爲歷史了。

在古寧頭的山上，遠眺故國河山，一髮青山映入眼簾，感覺那麼密邇，又那麼遙遠。中國，又走入大分裂時代，可是古寧頭故老常常緬懷那一段和平時代，兩岸舟楫往來，血濃於水的感情。

金門與大陸一衣帶水，在地理上無法分割，在情感上也無法分割，由於時代的變亂，金門成爲兩岸較勁的一顆棋子，金門承受過多的災難。金門的災難在古寧頭，古寧頭的災難在南山，村民默默忍受煎熬與苦痛，發出微弱的嘆息與抗議，但在巨大的歷史壓力之下，這種聲音幾乎是無法聽見了。

古寧頭人感到無力與無助，只能從過往的交流中，尋求心靈的撫慰，療治受傷的魂靈，也許這是歷史的移情作用，從歷史的移情中，細數先民的腳步，彌補時代的缺憾了。

▲石蚵文化節，千人剝蚵大體驗，盛況空前。

古寧頭是蚵鄉，所產海蚵占金門的大宗。海蚵，成爲古寧頭人的主要收益；海蚵，也成爲古寧頭人的生活枷鎖。

古寧頭從什麼時候開始種海蚵？族譜未見記載，不過根據父老歷代口耳相傳，應該歸功於明朝末葉的李獻可。

李獻可（俞），號松汀，明神宗萬曆癸未年（西元一五八三年）進士及第，授湖廣武昌府推官，主山西鄉試，歷任禮部都給事中，人稱給事祖。

獻可公微時當塾師，往來澳頭與古寧頭之間，有一次退潮時抵達古寧頭，發現海灘遼闊，遂靈機一動，他說，這片海灘如果種殖海蚵，將來海利一定很大，獻可公是一位讀書人，素來獲得古寧頭人的敬重。因此，村民都聽從他的話，開始買蚵石，種海蚵，以後宗族繁衍，人丁昌盛，不斷增殖，現在從後北山到南山烏沙頭，蚵田綿延數公里，維繫了古寧頭人十數世的生計。

李獻可，同出銀浦李，與應祥公都是御史祖的裔孫，應祥公是二房，七世，獻可公是四房，九世，雖是同一祖先，卻是古寧李氏的旁系，因他倡議種殖海蚵，有功鄉邑，村民飲水思源，因此在祖廟奉了他的木主，並懸掛其「忠諫名臣」的匾額，大概就是由此而來吧！

每年冬季產蚵，海通時代農曆九月、十月的生蚵，由村民經營的商號收集，烈嶼三艘船負責運往廈門銷售，十一月以後至翌年三月，海蚵盛產，又肥又大，開始煮「蚵潤」。所謂蚵潤，就是海蚵用重鹽煮沸、瀝乾，蚵湯與蚵粒分裝，運往漳州上市，當時古寧頭有十八家蚵潤行，以十六票選出北山李智中先生「住棧」，意即長住漳州，防止代銷行商暗槓價錢。

蚵潤，都賣給漳州山區的農民，有些人走了兩三天的路程來買蚵潤，衣著襤褸，整身長滿蝨子，抓一把蚵潤就往嘴裡塞，山城的人買回去炒過佐膳，聽說還可以當坐月子的補品。因此，蚵潤的銷路很好，而蚵湯更是天然的味素，非常甘美，營養又豐富，在那個物資貧乏的時代，同樣受到很大的歡迎，而蚵潤，也成爲古寧頭人冬季最大的利源。

每年農曆九月北風一起，汕頭的南船駛進羅星港來買蚵殼，三桅的南船又高又大，可停泊關帝廟後，二桅帆船可泊關帝廟前，至於泊靠大橋頭，可能是早年港深的時代了。

一九一三年，南進人李森祐發起成立家族自治會，李森祐發跡於荷屬蘇門答臘，歸來富甲一方，成爲地方上的領袖。汕頭人來買蚵殼，須先向家族自治會買蚵殼籌，蚵殼籌竹製，似籤支而略小，譬如汕頭人訂購一千擔蚵殼，每擔繳給自治會十二枚銅錢，稱爲大銀，村民賣了蚵殼，取得了蚵殼籌，對外使用只值十枚銅錢，稱爲小銀，家族自治會每擔賺兩枚銅錢，作爲私立古寧小學的經費。蚵殼籌成爲通貨，後浦商家都可流通使用。

當年每擔蚵殼可賣二毛錢，價錢相當好，蚵殼成爲古寧頭人的生財工具，每家都圈堆起來，村民一天只要賣幾擔蚵殼，生活就不成問題了，這種情況一直維持到大陸淪陷以前。

八二三砲戰以後，村莊殘破，斷垣頹壁，古寧頭人大量外流，爲了生活，常要返鄉拿海蚵，這時南山海口軍事管制，南山人得從北山出海，徙居後浦的南山人，徒步到北山九華里，再從北山到蚵田，又有好幾華里，然後挑一擔海蚵回去開剝。

後來局勢漸趨穩定，古寧頭人一部分開始回流，守住祖先的基業，戰後民生凋蔽，古寧頭人仍靠海蚵維生。早潮時，古寧頭人在天空泛魚肚白時就得起身下海，冬天，北風凜冽，天氣嚴寒，穿起棉襖，赤足涉水走過泥路上，海水冷冰冰直浸到大腿，凍得紅冬冬，腳底被蚵殼割破流血都沒知覺，海蚵剃下來，蚵殼鋒利如刀刃，雙手掬到畚箕篩洗，十指表皮碎破綿綿，無一處完好，碰到衣服還起雞皮疙瘩，回來吃熱騰騰的地瓜稀飯，雙手捧住碗，手指還僵凍得不聽使喚。

海蚵拿回家來，全家大小立即開剝，男人吃罷早飯，又牽騾牽馬，扛起鋤頭，馬上到山上幹活，隔天天未亮就要出門賣海蚵。金城與山外是街市，逢年過節，生意好，很快就可以賣光，要是碰到平常日子，又逢天氣和暖，后湖、昔果山與古崗等地

▲「下店」金源遠商店整修後的場景，現國家公園在使用。

漁獲量多，海蚵滯銷，常空著肚子，一村叫賣過一村，走得腳底沒皮，全家大小花兩天的時間，所得也不過百幾十塊錢而已。因此，只有天氣越冷，北風越強，漁船不得出海，海蚵銷路才比較好，但是古寧頭人所承受的生活試煉就特別嚴酷了。

農曆二、三月，海蚵盛產，又是蚵季最肥美的時節，這時又逢雙潮水，早上可以下海，傍晚也可以採收，古寧頭全村鬧哄哄，蒼蠅與人共舞，顯得特別忙碌，海蚵賣不完，還可曬乾，年冬好時，一家可曬幾百斤，其至上千斤，海蚵，成爲古寧頭的經濟支柱了。

一九四九年，古寧頭成爲戰場，五八年八二三砲戰，古寧頭遭砲火摧毀，受害也最慘重，古寧頭人命運坎坷，採剝海蚵又辛苦異常，被人稱爲「砲坑蚵子窟」，有一段時間，古寧頭人提親，外鄉人就害怕，雅不欲把女兒許配給古寧頭人，海蚵，又成爲古寧頭人沉重的負擔了。

海蚵是古寧頭人的經濟命脈，羅星港是古寧頭海上的交通孔道，羅星港的變遷，

▶古老的金源遠商號真貌，已經走入歷史，徒留回憶。

記錄了古寧頭一頁的歷史滄桑。

羅星港，清乾隆年間建一座塔，名爲羅星塔，塔高五層，第四層有一龕，供奉玄天上帝。羅星塔鎮守海中央，八分潮滿時，南山沙塘頭像一隻龜，西浦頭青林下像一尾蛇，稱爲龜蛇鎖江。

光緒末年，羅星塔傾圮，棄石螺疊，有一天星夜，同安窯頭村人將玄天上帝神像請回供奉。一九四九年，國軍駐守金門，又將羅星塔廢石搬去作碉堡，羅星塔從此蕩然無存，淡出古寧頭人的記憶。

▲古寧頭盛產海蚵，每年的石蚵文化節辦得像嘉年華會。
▲挑石蚵比賽，把勞苦昇華成為一種節慶的趣味賽。

▲國軍拆房屋與鹽石去築防禦工事，遺蹟猶存。

乾隆朝，南船入港，一桅收一元，二桅就收二元，至多三桅，所收的船稅，就作爲興建南山開基祖厝的費用。

一九四九年以前，漲潮的時候，南山與北山兩村之間行旅要靠擺渡，退潮的時候，人可以走大橋，牽騾牽馬要走港底的石板中路，都可直抵新興的貿易口岸——下店。下店，清光緒年間北山秀才李森遠所開設，店號金源遠，一副對聯，經過歲月淘洗，已漫漶不可辨識了。

當年羅星港還有古寧頭人三個鹽區——上土區、中土區、下土區，是古寧頭人赤日生息的地方，古寧頭大戰之後，上土區曬鹽的石板，被國軍拆去築起關帝廟前南北山的通路，圍起了雙鯉湖，中土區與下土區的石板，也拆去作防禦工事——從烏沙頭到東鰭尾築起一道石牆，宛如一條小長城，約有一、兩百公尺，後來慈湖築堤，又把一部份石牆拆去塡海了。

慈湖築成以後，羅星港宋代曾家遺下的埭路從此長埋湖底，元代的鹽田也已屍骨不存了。慈湖，湖水蕩蕩，候鳥群集，高下低昂，隨波上下；慈湖，已成爲水鳥的家鄉，慈湖，已成爲古寧頭賞鳥的熱門景點，歲月悠悠，水鳥無情；慈湖不言，水鳥空語，朝曦升起，夕陽又下，構成了一幅歲月的風景，南船的歷史淹沒了，古寧頭人的記憶中斷了，古寧頭人的悲歡歲月，顛沛流離，就寫在慈湖的臉上，寫在羅星港的記憶裡。

古寧頭人在艱難的環境中謀生，與天對抗，與人對抗，與自然環境對抗，與戰爭與戰亂對抗，與遷徙與流離對抗，因而愈挫愈勇，許是胡璉將軍所謂強悍風氣之所致吧！胡璉說：

> 蚵蠣加髮菜，與地瓜磨粉對稱半合而成的主食品，不但使金門青年男的強毅勇敢，女的慧美嫻淑，而且給予他們一種力爭上游的衝勁。代代相承，脈脈相傳，久而久之，便成為一種精神，一種氣質。

海蚵是一種天然的威爾剛，古寧頭人宗強族盛，自強不息，或許得力於胡璉將軍所說的蚵蠣吧！

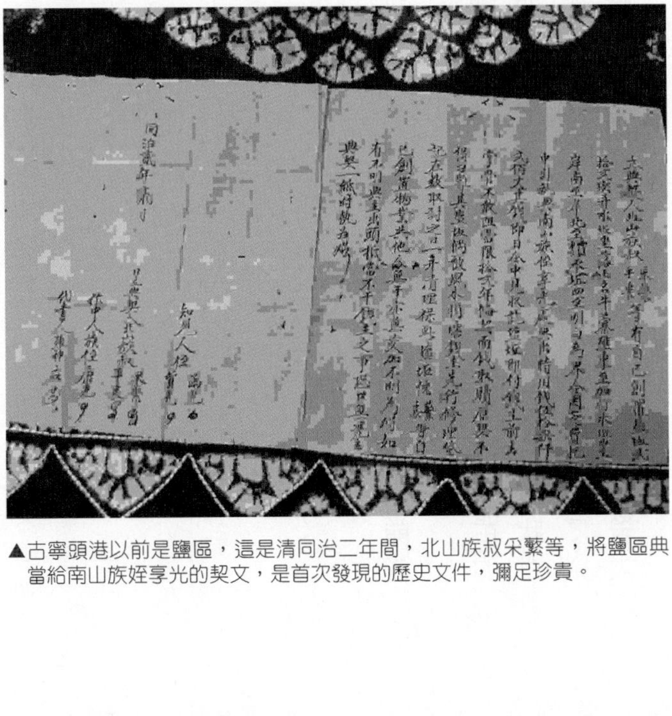

▲古寧頭港以前是鹽區，這是清同治二年間，北山族叔釆蘩等，將鹽區典當給南山族姪享光的契文，是首次發現的歷史文件，彌足珍貴。

09 抗戰烽煙

一聲刁斗動孤城，報道強鄰夜攻兵。
月黑星沉煙霧起，時當七夕近三更。

宛平縣長　王冷齋

七七抗戰軍興，全國軍民奮起抵抗外侮，禹甸神州戰火燎原，生民塗炭，金門僻處海疆，也被掀天的巨浪捲入。

金門這一段抗日史實，長期以來都被忽略了，今天，穿過時光隧道，探尋歷史的軌跡，希望從蛛絲馬跡之中，拚湊出歷史的原貌，或許有助於了解當時的眞實情狀。

一九三七年十月廿四日，日軍進犯金門了，六、七艘日艦停泊在舊金城外海，企圖以小艇登陸，但是被我壯丁開槍擊退。當時金門只有保安隊四十人，壯丁隊數百人而已。

廿五日，日機自早到晚盤旋在金門上空偵察，縣長鄺漢走瓊林，廿六日清晨四時許，日艦以探照燈照射，然後以機關槍及大砲射擊舊金城，七時許登陸，分從水頭、舊金城、古崗三路直逼縣城後浦，日軍經舊金城，殺居民洪水俊，經古崗，殺居民董陣，經泗湖，殺張維熊的女兒，十一時到了豐蓮山，坼候進窺後浦，沒有遭遇抵抗，日軍大約有二千名海軍陸戰隊，隨即挺進，駐紮金門公學，聯隊長友重丙。

日軍從舊金城海岸登陸，洪清淇、洪大山兄弟，臺灣草屯人，早在戰前就到金門行醫，對金門的風土民情相當了解，也贏得金門人的信任與友誼，此時卻成爲馬前卒，擔任翻譯與嚮導了。

日軍登陸之前，聽說金門縣政府在羅星港備了數艘帆船，伺機逃亡，令北山居民看守，等到日軍一上岸，縣府有關官員就搭船潛逃到鼓浪嶼，縣長鄺漢則搭金星輪逃到了大嶝，後來以棄職潛逃罪論處，被福建省政府以軍法判死刑槍決。

廿八日，日軍令金門人王廷植、周永國組織僞後浦地方治安維持會，又成立僞自衛團，以陳太乙爲自衛團長，許可傳爲自衛團主任，日軍到了沙美，令王天和爲僞沙美地方維持會長，另派旗人郎壽臣爲僞自衛團長。

金門，進入了俗謂的「日本時代」。

一九四三年，日軍在古寧頭的沙崗建飛機場，沙崗在清代是海埔新生地，當時古寧頭人口日漸增多，進行墾殖，因爲多是沙土，一經施肥灌漑，直瀉地底，無法種五穀雜糧，居民就挑紅土墊底，因此，清朝政府不收田賦。

日軍在沙崗甫建飛機場，挖了一公尺深、十幾公尺長，就被業主發現，跑回北山求援，當時李智中擔任古寧村的村民代表，隻身前往企圖阻止，李智中力陳兩點理由：一、沙崗是林厝與北山的良田，兩村幾千居民賴以維生，如果興建機場，居民生計大成問題，將來勢必要被迫遷村；二、沙崗地勢平坦，大陸居高臨下，飛機起降，一覽無遺，只要發射大砲，飛機就會被摧毀。李智中希望司法股長陳文禮代爲轉陳，陳文禮也慨然應允，後來果然沒有再繼續興建。

但是日軍仍然不死心，又在一九四四年十月二十七日，相中安岐（現址為金寧國中）建機場，長五里，寬二里，跑道長七千尺，寬五百尺，毀損耕地甚多，日軍又強徵民工，每天三千人，凡男丁十三歲以上，五十五歲以下，都需輪工興建。

古寧頭緊鄰安岐，村丁每天早晨六時沿村打鑼，要壯丁在村公所集合，然後由甲長一至三人領隊徒步前往安岐構工；老弱另組一支供應隊，甲長除了監工之外，得帶領供應隊挑午膳，每天近午時分，就到構工的家戶挑飯，每人挑五、六家到七、八家不等，視各人的體能狀況，當時民窮，都吃地瓜湯，均用鍋子裝，然後用破棉被、棉襖裹著保溫。有些人食量很大，一餐要吃十幾碗。傍晚下工時，再去收拾餐具挑回來。

那時年冬不好，居民生計困難，連地瓜都沒得吃，居民又需去構工，無法耕種，生活更是有一餐沒一餐的，父老每回憶這一段時日，至今仍不勝唏噓。從農曆九月一直做到過年前，那一年氣候又特別嚴寒，大家赤足，穿著破棉襖，如廁時，踩在青石板上，腳趾凍疼欲裂，國弱民窮，人爲刀俎，我爲魚肉，像牛馬般被役使著。日軍每天劃定進度，今天做不完，明天還得補做，一點都偷懶不得，而日軍監工又常酷虐民工，不時打得頭破血流，居民忍氣吞聲，受盡了折磨，苦不堪言。鄉賢李怡來先生有詩爲證：

風雲緊急太平洋，日寇軍心起慌張，困守孤島圖掙扎，強召民伕築機場。風聲方怒吼，時節正隆冬，雲黯黯，夜濛濛，四更鳴鑼叫造飯，五更鳴鑼喊出工，拂曉挑箕荷鍤去，催呼趕路急匆匆。抵達工地分工忙，倭兵督促似虎狼，鞭笞撲撻無歇息，被驅不異犬驅羊。鑿山掘墓填溝壑，搬沙運土覆池塘，田園阡陌皆剷毀，山川面貌變滄桑。天公似不垂憐憫，今年氣候異往常，連月酷寒倍凜冽，窮陰凝閉無日光。寒氣透肌如刃刺，飛沙撲面似箭傷，敝裘破帽禦風雪，赤腳裂膚踐水霜。一天勞役十二時，出門儘早歸家遲，地凍天寒腹又饑，搾得人人筋力疲。趕工倏似火燃眉，突然一日叫停施，寇運將終徵兆見，天意分明已可知。

十二月十九日，日機一架降落安岐機場，因爲跑道崎嶇，無法再起飛，不得不以汽車拽助上升，後來墜海。

當時盟軍在太平洋採取跳島戰略，日軍戰事節節失利，敗象已露，盟軍飛機常乘著黑夜來投宣傳單，引來密集的高射砲火，有一天一位臺灣林姓通譯召集民工歇息，先問說：「我平日待你們好不好啊？」先套套交情，緩和民工不滿的情緒，隨後宣佈：「從今天以後，不用再建機場了」，大家聞言，心中竊喜，吐了一口大氣。

10 走上人生生死線——牽騾馬

已聞戰火逼海隅，漸見日影近桑榆，盟機日夜頻出現，轟炸艦船及郊區。
寇兵坐困糧援絕，顯然日暮入窮途，垂死欲作逃竄計，強徵馬匹任運輸。
連人帶馬俱拉走，養馬人家剩婦孺，可憐兒女道傍哭，牽衣頓足徒哀呼。
暮夜帆檣偷渡去，突圍逕向海澄趨，人馬一去如黃鶴，消息至今一點無。

古寧頭・李怡來

▲雙鯉湖畔馬伕淚碑，李金昌從此牽騾馬出發。

這首詩詠日軍牽騾馬的悲慘情景，時間雖然已經過了一個甲子了，但是餘響悲風，仍然迴盪金門老一輩人的心中。

西元一九四五年，日軍戰事失利，已到了強弩之末，準備從金門撤退，就藉口檢疫，命令民眾把牲口牽到許厝墓（現今金城鎮公所右側）受檢，然後篩選登錄，父親當時養了一匹蹇騾，牽到了許厝墓，日軍根本看不上眼，不久又有第二次檢疫，這回在北山，父親剛換養了一匹騾，比先前那一匹高壯，毛色也好很多，父親叫叔叔牽了去，叔叔到了北山，發現上回沒有登錄父親的名字，而日軍這次卻看上這匹騾，等於自己送上門來，想要抽腿已經來不及了，父親「中騾馬」，日軍撤退時要被拉伕了，這是天大的災難，憂思愁苦，腸一日而九迴。

父親不得已，就變賣家產，以幾兩黃金及一擔紅皮地瓜簽，請後浦的洪阿滿去，行前，洪母到家裡來，要跟父親簽約。她說，此行不管吉凶如何？彼此有個憑信，到時大家沒話說，洪母說得入情入理，父親就遵照她的意思辦理。

一九四五年六月三十日，日軍在金門全島強征騾馬五百匹，一馬一伕，馱載輜重，從後浦南門搭船撤向海澄。古寧頭有二、三十人被拉伕了。

內地奸人藍安薯告訴日軍抄捷徑，從福建海澄白坑登陸，到汕頭會師。白坑的盤陀嶺形勢險峻，「上山三埔路，落山三埔路」，都非常陡峭，俗話說：「上了盤陀嶺，顧不了某子（妻小）」，可見一斑。

當年古寧頭李海詳、李炎萍都代人牽騾馬前往，李炎萍的代價是二十三擔花生油，他回憶說：

騾馬伕沿路受到了華南軍的伏擊，到了盤陀嶺山麓，嶺上國軍以機關槍掃射，日軍以大砲猛烈回擊，不久機關槍就沒有聲音了，此時盟軍飛機又低空掃射，騾馬伕乘亂找掩蔽物。

一路上他就找機會想要脫逃，被一名臺灣通譯識破，通譯說我們都是中國人，如果你要逃，不要忘了通報一聲。炎萍當年只有十九歲，雖然涉世未深，但是通譯講的話是真是假，他也不敢相信，萬一被出賣，腦袋馬上搬家，所以炎萍誑說不會逃，部隊要到那裡，他一定跟到那裡。

因此，當盟機掃射的時候，他逮到了機會，乘著找掩蔽物的當兒，拔腿就逃，穿過田地，逃過溪谷，頭也不回，沒命的往前衝，通譯說時遲那時快，在後一路緊追不捨，兩人跑了很遠，才在一棵大樹下歇息，通譯把綁腿及手槍都丟掉，換了衣服，兩人就結伴逃亡。這位通譯名叫方壽全，臺灣人。

▲李炎萍歷經九死一生回到金門，可以安享晚年。

過了幾天，兩人都被華南軍逮到，送往漳州林家祠堂軟禁，縣府派了一班人看守，從福建各地脫逃的騾馬伕都送到這裡集中看管，總共有一百多人。

方壽全一到了漳州，馬上寫信給廈門的叔叔及堂兄弟，親人立即來看他，帶了一些錢及食物接濟他，方壽全很夠意思，他說禍福與共，就與炎萍分享，至今炎萍還很感激他，事隔六十多年，不知他是否還在人世？

炎萍在漳州兩個多月，有一天街道人聲鼎沸，鑼鼓喧天，高喊打倒日本鬼子！中華民國萬歲！萬萬歲！聲音響徹雲霄，此起彼落，炎萍心想可能日本鬼子倒了，果然不久，有一位管理員，姓李，南太武人，告訴他說，日本投降了。回家有望，大家歡喜莫名，否則他們這一批騾馬伕要充軍。

一九四六年十一月二日，騾馬伕殘衆回到了金門。古寧頭的騾馬伕折損不少，健在的人都已年逾古稀，回首前塵往事，仍有無限的傷感，南山人李金昌，現旅居印尼泗水，親身經歷，寫下「一個馬伕的回憶」，現徵得他的同意，收錄於後：

▲騾馬伕李金昌，老來文思遄飛。

一九四五年，農曆五月，「破裘不甘放」時節，清晨尚有寒意，父親陪我牽著騾馱——一種騾連馱架的總稱，由古寧頭南山村出發，到城裡後浦。廿歲十足的阿肥（我的乳名），此行出門，在慈祥而已衰老的父親的眼神中，是凶多吉少，甚至會是最後的訣別；因此，老人家雙眉緊蹙，神態悃然！

我之所以會如此「牽騾馬」去，是因為我家養飼一匹馬、一匹騾和一頭牛。兩個月前，城裡日軍下命令，說金門島的牲畜，特別是騾馬，染有一種疫症，蔓延迅速，必須飼主帶著牲口到後浦許厝墓的廣場，打針防疫。閉塞愚昧的鄉下人，木然無訴，百依百順，誰知那是一種強徵騾馬的手段。我家兄弟四人，大哥、二哥都在南洋，三哥剛於上月結婚，責無旁貸，牽騾馬往城裡報到，或應徵（強），只得由我承擔。血氣方剛的小伙子，眼看日軍橫行無道，強迫徵伕，憤懣填胸，因而也視死如歸，默喊「再過廿年又這樣大漢了」的蠢想，怕什麼！

到了城裡西門，我被一個不相識的金門人，帶到一幢三進院宅的門前，牆壁上貼著一紙「養馬報到處」，一張簡陋的桌子，安置在入門的右邊，有日本兵站崗。

我趨前向那臉孔陰森、坐在椅上的長官行個禮。那長官就問：

「你是那鄉人？」

「古寧頭南山村人。」心很不自在地回答。

「什麼姓名？」

「姓李名金昌。」

「讀過書沒？」長官一面翻查名冊一面問。

「有……《人之初》。」我嘟嘟有點抖。

「還有？」

「還有……」我本想不再多說，但聽人家說，有識幾個字的，可能會做領隊，因而「還有……也讀過《孟子》、《左傳》。」

「AIUEO（日語字母）讀過沒有？」殺氣騰騰，似是兇魔要吃人樣子。

「我是中國人，為什麼要讀日本字！」一時我也不知從那裡來的力量，更這樣回答。

「你是支那？」屁股離開椅子猛力一掌扇過來，然後連珠砲般似地：「虧你讀過什麼《孟子》什麼《左傳》，孟子不是說『率土之濱，莫非王土；率土之民，莫非王臣』？金門之土，就是大日本的疆土，金門之民，就是大日本臣民！」

「……」我無話可答，摸著左頰，齒縫流出鮮血來。

不久我牽著騾馱，默默地遙遙地望著沮喪的父親的背影，跟著那個不相識的金門人離開，不知父親幾時才回南山村去。

然後被送到一間地板早已鋪好滿地蓬草的集中營。在集中營裡，起初還可以託人往鄉下帶些衣裳，後來嚴禁不可以了。在集中營，也時常往瓊林、沙尾馱載軍用輜重……。

農曆五月廿一日（一九四五年六月三十日）夜半，稱做我們馬伕隊長的張某，倉皇地叫醒我們，說要動身了。夜半動身？奇怪！平時若往返於瓊林、沙尾馱載軍用輜重，都是白天進行，為何今次竟會是夜間？問你，問他，都無一人知其來由。

下弦的殘月，掛在西邊廈門山山頂上空，朦朦朧朧，我的裝束是登著胡志明式的草鞋，頭戴油膩阿Q式的氈帽，與馬共話，眶淚淌下，一步一步但也受著鴨舌帽兵兇惡的鞭踢，踉蹌來到同安渡頭。馬蹄早已事先打套的鐵蹄，鐵蹄打在渡頭石板上，滴滴發出的音響，令人心酸地如聽到演奏南管的「奠酒」的悲曲：白馬素花，魂歸何處！……此時也才體會到杜甫〈兵車行〉描述的悲慘情景：

「車轔轔，馬蕭蕭，行人弓箭各在腰，爹娘妻子走相送，塵埃不見咸陽橋。牽衣頓足攔道哭，哭聲直上干雲霄。」但是今晚——畢生難忘的農曆五月廿一的今晚，沒有爹娘妻子來相送？靜悄悄的，我帶著心愛的騾馱，上了三桅汕潮帆船。

三桅汕潮帆船，是日軍先前在海上擄取而來的；帆船的甲板上，釘好約高一公尺的欄杆，剛好攔住騾馬的胸膛，想必是風浪搖搖，怕騾馬墜海。我的騾馱只載兩隻巨大炊鼎，算是編入炊事隊伍，浩浩蕩蕩，乘風破浪，帆船大隊，迎「缺仔口」（地名），又經過靠近廈門的大擔島，廿二日凌晨，抵達海澄縣（現稱龍海縣），在南太武山麓的港尾鄉白坑村靠岸。

南太武山山麓，巨巖削隙，蓬草叢生，這裡是出名猛虎出沒地帶，但大隊隊伍經過，可能猛虎被嚇跑了，倒是時有所聞被毒蛇蝎子咬毒傷。先頭部隊由漢奸領導早已抵達，白坑村居民均已跑掉，只有一、二個老嫗未走，村裡糧食、衣服、牲畜被搶一空，田地裡的番薯葉被割去作騾馬飼料。

我在無意中於桌角上，拾得當地一殘缺報紙，看到如下的消息：日軍海路受阻，該師團守駐金門的殘部德本光信聯隊，由於補給斷絕，物資匱乏，糧食不足，使德本信光有流竄內陸退到汕頭之念頭。全部日軍有千三名，加上在金門強徵的騾馬與馬伕五百名，已由港尾鄉白坑村登陸了。

騾馬與馬伕，在刺刀與皮鞭威脅下，冒雨行軍，衣著盡濕，不得不去找尋乾淨衣服來更換。這就是後來金門馬伕被當局扣上一個「為虎作倀」幫兇的罪名的由來。

七月十一日，大隊進入漳浦縣前亭墟、大社村，有的竄入田中央、橋仔頭。起初都是白天行軍，夜間歇宿，真所謂埋鍋造飯，炊事工作多是在夜間進行，午間也曾給乾糧如魷魚乾等。

曾經在上述的田中央、橋仔頭，發現有日軍失蹤，不歸原隊，原來是給那邊抗日部隊滲入冒作金門馬伕，引入別的歧路，然後用槍桿從背後兜頭打死，埋在樹林下，這是我親目所看到的。由於有這失蹤跡象，日軍遷怒在我們金門馬伕，鞭打腳踢，槍頭亂動，致使我們同伴日益減少，湖下村楊長春，古崗村董榮仲就是在這時候棄馬逃跑。那麼留下的騾馬，日軍再抓當地跑不掉的居民，可是當地居民，不像我們陳淵恩主公育承下懂得騾馬的性格，撫養有素的馬伕，致此時常有聽到栽首翻頭的傳聞。

七月十三日，大隊已竄入雲霄縣；在一個大雨傾盆的早上，路經一段好似昔時金門的雙乳山地帶，一片童山濯濯，地下鋁石滿山，只有寥寥一兩顆松柏樹，有人在路旁號啕求救，似是當地人，腳部受彈傷，不能行動。天啊！泥菩薩過江，真對不起，自顧不暇！這時才意識到，有抗日部隊，名稱是閩南華安部隊，配合空中飛機盤旋掃射，死傷不只一、二個，而是算百的，它就是盤陀嶺戰役，金門馬伕死傷最多的地方。我是炊事部，在後方，幾小時後才趕到，但尚看到路旁有屍體。

從此以後，改為夜間行軍，白天蔽藏，這時的行軍秩序，似乎紊亂了，人面也全非，稱做是我們馬伕張隊長，也已數日不見尊容了，可能是早已溜之大吉，日軍也自顧不暇，不那麼嚴緊，因此我也乘機遁逃，放下我心愛的寶馬，十分難過……。

遁逃後，單身隻影，前途茫茫，向北溯上，而避難往內地的當地居民，也陸續返鄉了，見到我，有的粗聲臭罵，有的也表同情。我日夜再奔波，夜間宿草寮，也不知夜間有老虎出沒，逮至走了一星期後到了海澄縣，才知悉已有大批的金門馬伕被解押到漳州去，靜候處理。我很榮幸，受港尾鄉鄉長留下，不被解去漳州，據悉解去漳州的，延了一段時間的查審，才得到鄉賢許允選先生的保證，我被留在港尾鄉，幫忙下鄉送公文，故未能與許允選見過面。直到日本簽署無條件投降，我才由白坑村搭帆船回金門。

▲共軍召開進攻金門動員大會，兩側對聯寫著「肅清殘敵解放金門，做好準備再立大功。」
（取材自血祭金門／洪小夏提供）

戰爭的魅影

第二輯

1 不堪回首話從軍

死去憑誰報，歸來始自憐。
〈無家別〉杜甫

抗戰勝利之後，全國軍民同胞歡欣鼓舞，歌慶太平，以爲黑暗過去，黎明到來了，然而禍起蕭牆，神州馬上又風雲變色。

和平時代是如此的短暫，又如此的奢侈。金門，這個蕞爾小島，馬上又捲入時代的漩渦裡頭。古寧頭首當其衝，差點就被滔天巨浪吞沒，這個巨浪已經成形了，快要席捲過來了。

西元一九四六年，時局倥傯，山雨欲來，國府開始對金門徵兵了，當時依照各村的丁口分配，由役男抽籤，如抽中不去，可以請人出征，代價是四兩黃金，抽中的人出二兩，餘由役齡男子均攤，這是古寧頭人不成文的規矩，每次都是如此。

四六年第一梯，南山有李清藩、無耳、臭豬……，北山李金良；四七年，南山李海詳、北山李炎萍……；四八年，南山李德發，這些名字掛一漏萬，但也可見一斑了。李海詳、李炎萍、李金良三人不僅牽騾馬，脫險歸來之後，又「賣壯丁」代人入伍當兵。

李金良一九四六年入伍，滯留大陸，一九九四年返鄉定居，他有滿腹辛酸與委屈，時代的不幸，命運的捉弄，印證在這些小人物身上，沒有慷慨悲歌，只聽到微弱

▲兩岸開放之後，李金良回到古寧頭，仍無立錐之地。

的嘆息。

古寧頭，北山村，明亮的路燈，拉出一條長影，七十多歲的李金良受訪，坐在廊簷之下，只有輕輕的感喟。生命，對他是一個沉重的負擔；歷史，對他是一塊抹不去的陰影；生活，對他是一具無法擺脫的桎梏。他，要向誰說？他，能向誰說？

只見他落寞的神情，手中捧著一張抗戰勝利五十週年紀念的獎狀，不知道是光榮，還是羞辱？不知道是歡喜，還是悲哀？他一時間也說不上來。不需同情，也不需憐憫，他，一個不死的馬伕與老兵，走過了自己的路。

回憶，帶一點蒼茫，回憶，也帶一點感傷，現在，就讓我們重回當年的歷史現場。

西元一九四六年，國府開始向金門徵兵了，李金良牽騾馬歷劫歸來，席不暇暖，又應徵入伍，千山獨行。金門兵駐在上海龍華寺，下舖稻草，被單只用四斤棉花塡充，無法禦寒。起初伙食很好，油豆腐、高麗菜都煮得很有油水，後來事務長貪污，每餐只有一湯匙肉燥配飯，士兵食不下嚥，頓起離心，有一天夜裡，三百多個金門兵大舉逃亡，只剩下二十幾個，李金良眼見東方發白，想逃而不敢逃，新兵團後來開車追截，在上海火車站抓回幾十個，一起帶到郊外，跪地排成一列，面前挖了一道壕溝，軍官負手巡視，走到李金良的身邊，他只覺身體不聽使喚，猛打哆嗦，突然他右邊第三個被拖出去槍斃，一腳踢下壕溝。整隊回來之後開始兩手反剪吊打，打得屁股開花，暈死過去，潑水甦醒之後再打。上級要來接兵了，新兵團趕緊用雞蛋清幫他們敷傷。

李金良配屬四十九軍，開赴長城外攻打青龍縣揚帳子，被居民誘騙進入「布袋」，共軍從四面八方攻擊，國軍潰敗，副司令王鐵漢易服搭直昇機潛逃，李金良也改穿便裝逃往錦州，中共再攻錦州，國軍又告失利，大陸撤守後，他逃往廣西，躲到山洞裡，晝伏夜出，偷挖地瓜充饑，被居民查覺上告，中共放火燒山，把他逼了出來。

一九五〇年參加抗美援朝，加入彭德懷指揮的三十八軍一一三師，在三十八度線乘軍隊調動的時候脫逃，但沒有成功，中共指控他腳底抹油，不革命反革命，被瀋陽軍法處，判到佳木斯勞改兩年。李金良刑滿出獄，一心想回故鄉，在上海的時候有人告訴他金門沒有「解放」，就轉到福州，進入麻袋廠工作。文化大革命期間，他是金門人，屬於黑五類，被鬥，麻袋廠的老闆是地主，也被鬥，麻袋廠關門了，李金良失業了，就轉往閩西彰平縣工程隊，在此打工、娶妻、生子、落戶。

李金良青春的淚，青春的血，青春的汗，已灑在異縣他鄉，他見不到傷痕，傷口卻很深，老來回到故居，借屋居住，依舊貧無立錐之地，只有寸斷的肝腸，雕鏤著那一段刻骨銘心的回憶。

不堪身世如轉蓬，幾番風雨燕歸來，對同村的難友李炎萍，他不免流露幾分欣羨之色。

一九四七年（民國三十六年農曆二月十四日），南山做醮搬戲，有人設攤賭十二支，二十一歲的李炎萍賣了壯丁之後，得了一麵粉袋的關金，就提著去賭博了，外鄉人來作客看戲，順便賭幾把，有些人贏了一點錢，就離手看戲去了，莊家看李炎萍不走，就提議跟他對賭，炎萍一麵粉袋的錢，眼見快輸光了，北山保丁李水錦牽了他的衣袖，示意他趕快抽手。水錦說，天氣這麼冷，我們去吃一碗湯圓吧！兩人離開以後，水錦告訴炎萍說，你怎麼這麼傻，這是你的賣命錢，馬上要出發到鼓浪嶼了，不會留一點作路費。

過了幾天，炎萍入伍了，到後浦南門許氏祠堂會齊，然後由南門搭船到了鼓浪嶼，泉州兵與漳州兵也都來此集結，乘機脫逃的很多。

炎萍從鼓浪嶼搭船到廈門海面，轉乘大輪鼓行北上，經過七、八天航程到了葫蘆島，然後輾轉到瀋陽接受新兵訓四個月，炎萍隸屬四十九軍，軍長王鐵漢，十年前在高雄過世。四十九軍有三個師：二十六師、七十九師、一〇五師，金門兵多屬七十九師。

炎萍駐紮遼寧省新民縣一個多月，就與黑龍江省彰武縣的二十六師換防，七十九師在彰武縣兩個多月，中共發動猛攻，切斷瀋陽鐵路運輸，七十九師彈藥、糧秣中斷，駐軍被圍困了，陳毅所部發動游擊戰，以打帶跑的戰術，不時奇襲、騷擾，等到我軍要反擊時，共軍已逃得無影無蹤，約莫再過了一個多月，七十九師糧盡，共軍大舉進攻。彰武縣城是一座土城，四面挖了壕溝，外圍鐵絲網，工事非常強固，但是共軍發動了人海戰術，攻破了南門，上級命令士兵每人扛一袋砂包去封填，等到了南門，炎萍發現戰事猛烈，雙方以機關槍互相掃射，屍橫遍野，血流滿地，共軍已經殺進來了，擋都擋不住，共軍一進城巷戰，就說中國人不打中國人，把手舉起來，大家無力抵抗，不得不把手舉起來，一串一串俘虜被帶走了。

炎萍也被俘了，只見路旁的軍士，有的斷腿，有的斷手，東倒一個，西倒一個，嘴巴一張一合，呻吟著，痛苦著，低聲呼喚：「同志啊！幫忙一下！同志啊！幫忙一下！」眼淚滾滾而落，看了令人不忍，但是炎萍自顧不暇，愛莫能助，到了一個處所，才發現南山李海詳也被俘。李海詳是搜索連，李炎萍是山砲營。

中共問炎萍當不當兵，炎萍心想回家又沒飯吃，當就當吧。起先是白天行軍，當時國軍還掌握制空權，飛機常低空掃射，就改晚上行軍，準備南下包圍瀋陽。

共軍夜行晝宿，走了十幾天，時值隆冬，天寒地凍，東北高粱都是宿根，斜切留下尖尖的鴨嘴，大雪覆蓋，炎萍一腳踩下去，腳底被戳破了一個大洞，發炎了，不能走了，就被送到遼源就醫。

炎萍在遼源就養二十幾天，痊癒了，共軍又問要不要再當兵，炎萍心想內戰方酣，戰火燎原，在彰武縣打不死，再下去恐怕要命喪東北，把心一橫，回去縱使餓死也不當兵了，共軍發給一張路條及些許路費，炎萍就發足南下返鄉了。

南下，遼寧省南大橋是必經之路，國共雙方以南大橋爲界，以北屬共軍，以南屬國軍，炎萍在共軍轄區，每到一個村莊，憑一張路條，食宿都不成問題，走了三十幾天，才走到南大橋，國軍衛兵喝令：誰！誰！炎萍說四十九軍。衛兵說：四十九軍不是已經被打垮了？炎萍說：被俘虜去了，逃回來了。衛兵連聲說：好！好！歡迎回來，隨即又被分發部隊。

炎萍打定主意不當兵了，一有機會就開溜，進山海關以前，總共被抓了十數回。

有一天晚上，夜黑風高，炎萍進入山海關，天候祁寒，大雪紛飛，炎萍口袋空空，饑寒交迫，舉目無親，不知到那裡投宿，正躊躇間，抬頭逡巡，只見不遠處有一間民房，燈火微明，炎萍就去敲門，原來這是一家豆腐店，母子兩人正在做豆腐，開門讓他進去。

炎萍說是東北的軍隊，要回福建，希望能借宿一晚，老媼的兒子見他隻身一人，衣服殘破，番號也不見了，一件夾克快長出蝨子，因此起疑，要把他扭送縣府，老媼一直代爲求情，說人家要回南方，要她兒子不要爲難，才放了他一馬。

豆腐店燒煤球，炎萍雙腳套進布袋，在灶口取暖，全身止不住打哆嗦，睡到晚上十點多鐘，老媼又起身問炎萍吃了沒，他說沒有，就蒸了玉米粿讓他裹腹，隔天炎萍辭別，千恩萬謝，感激不盡，然後搭火車到了北京。

炎萍到了北京，隨即轉天津，準備搭船南下，在塘沽碼頭候船的時候，有一個人聽他說閩南語，就趨前來跟他打招呼，問他那裡人？炎萍本想說金門人，但金門小地方怕他不知道，就說廈門人。

這人姓藍，福建大田人，當兵受傷瘸了一腿，拄著拐杖，兩人認了同鄉，就結伴準備南下。這時，天津的痞子又來買兵了，炎萍身無分文，窮愁潦倒，本想再賣一次，賺一點盤纏，也帶一點錢回家，但是大田的苦勸：鄉親啊！不要啦！我們沒得吃，我可以去乞討。

天津住了一些美國大兵，大田每天去乞食，有時要到一些美金，有時討到整條土司，兩人分食，炎萍見藍某腳傷嚴重，就叫他拿水壺去要了開水，討些棉花、食鹽，幫他清洗傷口，只見子彈貫穿足脛，留下一個大窟窿，傷口已經潰爛了，臭不可聞。

隔了幾天，兩人閃入船上，炎萍躲進船首的錨孔，等到憲兵、海關檢查過了，藍某才叫他出來，他倆用閩南語聊天，被船上一位主任撞見，就問說那裡人？炎萍回說廈門，他是大田。這位主任福建晉江人，問說有沒有得吃？答說沒有，主任每天三餐都帶他們去船艙吃飯。

船行三天三夜到了上海，炎萍問說上海是不是有福建會館，主任說有，在民國路，並指示了方向，臨別還贈送他們每人二十萬關金。

兩人到了上海，找民國路找了半天找不到，大田的又腳傷，走路不方便，就各以三千元僱了兩部黃包車，到了目的地，才發現掛著泉漳協會一類的門牌。

進了會館，有一位主任，同安人，問明了來意，他說，很不巧，昨天剛有一班船到廈門，如果早一天來就好了。上海到廈門，一個禮拜只有一班船，主任要他們上樓登記，然後給他們兩人各三十萬的關金。

會館有一間宿舍在另外一條街上，許多福建人都住在那裡，會館請他們去住宿舍，自己糴米、煮飯，他倆一到，同鄉都說不用煮了，吃剩的給他們都吃不完，每天三餐都有人送飯菜來。

過了三天，會館的工友來通知，說明天有一艘船要到福州，問明他們的意願，炎萍心想，到廈門還要等三、四天，他歸心似箭，就決定先到福州，再作打算，兩人就搭了新瑞安的輪船到了馬尾，剛好有一艘浯江輪，從臺灣買了砂糖，彎靠馬尾要到廈門，他倆就搭了駁船，上了浯江輪到了廈門，在北山鄉親李森炎經營的福元棧住了一宿，隔天就搭金星輪回到金門。這時是民國三十七年。

12 戰爭的腳步近了

糧食
我期待著你，糧食！
我的饑餓不能止於半途的旅店，
除了滿足便無法使他安靜，道德無以助，
我只能用饑貧養育我的靈魂

糧食！
我期待著你們，糧食！
我走遍天涯海角尋找，我一切欲望的滿足
法國文學家　紀德

貧窮是最大的罪惡。李炎萍的祖父只留下兩塊薄田，父親在他幼小時就到馬來西亞「落番」，從此一去不回頭，因此他一生不識父面。

十一歲時他母親過世，就把九歲的妹妹賣到西浦頭，得了五十塊大洋安葬母親。李炎萍兩次「賣身」，都因爲經濟困窘，沒有飯吃，爲了餬口，只有輕身涉險，南山的李海詳，境況也相去不遠。

李海詳家中兄弟九人，耕地狹小，食指浩繁，就以生命賭四兩黃金，代人從軍了。

西元一九四七年四月，李海詳二十四歲，從廈門海域搭船北上葫蘆島，在遼東半島登陸，搭火車到錦州，四七年底駐戍黑龍江省彰武縣。李海詳回憶說，四八年元旦或隔日，共軍包圍彰武縣城，與國軍展開激戰，副班長人中中彈，一槍斃命，班長屁股中迫擊砲，被削去一塊，七名班兵無恙，但是國軍戰事失利，他第一次被俘，過了三天，就逃回歸建。

四八年初，軍隊整編，進駐瀋陽，被共軍打個措手不及，兩車彈藥來不及分發就被劫走，軍團司令大發雷霆，鄭姓師長高聲抗辯，就被槍斃了。

中共乘勝攻打錦州，海詳隨軍自瀋陽馳援，過了兩個月，又被打垮，海詳再度被俘，約莫過了一個禮拜，又乘機逃走，從山海關的靖門逃到秦皇島，參加八十六軍二八四四師，由塘沽登陸，戍守天津中正門。

不久，戰火蔓延到天津，國軍又失利，海詳在一次巷戰中，左腳被手榴彈炸傷，被俘往黃庄鎮，這是第三度被俘。共軍治療了一個多月，看他腿傷沒有利用價值，就開了路條放他走。

海詳坐火車到南濟州，一跛一跛的再走到浦口，隨即往南京，住進南京中山嶺一〇〇醫院接受治療，此後由南京到廈門，二十六歲回到了金門，總共當兵二年二個月。

海詳那一期有五十幾個金門兵，不是戰死就是被俘，回來的只有十餘人而已，除了北山炎萍及他自己，還有后湖許振、後浦莊南生、莊北生兄弟、唐陽明、唐勝利、下坑營、大治吳建寧、山西李龐統、東蕭陳媽生及林厝李錫達……而林厝賞病死彰武，林厝添滯留大陸，前幾年還回來探親。

李海詳賣壯丁當兵，到了部隊就用本名，今天沒有獲得政府任何補償，令他有點不平，李海詳十年前在工寮裡娓娓道出當年的情景，回憶帶著一點辛酸，一絲無奈，啃噬著一個七十四歲老人的心靈，青春不能回頭，往事不堪回首，但記憶無法抹滅。

一九四九年三月二十二日

二等兵月支銀圓四圓

一九四九年五月十五日

士兵薪餉最少二十萬元

中國兵連禍結，民不聊生，當兵一天只吃兩餐，早上九點半吃一餐，下午三點半吃一餐，一班九個人只有一道菜，聊以充饑而已。軍隊長年征戰，東奔西跑，一被打垮，又要進行整編、造冊、追蹤、認證，因此常常幾個月沒有關餉，而時值金融情勢混亂，物價一日數漲，等領到餉銀，不夠買草紙，嚴重影響了士氣。

烽火燎原，燃燒吧！中國。這是歷史的宿命，只是有一點不認命而已。

李海詳跑遍半壁江山，冒著九死一生，只為了賣命裹腹。西元一九四九年六月，他，帶著一身疲憊的身影，回到了故鄉金門，他，因為吃過糧，通曉國語，南山保長李清芽請他當保丁，每月補貼一百二十斤白米，負責跟軍隊溝通、聯絡。

李海詳前腳回到了家鄉，戰爭的後腳也暗暗的跟了過來，緊張的氣氛濃得化不開，金廈海域一場驚天動地的戰火就要點燃了，就要引爆了，古寧頭的大災難快來臨了。但是，古寧頭人似乎還沒有警覺。

歷史，在古寧頭人的眼前，一幕幕要展開了……

13 神州陸沉如火煎

夜深經戰場，寒月照白骨。
潼關百萬師，往者散何卒！
〈北征〉杜甫

那年在我的家鄉，發生了一場戰役，時間過去整整六十個年頭了，血染黃沙，白骨沉埋，魂魄無依，已經構成這塊土地的共同記憶；不見傷心，不見流淚，只聽見風兒在樹梢嘆息，嘆息著手足的相殘，時代的悲劇。

歷史沒有是非，沒有公理，沒有正義，歷史只有成王敗寇。這是中國歷史的法則。我們正在寫歷史。古寧頭大戰就是這段歷史的一部分，時間應從一九四九年年初談起。

一九四九年一月十日，決定了國共兩黨的歷史命運，一場為時六十五天的重要戰役結束了。此一戰役，共產黨稱為淮海大戰，國民黨稱為徐蚌會戰，這一仗的結果，國民黨的軍隊損失了五個兵團二十二個軍，共計五十六個師，五十五萬人。

徐蚌會戰失利後四天，一月十四日，毛澤東發表「時局聲明」，提出所謂「八項條件」，作為「和平談判」的基礎。其條件：

（一）懲治戰犯；

（二）廢除憲法；

（三）廢除中華民國法統；

（四）依「民主原則」改編政府軍隊；

（五）沒收「官僚資本」；

（六）改革土地制度；

（七）廢除「賣國條約」；

（八）召開「沒有反動分子參加的政治協商會議」，「成立民主聯合政府」，接收南京政府及其所屬政府的一切權力。

徐蚌會戰失利後十一天，李宗仁與桂系白崇禧「逼宮」，蔣介石下野，李宗仁代理總統，國府風雨飄搖，中樞無主，此時勝負之機已掌握在共產黨手裡，國內政治氣氛完全改變。共產黨一面準備渡江，國民黨積極進行和談，三月十七日國防部政工局長鄧文儀倡言：「眞和平不渡江，渡江是假和平。」三月三十日，政府首席和談代表張治中至溪口晉謁蔣總裁，兩人散步到武嶺公園，蔣說：「這樣好的風景，但願國家和平，我能告老故鄉，就不啻神仙了。」

國府和談六代表：張治中、邵力子、黃紹竑、章士釗、李蒸與劉斐。

一九四九年四月二日

六和使昨飛抵北平

張治中氏行前發表書面談話

望眞正永久的和平提早實現

南京政府對和談充滿期待，顯現在輿論上：「萬里晴空送和使，每一個人都伸出滾熱的手，祝他們給中國帶來眞正永久的和平。白崇禧送行，站在一邊只是微笑，別人問他有甚麼好消息，他指著滑動的機輪說：『這不是又大又好的消息嗎？』」

一九四九年年初，國府一方面部署長江防務，一方面敗中求和，共產黨此時的戰略：

一、認爲蔣介石是和談的障礙，逼蔣下野。

二、積極準備渡江。因爲長江水位，渡江戰役不能拖過四月中，否則需等到九月。

三、拉高和談價碼。共產黨此時氣勢如虹，信心滿滿，以實擊虛，拉左打右。四月十八日，共產黨堅持整軍條件，提出四項渡江要求，組織聯合政府。

四月二十一日，毛澤東發起向全國進軍的命令：

各野戰軍全體指揮員戰鬥員同志們，南方各游擊區人民解放軍同志們：

由中國共產黨的代表團和南京國民黨政府的代表團經過長時間的談判所擬定的國內和平協定，已被南京國民黨政府所拒絕。南京國民黨政府的負責人員之所以拒絕這個國內和平協定，是因為他們仍然服從美國帝國主義和國民黨匪首蔣介石的命令，企圖阻止中國人民解放事業的推進，阻止用和平方法解決國內問題。經過雙方代表團的談判所擬定的國內和平協定八條二十四款，表示了對於戰犯問題的寬大處理，對於國民黨軍隊的官兵和國民黨政府的工作人員的寬大處理，對於其他各項問題亦無不是從民族利益和人民利益出發作了適宜的解決。拒絕這個協定，就是表示國民黨反動派決心將他們發動的反革命戰爭打到底。拒絕這個協定，就是表示國民黨反動派在今年一月一日所提議的和平談判，不過是企圖阻止人民解放軍向前推進，以便反動派獲得喘息時間，然後捲土重來，撲滅革命勢力。拒絕這個協定，就是表示南京李宗仁政府所謂承認中共八個和平條件以為談判基礎是完全虛偽的。因為，既然承認懲辦戰爭罪犯，用民主原則改編一切國民黨反動軍隊，接收南京政府及其所屬各級政府的一切權力以及其他各項基礎條件，就沒有理由拒絕根據這些基礎條件所擬定的而且是極為寬大的各項具體辦法。在此種情況下，我們命令你們：

（一）奮勇前進，堅決、徹底、乾淨、全部地殲滅中國境內一切敢於抵抗的國民黨反動派，解放全國人民，保衛中國領土主權的獨立和完整。

（二）奮勇前進，逮捕一切怙惡不悛的戰爭罪犯。不管他們逃至何處，均須緝拿歸案，依法懲辦。特別注意緝拿匪首蔣介石。

（三）向任何國民黨地方政府和地方軍事集團宣佈國內和平協定的最後修正案。對於凡願停止戰爭、用和平方法解決問題者，你們即可照此最後修正案的大意和他們簽訂地方性的協定。

（四）在人民解放軍包圍南京之後，如果南京李宗仁政府尚未逃散，並願意於國內和平協定上簽字，我們願意再一次給該政府以簽字的機會。

中國人民革命軍事委員會主席　毛澤東

中國人民解放軍總司令　朱德

長江風雲日緊，共軍揚言二十五日前發動攻勢。共產黨此時順風而呼，國民黨迅即土崩瓦解。

四月二十二日
共黨藉口和談破裂
重新發動叛亂
昨「令」各首領迅速進攻
竟大言將「解放」全中國

四月二十日夜起，至二十一日，共軍西起九江東北的湖口，東至江陰，長達五百餘公里的戰線上，強渡長江，徹底摧毀國軍苦心經營了三個半月的長江防線。四月二十三日，徐蚌會戰後一百零三天南京淪陷。

國軍主動撤離首都：

南京已成眞空地帶
明故宮大校場機場起火
傳共軍已竄入下關車站

中央日報記者左克恭報導
送行的人心情無限悽傷，回首月來熱烈奔走和平，而今，和平卻如春夢了無痕！

南京失守，蔣山其頹。李商隱詠史詩：「北湖南埭水漫漫，一片降旗百尺竿。三百年間同曉夢，鍾山何處有龍盤？」

毛澤東此刻躊躇滿志，慷慨賦詩：

鍾山風雨起倉黃，百萬雄師過大江，
虎踞龍盤今勝昔，天翻地覆慨而慷；
宜將剩勇追窮寇，不可沽名學霸王，
天若有情天亦老，人間正道是滄桑。

三十八層樓台已傾圮，國民黨辭廟，贏得倉皇北顧。這時國民黨還保有東南半壁，但士無鬥志，將有離心，誰能拯大廈於將傾呢？

共軍乘勝分路向南挺進，五月三日杭州淪陷，五月二十二日南昌失守，五月二十七日上海也丟了，五月二十八日，湯恩伯撤離淞滬，發表所謂告滬父老暨全國同胞書。湯恩伯此役，胡璉將軍說六十萬大軍打得片甲不留。七月，共軍開始進軍福建，八月十七日陷福州，十月十七日克廈門。淞滬保衛戰之後，國民黨基本上已無力再戰。

國民黨元氣大傷，共產黨氣燄方盛。國民黨朝無相、戰無將，國軍望風而逃，禹甸神州，風雨飄搖，眞是到了危急存亡之秋。

蔣介石雖然下野，仍以中國國民黨總裁的身分，掌握了大部分的軍政實權，他判斷共軍一旦渡江，大陸江山或許不保，因此銳意經營臺灣與東南沿海島嶼，任命陳誠爲東南軍政長官兼臺灣省主席，並籲請美國支持。

南京淪陷，國軍向東南沿海轉進。毛澤東致電三野：「你們應當迅速準備提早入閩，爭取於六、七兩月內占領福州、泉州、漳州及其他要點，並準備相機奪取廈門。」

毛澤東並沒有提到金門。金廈自古就是同一個生活圈，戰略地位相當重要，「金爲泉郡之下臂，廈爲漳郡之咽喉」。毛澤東或許不留意，或許不放在眼裡，犯了驕兵的大忌，兵敗金門，正應了「人間正道是滄桑」的詩句。

以陳毅、饒漱石與粟裕爲首的三野司令部，把經營福建的任務交給第十兵團（司令員葉飛，政委韋國清）。第十兵團下轄三個軍：第二十八軍（軍長朱紹清、政委陳美藻）、第二十九軍（軍長胡炳雲、政委黃火星）、及三十一軍（軍長周志堅、政委陳華堂）。

葉飛兵團兵分三路，於八月十七日攻克福州，福建省主席兼福州綏靖公署主任朱紹良，眼見大勢已去，匆匆忙忙搭機飛到臺北。福州失守後，國軍東南軍政副長官湯恩伯上將接替朱紹良任福建省主席兼廈門分署主任職務，駐守廈門，統一指揮金、廈、彰、泉地區防務。

九月初，葉飛親率主力八個師南下，二十六日，三野第十兵團司令部在泉州召開作戰會議，討論進攻金、廈方案，由葉飛主持。會中提出三案：「金廈同取」、「先金後廈」、及「先廈後金」。共軍認爲金廈本是

▶葉飛將軍兵敗古寧頭。

同一個戰役，三個方案各有利弊，如果金廈同取，可使國軍顧此失彼，兵力分散，防守不易，有可能全殲或大部分殲滅守軍，但是作戰兵員多，需要船隻數量大，一時徵調不易。先金後廈，可以形成對廈門的包圍，暴露廈門側背防禦上的弱點，但在攻下金門後，廈門守軍可能乘機撤退，無法聚殲。先廈後金，當在敵情清楚時爲之，距離近，攻擊易於成功，然而一旦攻下廈門，金門守軍也可能撤走，無法全殲。

葉飛這時的想法，要儘量消滅國軍的有生力量，以便「血洗臺灣」，所以三個方案之中，都要以全殲爲上策。葉飛也知道，先廈後金，需要敵情清楚，才易奏功。

葉飛經過權衡，決定金廈同取，他認爲國軍統帥湯恩伯雖然也在做固守的準備，但內心動搖。湯總部和補給司令部均移至小金門，巡防處也由廈門遷往金門，軍級以上的司令部指揮機關全部移到軍艦上辦公，技術兵團的重武器也撤往臺灣。因此，共軍一面籌船，一面準備進攻，至遲不過十月中旬。

到了十月上旬，葉飛發現徵船進度有了問題。二十九軍徵到可運三團的船隻，三十一軍可運三個多團，獨獨二十八軍只徵集到可運一個多團的船隻。本來一次可運八個團，並不是不可行，但是葉飛決心動搖，又提出先廈後金的作戰方案，請示三野作戰司令部。三野負責作戰的副司令粟裕覆電：「爲考慮條件比較成熟，則可同時發起攻擊，否則是否以一部兵力牽制金門之敵，此案比較妥當，請你們依實情辦理，自行決定之。」於是葉飛決定先取廈門，並準備進攻金門。

14 金門進入緊急狀態

對面黑風吹海立，閩東飛雨過江來。

改易杜甫〈北征詩〉

十月二十三日
國軍精銳部隊
已在金門登陸

這時的金門已進入緊張狀態，加緊構築工事了。

金門，是文化的邊陲；金門，是地理的邊陲；金門，也是歷史的邊陲。古寧頭三百多年前就已成為浴血的戰場，鄭成功部將周全斌曾大破清兵於南山烏沙頭。所部死亡將士埋於烏沙頭，名為「斌兵墓」。

另外，南明永曆十七年（西元一六六三）冬十月，清朝靖南王耿繼茂，總督李率泰，提督馬得功，與鄭氏降將黃梧、施琅等，配合荷蘭夾板船，出泉州港攻打金廈兩島，鄭軍寡不敵眾，潰敗退守銅山（東山）。據泉州府志記載，清兵一入金門島，燒殺擄掠，如虎驅羊連日不絕，並殺害遺民數十萬，血流成河。而降兵降將更是搜括搶劫財物，發掘塚墓，墮城焚屋，斬刈樹木，遂棄其地。慘禍有甚於古寧頭大戰者。

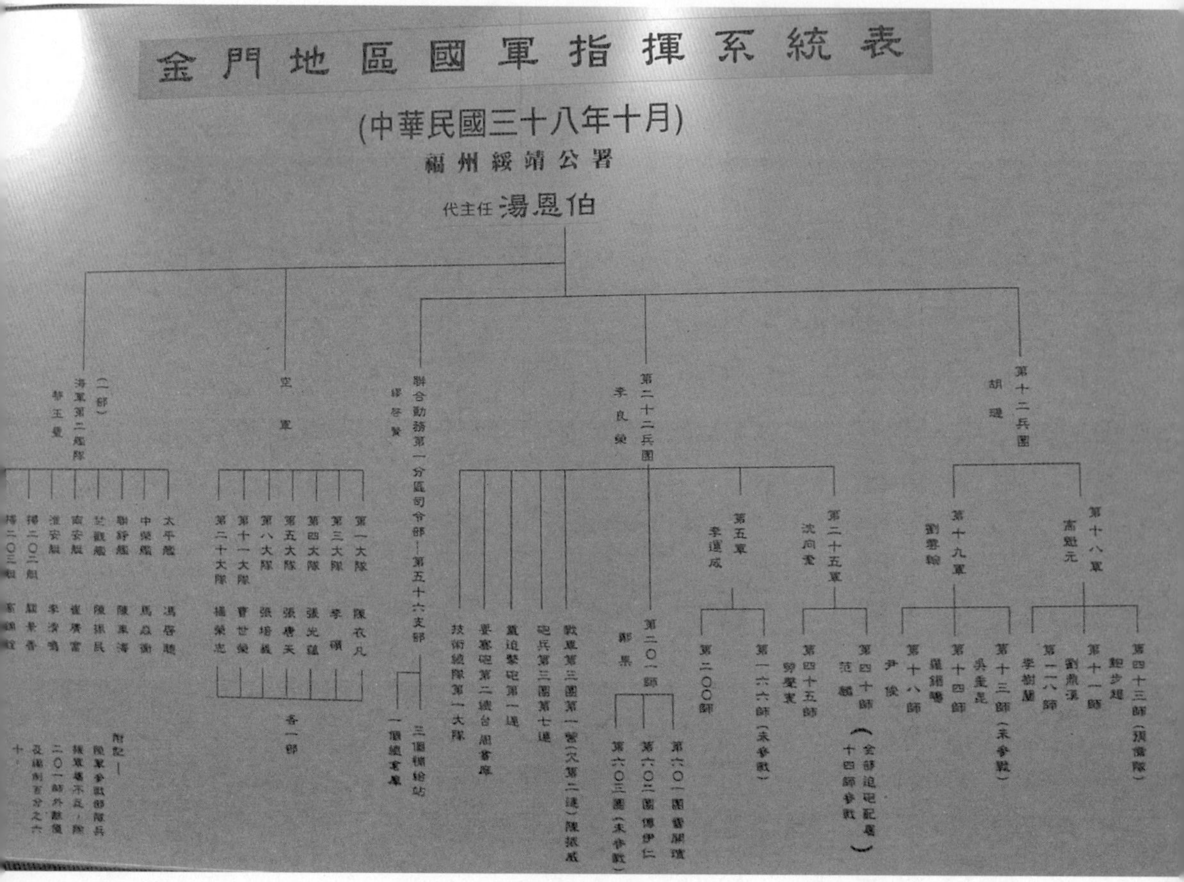

▲古寧頭大戰之時國軍的指揮系統。

現在，戰爭的烏雲又籠罩了。這座小島，此時此刻，呈現什麼樣態呢？放眼四望，黃沙滾滾，只有稀疏的茅草與菅芒花，隨風搖曳，可以說少有樹木。因爲都是旱田，土地貧瘠，民衆生活窮苦，多依賴僑匯過活；島民聚族而居，質樸堅毅，逆來順受，成爲共有的性格。

生活雖然困苦，金門人都能忍受，但是時代的擠壓，歷史的撥弄，卻讓他們無法抗拒，這種苦楚又勝過生活數十倍，金門人只有微弱的嘆息。

中國歷史，又進入了長夜，金門，卻成了長夜的一盞孤燈，照亮了歷史的晦暗。一九四八年，蔣介石眼見大陸情勢日益惡化，就在東南沿海興建永久碉堡，同年，九、十月間，中央派員來金門勘查、定位，國庫撥款，於十一月委由上海一營造公司承建。

第一期建十一個班碉堡，由古寧頭烏沙頭至壠口沿海；第二期在第二線的湖尾、湖南等重要地帶，建五個排連營堡，由第一線的古寧頭到第二線的湖尾，陣勢交叉，有如斜三角，故稱爲「袋形陣地」。

古寧頭與湖尾，當時屬珠浦鎭，鎭長李逢時，古寧頭北山人，第一期打碎石的工作，由他提調負責，第二期由新任鎭長許乃協擔綱。張榮強曾三任金沙鎭長，英才早發，他爲永久碉堡解開了歷史之謎。

一九四九年六月以前，金門還沒大量駐兵，也不設防，完全是一座孤島，遺落在濁世之外。八月初，福建情勢危殆，二十二兵團司令官李良榮將軍，將廈門警備司令兼職交由毛森將軍接替後，於九月三日移駐金門佈防，官兵每人背一頂斗笠，金門民衆稱爲「斗笠軍」，兵團部駐金城，專任金門戍守之責，積極構築工事。

廈門失守，蔣介石致電李良榮將軍守不守得住？李答曰：「成功雖無把握，成仁確有決心。」同一天他召集幹部講話：「金門島在軍事上是一死地，如不死裡求生，就會死無葬身之地。」他效法項羽背水一戰，把海邊幾艘輪船全數炸毀：「現在好了，從這一刻起，我們誰也無法到海上逃生，大家只有在金門島上與共匪拚了！今日之戰，勝則生，敗則死。」

戰事迫在眉睫，是勝是敗，是生是死，李良榮將軍也沒有把握，於是就找人來測字。他寫一個「煙字」，測字先生解為「火燒西土」，後來火燒戰船，果然一語成讖。

▲四十五師師長勞聲寰將軍，當年守金東。
▲張榮強英年早發，對築碉堡事知之甚稔。

從八月初到十月國慶前夕，金門駐守的兵力大致如下：

第二十二兵團司令官兼金門防衛司令官李良榮中將轄第五軍、第二十五軍兩個軍。第五軍軍長李運成中將（後由高吉人中將繼任），轄第一六六師、第二〇〇師、湯恩伯總部警備團等部隊，守備小金門及大二擔等島，兵力約在三千人左右。

第二十五軍戍守大金門，軍長沈向奎，轄第四十師、第四十五師為該兵團的主力。

金門本島防衛部署概要：

金東守備部隊指揮官勞聲寰

轄第四十五師

配屬戰車營（營長陳振威）

第二〇一師砲兵營

第一一八師之一團（團長唐振賢）

UHF對空聯絡電臺

金西守備部隊指揮官鄭果將軍

轄第二〇一師（欠砲兵營及一團）

第四十師之一部

廈門要塞迫擊砲營

預備隊，由金門防衛司令部直接指揮

第四十師（欠一團）

廈門要塞掩護大隊

金門本島兵力，約在一萬七千人左右。

十月十日十二兵團十八軍抵金增援，軍長高魁元，軍部設在山外，下轄第四十三師（預備隊），師長鮑步超；第十一師，師長劉鼎漢；第一一八師，師長李樹蘭。十月二十三日，十九軍開始陸續轉進金門，有的像民伕，穿的破破爛爛在料羅灣登陸，金門軍力大增。

▲國軍撤守到金門，就是這一身打扮，有的還穿便服。

15 青年軍加緊構築工事

他們把靈魂典當給中華民國，
把幸福質押在這個小島上。
李福井

抗戰後期，一九四四年十二月二十日起，軍事委員會發出「一寸山河一寸血，十萬青年十萬軍」的政治號召，全國各地熱血青年紛紛響應，投筆從戎分批入營當兵，組編為九個師。國府指派羅卓英將軍為青年軍訓練總監部總監，黃維將軍為副總監，蔣經國為總政治部主任。

青年軍二〇一師原為整編獨立第一旅，因作戰失利，一九四八年七月以後，就船運臺灣鳳山由陸訓部負責整訓，陸訓部主任為孫立人，八月由旅擴編為師，恢復二〇一師番號；下轄六〇一、六〇二、六〇三等三個團。一九四九年三月鄭果升任師長，閔銘厚為副師長。

第二〇一師青年軍三個團，六〇三團已先奉命到福建馬尾支援作戰，一去無回；一九四九年九月三日，六〇一、六〇二兩個團六千人不到從高雄出發，搭乘京盛輪及登陸艇赴廈門增防，船抵廈門，在船上住了一晚，就因情勢急劇轉變，突然奉令調防金門；九月六日在料羅灣登陸，因為沒有碼頭，只用漁船接駁上岸，有的駐瓊林，有

◀青年軍都是學生，老百姓都說受夾擊，死傷最慘。

的駐料羅及東村、西村一帶，後者主要任務是防守五里埔機場。

軍隊到了金門，首先最大的困難就是民生問題，金門地瘠民貧，只出產地瓜、花生及雜糧，豐年勉強可以溫飽，荒年難免轉死溝壑，所以青壯漢子才絡繹於途到南洋「落番」（下南洋），金門先天不足，後天又失調，那時部隊給養根本不上軌道，青年軍要吃飯，既無燃料，也沒有蔬菜，怎麼辦呢？

章鐵華說：

四處探訪，發現料羅村外僅有的大樹一棵，在「民生至上」、「軍事第一」的前提下，也不管三七二十一，我自率領公差前往，將其樹枝用圓鍬（連刀鋸都沒有啊）砍下來，搬回交伙伕使用。

新鮮的樹枝怎能燃燒起來呢？只見伙伕被青煙燻得鼻涕與眼淚直流，想起山上還有乾茅草，炊事戰士即用菜刀割些來引火，總算大家還沒有挨餓。老百姓看見比什麼都嚴重，因為這是防風與燃料用的，是他們的生命根。言語又不通，他們就不約而同的一齊將其砍個精光，而有軍民爭割茅草的「笑話」。

青年軍原戍守島東，十月九日，共軍夜襲大嶝，十月十日晚上九時，二〇一師與四十五師換防。二〇一師駐西半島，擔任瓊林、後沙、嚨口、湖尾、安岐以迄古寧頭一帶沿海防務，就是所謂的第一線，第四十五師調防擔任東半島官澳附近地區沿海防務。

十月十三日，大小嶝失守，金門已經戰雲密佈，形勢十分嚴峻。青年軍防區全長十六公里，以小溪口爲界，右翼六〇二團，團長傅伊仁，負責防守瓊林、後沙、觀音亭山至西堡之線的守備任務；左翼六〇一團，團長雷開瑄，負責防守安岐、林厝、北山以迄南山的守備任務，這一帶地勢平坦，尤其嚨口與古寧頭東西一點紅之間，正面廣約五千公尺，縱深也有五、六百公尺，最易搶灘登陸，師長鄭果就下令構築土堡，各堡間距，近者六〇公尺，遠者一五〇—二〇〇公尺。

鄭果並通令幹部作戰指示：

（一）海島作戰，四面環海，唯有上下一心「死戰到底」，別無選擇餘地。

（二）採取直接配備，強化海岸陣地，與障礙設施，乘其登陸之混亂期，盡師之全力殲滅犯匪於水際或灘頭。

（三）強調獨立堅守作戰之重要性，構築星羅棋佈、堅、低、小之土堡群，有效阻止突入或滲入我陣地內匪軍之擴張。

（四）誓死堅守陣地，拘束匪軍，待機配合我打擊部隊之反擊，以期徹底殲滅匪軍於我陣地內。

▲二〇一師師長鄭果的丰采。

鄭果「發動」防區各村民衆，「捐輸」門板（每戶兩扇，以利堡頂積土）、窯磚（砌堡壁射孔、堡門）、紅土（代替水泥），日夜趕工，三天內完成二百多座土堡。湯恩伯來巡視之時，見到星羅棋佈的工事驚詫不已，湯總說：「你們能很快完成這麼多土堡，作得很好。」然後指示撥配鋼筋、刺絲網與地雷，並指示工兵和技術總隊來協助，建立海岸沙灘鐵絲網和敷設地雷區。

那時金門羅掘俱窮，鄭果何以能在那麼短時間完成那麼多土堡，他所說民衆捐輸門板、窯磚，實際上是一種美麗的說詞而已，金門人的感受可不一樣，有些老百姓爲了抵死抗拒，甚至於躺在門板上，如今古寧頭有些房屋廳堂都還沒有門板。

青年軍李志鵬，從小小兵做到立法委員、大法官，他的悔罪可作爲參證。李志鵬駐守安岐村前的平原，爲了在沙地構築機槍陣地，就「借用」安岐村民家的門板，門板不夠，就「借用」古寧頭山地的墓碑，他這個班大約搬了二、三十塊墓碑，才勉強築成一個機槍堡，他自承很「缺德」。

青年軍一個班就動用了這麼多門板、墓碑，六〇一、六〇二團有多少班，鄭果誇稱三天內築了二百多個土堡，那時國軍只有兩肩擔一口，由鄭果、李志鵬的說詞去估算，國軍到底強用了多少扇門板及墓碑，也就可想而知。

16 共軍準備攻金

如果有戰爭煎一個民族，在遠方
有戰車狠狠犁過春泥
有嬰兒號啡，向母親的屍體
〈如果遠方有戰事〉余光中

十月十五日，共軍第十兵團攻打廈門，三十一軍四個主攻團的四個營攻打鼓浪嶼，被湯恩伯擊潰，共軍第二梯隊三個營乘船增援，因風高浪大，大部分被漂回，只有不足一連的兵力上岸，無濟於事，也被消滅。

鼓浪嶼之戰，國軍一舉殲滅了共軍四個多營的兵力，在以往陸戰中從未有過，也可看作古寧頭大戰的預演。

但是葉飛佯攻鼓浪嶼，主攻廈門，聲東擊西，湯恩伯沒有料到。因爲就在鼓浪嶼激戰的同時，共軍主力五、六個團，分三路向廈門本島進發，順利登陸，十六日拂曉前突破國軍陣地。當

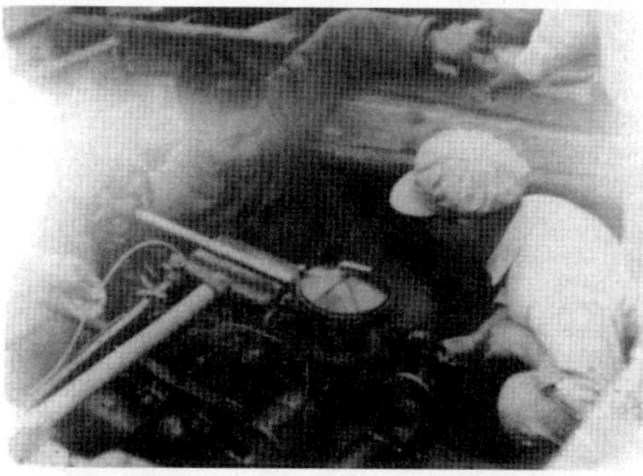

▲共軍準備攻打金門，船工正在修補船隻。
（取材自血祭金門/洪小夏提供）

▲攻金共軍輜重部隊，頭頂驕陽，奔向同安集結。
（取材自血祭金門／洪小夏提供）

日上午，湯恩伯急調已經南下的預備隊北上支援，但在廈門中部被擊潰，湯眼見大勢已去，束手無策，只好下令撤守。十七日中午，廈門易幟。

蔣經國說：「當廈門撤退時，全國的空氣都消沉了，充滿失敗主義，到處聽到這個部隊投降，那個部隊繳械……」。

這時金廈海峽兩岸瀰漫著兩種不同的氣氛，葉飛衣錦還鄉，在廈門「歡慶解放」，湯恩伯在金門憂思如擣，衣不解帶，希望求得一勝。葉飛被勝利沖昏了頭，對進攻金門認爲好像盤中的菜一般，隨時一夾可以上口，十拿九穩，抱著輕敵的態度，他認爲金門只有兩萬殘兵敗將，又缺乏永久工事，只要共軍一登陸，國軍就會不戰而潰，因此把部署攻擊任務交給二十八軍執行，由副軍長肖鋒擬定作戰方案，後來攻打金門也是由他遙控指揮。肖鋒這時沒有取勝的絕對把握，尤其得知粟裕的三點指示：

一、必須擁有一次運載不少於六個團的船隻。

二、必須確定金門守軍沒有得到大規模的援兵。

三、必須等到由後方調去六千餘名水手到達。

只有這三點齊備，才能攻打金門。

▲戰爭前夕，國軍舉行步戰協同演習的歷史畫面。

葉飛不以爲然，也不願執行。粟裕與葉曾有過節，粟裕對前此的疏失有一點耿耿於懷，因此對葉格外客氣，不願過多干預。

葉飛不預審二十八軍呈報的戰鬥方案，下令肖鋒按原訂計畫攻擊。肖鋒心中有點不安，又有些矛盾，本來想直接向粟裕報告，但害怕開罪頂頭上司葉飛，只得同意依令攻擊了。

十月二十四日中午，葉飛親赴二十八軍軍部召開攻擊前最後一次會議。同日在金門，二十二兵團召集會議，由司令官李良榮主持，湯恩伯列席，沈向奎軍長及四十五師、二〇一師、一一八師（師長李樹蘭）等團長以上，及特種部隊參加。會中決定下午舉行步戰協同演習，假想共軍自蓮河、大嶝啓航，於嚨口亙古寧頭之線登陸，以二〇一師於第一線配合砲兵擊滅敵人於海上及灘頭；以一一八師爲打擊部隊，擊滅登陸敵軍；四十五師固守原陣地，保衛金東地區安全。

總司令湯恩伯以肯定的語氣作結論：共軍不登陸金門則已，如登陸金門，則必在東西一點紅之間，希望演習務必認眞實施。

共軍陰錯陽差，天不我眷，讓湯恩伯逮到共軍的弱

▲攻金戰鬥前，共軍兵團部份幹部在福州合影。左起：劉培善（兵團政治部主任）、韋國清（兵團政委）、葉飛（兵團司令員）、陳鐵君（兵團副参謀長）、陳超寰（兵團敵工部長）。　（取材自血祭金門／洪小夏提供）

點，終於獲得了關鍵性的一勝。依據資料顯示與軍事地理常識的判斷，肖鋒預定的登陸地點不是古寧頭，而是湖尾至瓊林、後沙一帶，從金門的蜂腰切斷，左右開弓。

大金門位於廈門以東十公里，北距大陸九公里，島東西長二十多公里，南北鞍部最窄處只有三公里，形狀像啞鈴，分爲東西兩部，東部多高山，西部多丘陵，北岸瓊林、後沙到古寧頭一帶多爲沙質硬灘，礁石絕少，爲大規模登陸的理想地點。

胡璉這時正在臺灣，或許正準備搭船前往金門。但葉飛不知道，葉飛在開會的時候，只知道胡璉兵團已撤離潮汕，去向不明。會議當中機要又送來情報，胡璉在海上向臺灣請示前進方向，臺灣方面回電不詳。不過葉飛判斷，胡璉不是撤向臺灣就是支援金門，兩者之中必居其一。葉飛這時意識到這是攻下金門最後一個機會，不然胡璉兵團一到，局面可能改觀，於是他決定冒險，下令二十八軍當夜發起攻擊，進攻金門。

17 十二兵團的動向

骨肉恩先斷，男兒死無時。
〈前出塞〉杜甫

葉飛決定進攻，十二兵團這時在那裡呢？因關係到戰局，必須交代清楚。

胡璉將軍說：「民國三十八年夏秋間，十二兵團處境十分艱危，前有強敵，後有叛兵，糧械兩缺，任務重重。……以驟成之軍，當方張之寇，且戰且練。九月初，集結潮汕，再度整編：兵團轄第十八軍，軍轄第十一師、第四十三師、第一一八師；第十九軍，軍轄第十四師、第十八師、第十三師；第六十七軍，軍轄第五十六師、第六十七師、第七十五師。此時浙閩淪陷，臺海緊張，乃先以十八軍增援金門，……」十月八日，十八軍軍長高魁元率領所部第十一、第一一八師自汕頭啓航，翌日到達金門水域，停泊海上待命，十日凌晨三時，高魁元下船，直驅金門城二十二兵團司令部接受命令。十八軍軍部設在山外。

第二十五軍四十五師師長勞聲寰說，十月初第十二兵團胡璉將軍的第十八、十九兩軍自汕頭海運抵達金門，當即調整部署：

第十八軍控置於金東爲打擊部隊，軍長高魁元將軍任金東指揮官。

第十九軍爲金西打擊部隊，軍長爲劉雲瀚將軍。

第二十五軍軍長沈向奎將軍任金西指揮官。

以上部隊統歸陸軍上將湯恩伯指揮。

勞聲寰的追述，出現了時間差，十月初，第十九軍還沒有到，怎能調整部署呢？第十九軍（轄第十四、第十八師）航向舟山島的途中，接獲急令改航金門，停靠料羅灣，但沒有碼頭設備，風急浪高，接駁困難，到了十月二十三日勉強轉駛，登陸速度極為緩慢，二十四日後續運兵商船還未到達，軍部、軍直屬之一部、第十八師、第十四師到了二十五日下午，才全部登陸完畢，部隊分駐舊金城、珠山、東沙等地區。

這時金門之戰早已爆發，十九軍在陸續登陸，那來得及進駐防區，調整部署呢？十二兵團增援，金門守軍已有三萬人左右。粟裕說，敵增一團都不打，他那裡知道國

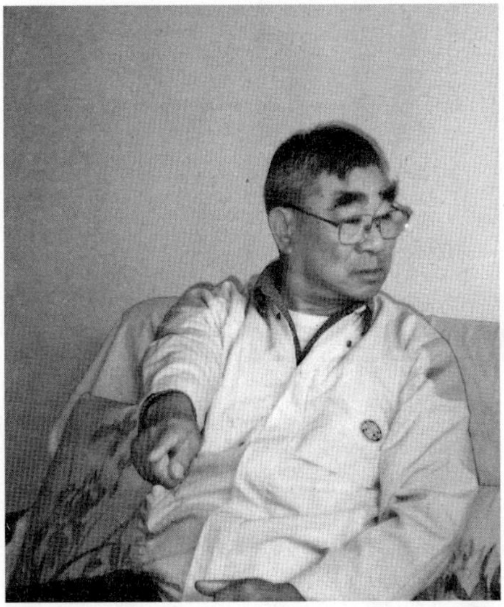

▲沐巨樑，雲南人，參加徐蚌會戰，又在古寧頭戰役立功的戰車兵。

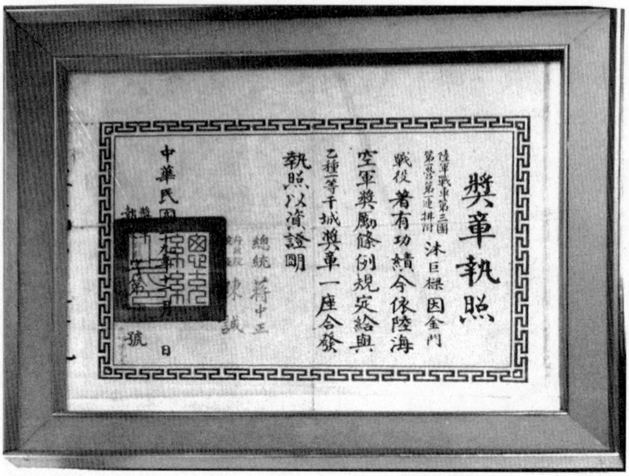

▲古寧頭戰役，蔣介石頒給沐巨樑的干城獎章。

民黨何止增一團呢？

徐蚌會戰，十二兵團在安徽宿縣的雙堆集被殲，兵團司令黃維被俘，副司令胡璉搭戰車突圍。沐巨樑，徐蚌會戰的戰車兵，對於突圍的經過記述甚詳，他說：

> 突圍前營長龍洪濤受傷，我們第五連連長鄒代綸也重傷，所以突圍的指揮權，就交給第六連連長甘義三。龍營長對突圍的時間、方向、方式都交代的清清楚楚，責成甘義三指揮。其餘戰車乘員，只接到「一切聽無線電指揮」的命令。下午四時許，胡璉自兵團部蘆葦中竄出，命令甘義三連長突圍，帶走連副周名琴、保養官戴安臣等。這時我們一直在等待命令，在敵人的機槍與成綑的手榴彈攻擊下，一直不敢行動，到了下午六時，天已暗了，還是沒有接到命令，只有各自往外衝，包括龍營長在內。

沐巨樑說，這一段秘辛是龍營長突圍到上海「法學院」親口對他說的。所以甘義三到上海後，知道龍營長脫險，就往徐州跑，不敢來臺灣。

沐巨樑，雲南人，徐蚌會戰與古寧頭之役的戰車

▶一一八師師長李樹蘭，卓有戰功。

兵，九死一生。一九五九年，鵬程一案退役，自謀生活去了。爲了不使青史盡成灰，著書立說，要還古寧頭戰役的歷史眞相。

徐蚌會戰國軍副總司令杜聿明被俘，根據他的回憶：「我始終認爲突圍是下策，不會成功的。坐戰車一個人走還有可能，但是遺棄官兵，落得萬人唾棄。」因此，他不肯坐戰車逃亡。

徐蚌兵敗，一九四九年春初，胡璉將軍命令所部移駐浙贛邊境之江山，並親至寧波晉見引退在家的蔣介石，隨即奉命加緊組訓兵團。胡璉向浙、閩兩省省主席要求各徵新兵三萬人，浙江要求胡先敉平散匪，再自行徵兵；福建則以紳商議會正反對徵糧徵兵，要他死了這條心。胡璉沒轍，只好轉向江西省主席方天將軍求助，獲得肯定答覆，胡璉提出「一甲一兵，一縣一團，三縣成師，九縣爲軍」的徵兵辦法。每甲十二戶，共推一丁入伍，兩年期滿，再推一丁以代舊丁。這項徵兵工作，希望在四月底以前完成。

四月下旬共軍南渡，國防部命令胡璉所部恢復十二兵團番號，編爲第十及第十八兩軍，第十軍軍長劉廉一，轄十八師師長尹俊、六十七師師長何世統、七十五師師長王靖之，另外有兩個獨立團。第十八軍軍長高魁元（原由胡璉將軍兼任，四月中高被任命接掌），轄第十一師師長劉鼎漢、第十四師師長羅錫疇、第一一八師師長李樹蘭。這時的十二兵團「被服缺乏，械彈無著，新集之兵，尚未訓練，逃散回鄉，不無可慮。」所以胡璉認爲，以目前兩軍，僅十八、一一八及七十五等三個師，可維持軍隊形態，餘皆烏合之衆，無法應戰。九月中旬，閩贛前線形勢大變。第十二兵團再度整編，第十八軍軍長高魁元，轄第十一師師長劉鼎漢、第四十三師師長鮑步超、第一一八師師長李樹蘭。第十九軍軍長劉雲瀚，轄第十三師師長吳垂昆、第十四師師長羅錫疇、第十八師師長尹俊。第六十七軍軍長劉廉一，轄第五十六師師長沈莊宇、第六十七師師長何世統、第七十五師師長汪光堯。

這時十二兵團在潮汕，名義上隸屬於薛岳將軍之右翼軍方天總指揮統轄，但羅卓英奉了陳誠之命，來調軍隊，當時「十二兵團在國防部之補給名單上，僅兩個軍，今我有三個軍，以其中之一，調防金門，似無問題」，羅、胡達成共識，羅問將調何軍？胡璉答說當然十八軍，所以十月八日高魁元就從汕頭搭船增防金門。

一九四九年十月十三日
總統頒令十五日起
中國政府在渝辦公
重申保衛廣州及西南大陸決心
廣州軍政由余漢謀負責

十月十三日，廣州陷落，國軍部份轉進海南島，不久臺灣東南軍政長官公署，正式明令十二兵團歸其指揮，立即乘船馳援舟山群島，胡璉暫時無法統掌兵權。第六十七軍劉廉一所部爲第一船團，航向舟山，兵團部將率第十九軍劉雲瀚爲第二船團，十八日以後繼續發航。胡璉這時直接到臺灣，面請指示。東南軍政長官對舟山群島已重新部署，命令郭懺將軍爲前進指揮所主任，統轄原駐舟山的七十五軍、八十七軍及十兵團。胡璉歸郭懺指揮。

十月十八日早晨，胡璉在臺北晉見東南軍政長官公署副長官林蔚文，林正與廈門電信局長通電話，話講了一半，共軍已進入市區，國軍終止抵抗，電信局長說：「爾後已無機會與副長官聯絡，謹此叩別⋯⋯。」

過不了兩天，陳誠當面告訴胡璉，軍事及人事部署已有變更，命令胡璉以兵團司令官及福建省主席名義率領所部十八、十九兩軍，接任金門防務，湯恩伯及李良榮兩將軍調回臺灣。正在海中航行增援舟山的第二船團第十九軍，半途轉向駛往金門。第一船團劉廉一軍，則按照原訂目標，增援舟山。

十月二十四日夜，胡璉登上運送軍品的民裕輪，前往金門接任防務。東南軍政長官公署副署長羅卓英將軍奉令同行，佈達命令，監督交接。

18 大時代的老百姓

透過一個偶然進入歷史的人，來反映歷史。
俄十九世紀思想家　赫爾岑

▲當年南山村保長李清芽

悲風，微雨，劍出鞘。

戰爭似乎逼近了，父親回憶說部隊一波波穿過古寧頭，有些穿著便服、芒鞋，戴一頂斗笠，拎一把雨傘，樣子看起來已經很老了。戰爭追著他們跑。

四九年秋，軍隊大舉進駐村落，抓壯丁構工，戰爭的氣氛日漸濃厚，軍隊不斷的來借東西，桌椅搬走了，門板拆去了，雞鴨豬羊捉去宰殺了，衣服拿去穿，連掛鐘都卸走了，兵來如剃，居民噤若寒蟬。南山保長李清芽不懂國話，有如鴨子聽雷，窮於應付，一度也逃走了，丁壯都無心上山工作，也跟著逃了，整個古寧頭陷入兵荒馬亂之中。

這時金門軍隊很多，番號複雜，給養困難，都住到民家來了，家家戶戶幾乎都住了軍隊，古寧頭南山村的洋樓住了青年軍第八連。

時局越來越緊張了，十月十三日晚大嶝失守，烽火染紅了天邊，古寧頭人不知大禍快臨頭了，有人還站在屋頂上看熱鬧。

戰爭的氣氛已經濃得化不開了，軍隊加緊構築工事，國軍強徵民伕作砲壘（碉堡），二十八歲的李金水牽騾載著門板、石頭到了「路應溝」（地名），他驀地見海浪很大，心想沒有甚麼風？怎麼海浪激起半天高？他定神一看，原來共軍開砲，落在半海。金水趕緊拔腿就逃，回來帶著妻子連夜避往岳家昔果山。

此刻甲長（鄰長）每天啣命要求家戶繳交門板，另外爲了挖戰壕，割茅草，清理射界，白晝每天輪流攤派三十名壯丁，晚上則要十名壯丁、十匹騾馬待命備戰，壯丁白天上山幹活，日夜還要輪流構工、出勤，窮於應付，苦不堪言。

十月十七日廈門失守，隔天過山砲首先打到北山，老百姓雞飛狗跳，挾著門板逃命，古寧頭一天中彈三十多發，二死二傷。十九日南北山的通道大橋頭又中彈，海泥濺上了門窗，古寧頭人知苦了，紛紛收拾細軟，挑著棉被投靠親戚家逃命去了，壯丁幾乎都走光了，部隊又催逼壯丁挖戰壕，但是到那裡去找人呢？整個南山村只有保長及村幹事不必構工，找不到壯丁，就專找甲長，甚至捉婦女去挖壕溝。甲長受不了，有些也逃走了，村幹事也不見了，但是軍方天天要人，這樣子不是辦法，因此有人向軍方提議，派員去請壯丁返鄉，於是就由村民代表李清泉、李水院，加上連部指導員，三人下鄉去勸轉壯丁。

那時開始拆空屋磚塊去作防禦工事了。

軍方說，壯丁趕快回家，再不回去，就要先當空屋拆掉。李清泉等一行，一村一村去找人，中午到了古崗，碰到了一位熟人，那人指著滿海的戰艦，從古崗海域到料羅灣，說軍隊撤退到金門，駐軍還沒接到上級的命令，不准他們登陸。

李清泉，古寧頭南山村人。當年的村民代表，身中三槍。大難不死，列爲作戰三等殘。一九九九年受訪時已八十四歲。

他說，傍晚來到金城，只見軍隊已經登岸了，黑壓壓的一片人潮。父親李錫註也

▲共軍登陸古寧頭的歷史想像畫面。

跑到昔果山老丈人家，聽說「壯丁再不回去，軍隊要放火燒房子」，忐忑不安，衷心無主，跑去問藏身東洲村的好友李清藩，清藩說：「還是緩一緩吧！戰事這兩天可能就要爆發了。」

李炎陽，南山村人，當年二十六歲，十月二十四日早上到湖南村爲岳父耕田，母親走路去叫他：「趕快回去！趕快回去！再不回去，家中的釜、灶、鍋子，軍隊說要砸爛。」李炎陽不得已只有在下午趕回去。他說從金城方向蜿蜒至瓊林，一路上都是軍隊。

勸說團回到南山，李清泉說當晚軍方又召集甲長開會，商議支援作戰事宜，但是要人沒人，一直不得要領，會議開得很晚，就吃了點心。第八甲甲長李森吉告訴李炎陽：「今晚，就只有今晚，你如果代我出勤，晚上點心錢我出。」話說了不久，保丁李增鏢還在收拾碗筷，只聽見砲聲轟隆轟隆的響，共軍登陸了，古寧頭戰役爆發了。

這時是一九四九年十月二十五日凌晨二時左右。

李炎陽，對此有不同說法，他說南山村十四甲，軍方要六名甲長晚上到洋樓青年軍的連部待命，李炎陽同屋居住的甲長李富貴，不在家，李炎陽只有代他去應命。他說晚上聽到海上開火，就問身旁的軍隊是幾點，軍隊看了看腕表說：「十一點多。」因此，他說晚上十一點多就登陸。

19 共軍夜半登陸

那些在河灘上互相戮殺的手足
不必知道彼此的名字和家鄉
他們的血跡在河灘上握手
親吻沙灘上不知名的野草
然後成為歷史和山坡上的墓碑
〈失根的野草〉詹澈

一九四九年十月二十六日
金門島保衛戰揭開
我陸海空戮力出擊
強登古寧頭林厝頑匪消滅殆盡
我調新軍海艦抵金增援

古寧頭戰役，共軍失利，在建政的喜悅之中隱伏著一絲絲的悲痛，長期以來諱莫如深，束諸高閣，現在以大陸的資料，透過大陸的觀點，了解共軍的戰鬥狀況。

共軍的口號是「堅決打金門，渡海攻臺灣」，第三野戰軍的司令員陳毅被任命爲

▶這一張記錄了古寧頭風雲歲月的歷史鏡頭。是耶？非耶？

解放臺灣總司令，攻金總指揮則是第十兵團的葉飛，下達海島作戰十大戰術思想：

一、海島作戰，一次成功，只有前進，沒有後退。

二、人人有船，船船突擊。

三、分散登陸，集中作戰。

四、站穩腳跟，繼續前進。

五、登陸突破後，要兩面撕開，大膽前進，三面開花。

六、面的攻擊，重點突破。

七、小群動作，孤膽作戰。

八、奪取重點，鞏固重點。

九、戰前要謹慎小心，戰時要英雄前進。

十、從壞處著想，向好處努力。

共軍預備七個步兵團，總兵力約兩萬人，分成二至三個梯隊攻擊金門。第一個梯隊有三個加強團，分左、中、右三翼。共軍的戰略是分成兩個攻擊舟波，就是上述十大戰術思想的運用：

第一舟波：選派善於泅水者三百人組成突擊隊，當

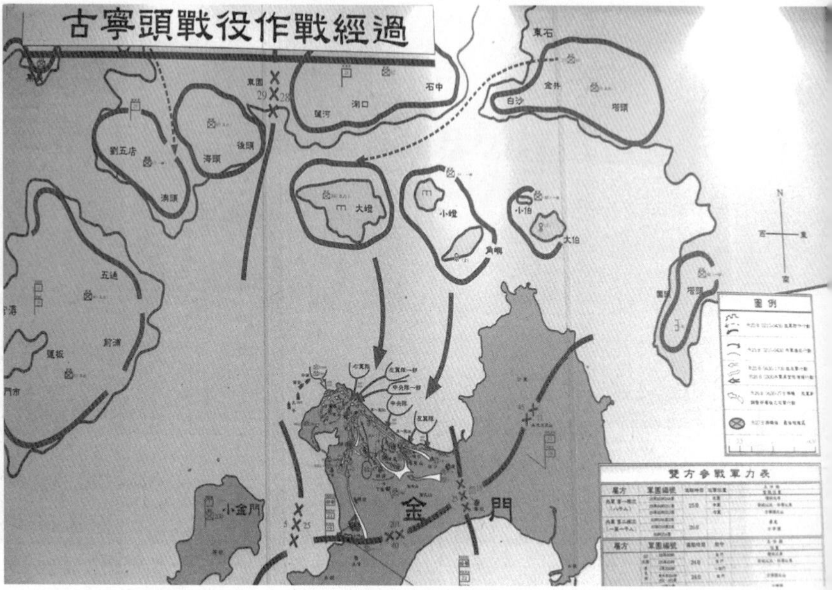

▶共軍進攻金門路線示意圖

船接近金門海岸之時，換成三角浮具悄然登陸，以奇襲手段攻佔灘頭堡。

第二舟波：近金門海岸時所有帆船都下帆，第一舟波若奇襲失敗，改以密集岸砲掩護船團登陸。

一九四九年十月二十四日下午，共軍分由大嶝、澳頭、蓮河等地登船，再駛向大嶝海面編隊、集結。二十四日深夜，共軍乘著潮漲之時，進攻金門，血跡要在海灘握手了。

副軍長肖鋒受命全權指揮，肖鋒江西泰和人，十二歲參加「秋收起義」，十四歲當營長，十五歲當團長，他在當日的日記寫道：「百多船桅，船帆直矗，月明似鏡，雄壯的大軍劃破沉靜的夜空，揚帆南征，……」肖鋒可能搞錯了，那天是農曆九月初三的上弦月，怎會月明如鏡呢？共軍只像新羈的野馬，滿懷信心要打闖海解放戰爭的最後一仗了，作爲新「建國」的賀禮。

共軍進攻態勢：

左翼一個加強團：主力是第二十八軍第八十四師的第二四四團。（登陸了嚨口互湖尾）

右翼一個加強團：主力是第二十九軍第八十五

師的第二五三團。（登陸了古寧頭北山至林厝）

中央一個加強團：主力是第二十八軍第八十四師的第二五一團。（登陸了古寧頭林厝與安岐之間的沙崗平野）

夜黑風高，又是滿潮，共軍乘勝追擊，整個船隊沒有一個團以上的指揮員，原先計畫的八十二師指揮所也因船隻不夠，沒有隨行。這些部隊雖然是第十兵團的選鋒，但沒有經過協同演練，船隊一離開碼頭，就與上級指揮所失去了聯絡，航渡中又遭到國民黨軍隊的攔擊，有些船隻被打中。

儘管如此，登陸船隊仍在二十五日凌晨二時登陸成功，左翼二四四團在金門蜂腰瓊林北岸登陸；中路二五一團先頭部隊在安岐以北、林厝以東順利登陸，後續登陸部隊遭到猛烈砲火的襲擊，傷亡近三分之一；右翼二五三團在西北角的古寧頭北山、林厝間順利登陸，拂曉前攻占了灘頭陣地。

共軍原先計畫在第一梯隊登陸成功之後，船隻趕緊回航，載運第二、第三梯隊，但是第一梯隊登陸之後，船隻一直沒有回航，種下失利的主因。戰後，共軍一直在找答案，爲什麼沒有回航？

共軍在第一梯隊登陸之前，二十八軍前指已經安排了三名全副武裝的軍部參謀負責督促船隊返航，臨行前，二十八軍副軍長肖鋒還特別握著他們的手說：「你們別無其他任務，你們的任務就是組織和督促船隊抵灘登陸後迅速返航，切記！切記！一定要迅速返航！」根據擄獲的共軍資料，寫著：「攻打金門，四大要領；船工畏縮，嚴格督促。」

第一梯隊凌晨二時登陸，正值最高潮，水深浪闊，船隊長驅直進搶灘，等到碰到灘頭的障礙物，船底被挂住，共軍下海游水搶灘，這時國軍的砲火猛烈阻擊，海上屍肉橫飛，船工紛紛躲避，三百艘的船隊，船隻到達時間不一，砲火又那麼猛烈，三名參謀站在船頭喊叫，聲音被砲聲、海浪聲淹沒，等到共軍攻占灘頭陣地，才將四處藏身的船工找回，這時三位參謀才發現，潮水已退到十米開外。

一時間，參謀喊破喉嚨，船工用肩扛，用手推，用盡了吃奶的力氣，此時人力那能勝天，畢竟趕不上退潮的海水，只有幾十艘帆船被推入大海。

如果這幾十艘帆船能順利回航，說不定歷史會改寫，但是天機難測，當這些船駛離海岸的時候，就遭到國軍岸砲的襲擊，不少船被擊沈、擊傷。後來，船隊又遇到國軍軍艦的攔截，誤打誤撞駛入十二兵團軍艦的潛伏區，好死不死，共軍又誤以爲是國民黨的增援船隊，當船駛抵廈門與石碼一線，又被共軍自己的遠程火砲全部擊沈。

三位參謀流下最後一滴血，當二十八軍副軍長肖鋒從零星逃回的船工得知消息時，他感到天旋地轉，大難臨頭了。

二十五日早上六時，天已經放亮了，隔著大海，肖鋒副軍長、八十五師師長兼

一九四九年共軍渡海攻擊金門，搶灘登陸的歷史珍貴畫面。

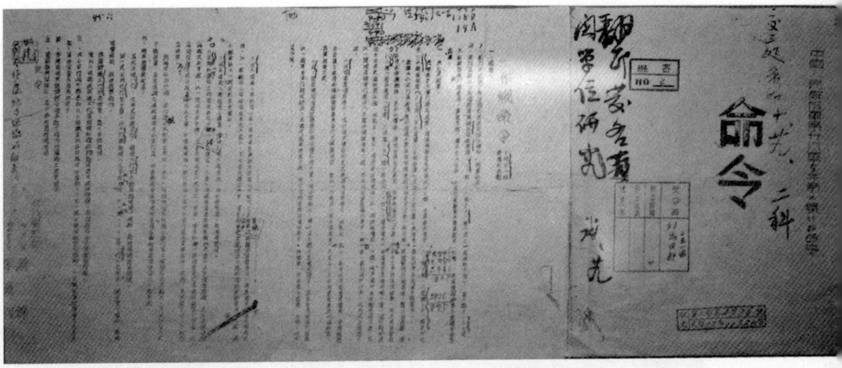

▲古寧頭大戰擄獲共軍第二十八軍的作戰命令。

政委朱雲謙，看著燃燒中的船隻，心急如焚，但是又何奈。朱雲謙回憶說：「這一夜大家誰也不曾合眼，都密切注意著對岸金門島上戰況的發展，不料直到天亮也不見一艘船隻返回，卻看到敵機在金門島北部海上對我船隊狂轟濫炸，不少船隻起火燃燒。……我們眼看船隻被燒，第二梯隊無船過海，內心的著急和痛苦實非言語所能形容。

古語說『隔岸觀火』，是事不關己袖手旁觀的意思，而我們卻是看在眼裡，痛在心頭，異常著急而又無計可施！這樣的心情，是我參加革命以來，從未經受過的。」原定運送一萬一千人登島作戰的第二、第三梯隊，已經無法實施，因爲，沒船了。他們趕緊向兵團領導請求協助，但是到那裡變出船隻來呢？

葉飛回憶錄對此感慨殊深：「兵團部爲解登陸部隊之危，下令緊急動員船隻，但畢竟由於時間太緊和老百姓手上的船隻太少，僅僅徵集到能運送將近兩個營的船隻。」二十六日凌晨，增援孫雲秀一批後，「我們手上一條船也沒有，只能隔海眼睜睜地看著部隊在敵衆我寡的苦鬥情況下奮力堅持而又束手無策。當時的沉痛心情眞是難以描述。」

▲古寧頭戰役，共軍射擊的一瞬間已成為歷史永恆。

▲東西一點紅之間寬闊的海灘，就是共軍登陸血戰的戰場，可以遙想當年血肉橫飛的畫面。

20 共軍兵敗古寧頭

竊聞戰勝之威，民氣百倍，敗兵之卒，沒世不復。

《漢書・鼂錯傳》

▲共軍戰敗被俘，魚貫經過海灘。

登陸第一梯隊三個團，左翼二四四團團長邢永生帶領全團戰到二十五日中午十二時，在全團官兵大多犧牲的情況下仍堅守陣地。中路二五一團的主力戰到下午三時，才突出重圍，二五一團副團長馮紀堂帶領二個班，固守林厝苦戰九小時，擊退七次進攻，為了保存實力，突圍與二五三團會合。整整一天，共軍滴水未沾，粒米未進，到了二十五日黃昏，共軍登陸的三個團已折損半數以上，根據島上步話機傳回去的消息，第二四四團僅剩七百多人，第二五一團剩一千二百多人，第二五三團剩餘人數較多，但彈藥十分缺

▲被俘共軍集中在海灘，為數不少。

乏。共軍面臨一場苦戰。

第十兵團和二十八軍前指指揮員，隔海遙望金門島，心急如焚，恨不得插翅飛過去，但是沒船寸步難行。因此，第十兵團指揮人員一方面研究作戰對策，一方面派員搜羅船隻，但只找到夠運四個連的船隻。

四個連，二十八軍前指感覺太少，這種添油式的增援，可能無濟於事，不如儘量派船撤運一些人員回來。但是十兵團的領導，求勝心切，藉此一搏，希望還有挽回的局面，因此，遂派二四六團團長孫雲秀率領四個連增援，並由他負責指揮整個登陸部隊。孫雲秀利用夜暮低垂，與風浪搏鬥，躲過砲火襲擊，於二十六日凌晨三時，分別在湖尾鄉與古寧頭順利登陸。

孫雲秀帶領的二四六團的兩個連，在湖尾登陸，立即殲滅國軍一個營，隨即向雙乳山推進，並積極與第一梯隊

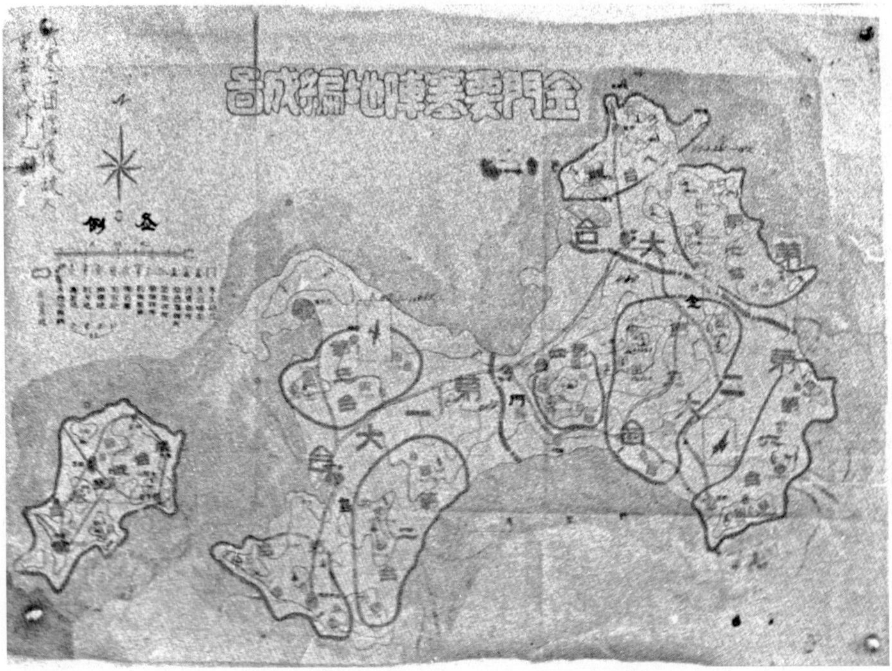

◀古寧頭戰役戰利品之一，共軍攻打金門之前，對國軍要塞已然掌握。

取得聯繫。在古寧頭登陸的八十五師二五九團的兩個連，進入了國軍的包圍圈，占領了幾個碉堡，抵抗了一整天，直到二十六日夜間彈盡糧絕而失利。

二十六日凌晨，第二梯隊與第一梯隊取得聯繫。第二四四團團長邢永生，第二五一團團長劉天祥和第二五三團團長徐博都向軍前指報告，並一致擁護孫雲秀指揮。

二十六日，島上攻守情勢改觀，戰鬥至爲激烈，國軍經過休整，在海空軍的掩護下，向西浦頭、古寧頭北山、林厝一帶反攻，當時二五一團、二五三團已死傷殆盡，只殘存數百人而已。

二十六日上午，胡璉趕到湖南高地指揮作戰，湯恩伯和胡璉要求臺灣派飛機猛烈轟炸古寧頭，再用坦克逐屋抵近射擊，兩軍展開巷戰、肉搏戰。

二十六日深夜，共軍傷亡五千多人，兩天兩夜粒米未進，已到彈盡糧

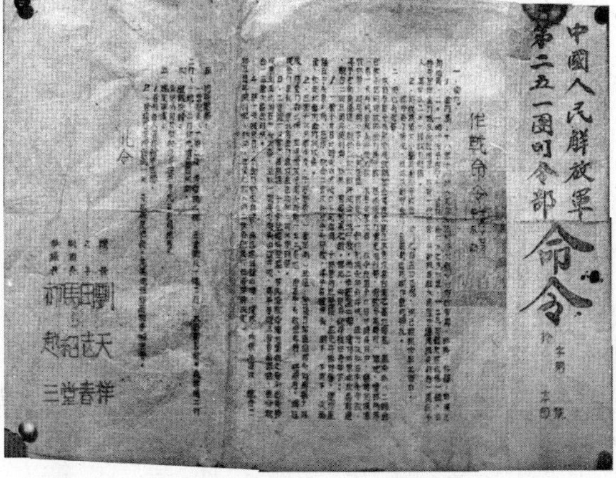

▲擄獲共軍二五一團作戰命令圖，團長為劉天祥。

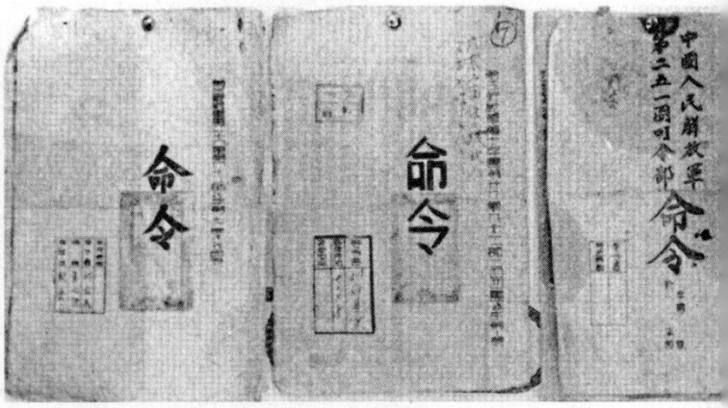

▲古寧頭戰役戰利品之一，國軍擄獲解放軍二五一團的命令文件。

絕，再也撐不下去了。孫雲秀、邢永生、劉天祥、田志春、徐博和陳利華等在一個山溝裡舉行臨時作戰會議，決定分成幾股打游擊，周旋到底。二十二時，二十八軍前指電告登陸部隊，尋找船隻成批或化整爲零，撤回大陸，共軍會掩護與搶救。

二十六日深夜之後，二十八軍與登陸部隊聯絡逐步中斷。二十七日凌晨，二五三團團長徐博電告，該團一營六百多名官兵已在古寧頭全部犧牲了，剩餘的一百五十多人和二四四團的七十多人，正準備到海邊找船，這是二五三團最後一次通聯電話，過後，就音訊杳然。二五一團團長劉天祥：「我生命不長了，爲了革命沒有二話……」劉天祥的話還未說完，耳機內就傳來爆炸聲，聯絡中斷，劉天祥腿部重傷被俘，後來失蹤。

二十六日午夜過後，共軍藉著夜幕掩護向北突圍，找不到船隻再轉移到東南方向，準備到山區長期作戰，等待後續增援部隊，然而，這些突圍共軍官兵，躲到古寧頭北面海岸的死角，在國軍海軍戰艦與陸軍海陸夾擊之下，有武器的戰死，沒有彈藥的被俘。

二十七日凌晨，肖鋒給堅守古寧頭的共軍發來一封電報，節錄如下：

「敬愛的邢永生同志、孫雲秀同志、劉天祥同志、田志春同志、徐博同志、陳利華同志并轉全體指揮員、戰鬥員和船工：

……由於領導錯誤判斷了敵情，我十個戰鬥建制營遭到失敗，寫下極其壯烈的史篇。目前還活著的同志們，正抱著有我無敵的決心，繼續戰鬥。爲保存最後一份力量，希望前線指戰員機動靈活，從島上各個角落，利用敵人或群衆的竹木筏及船隻，成批或單個越海撤回大陸歸建。我們在沿海各地將派出船隻、兵力、火器接應和搶救你們。」共軍無船可退，二十七日上午十時，這一場戰役基本上已經結束了。

▶共軍二五一團團長劉天祥，戰鬥中被俘，解往臺灣後失蹤。

▶共軍二五三團團長徐博，戰敗後潛往太武山，後被捕。

▶共軍二四四團團長兼政委邢永生，犧牲。

▶共軍二四六團團長孫雲秀，支援作戰中犧牲。

（四張圖取材自血祭金門／洪小夏提供）

然而，仍有少數共軍官兵突圍成功，二十八日下午，在山崖、淺灘與國軍周旋，共軍最後一批官兵在二四六團團長孫雲秀的帶領下，悄然抵達沙頭（現在的尚義），受到包圍，在突圍無望之下，孫雲秀負傷自盡，其餘戰士被俘。二四四團團長邢永生身負重傷後被俘，十一月二日送到台南國軍第三十醫院治療，經開「良心會」之後曝露身分。二五一團政委田志春率五十人打游擊，彈盡糧絕被俘。

二五三團政委陳利華打游擊被包圍，戰至最後犧牲。二五三團團長徐博躲到太武山山洞一個多月，常利用夜間出來挖地瓜裹腹，被衛兵發現，動員搜山而被俘。

至此，共軍登陸部隊包括船工、民伕在內共九千零八十六人，除部分被俘外，全軍覆沒，引起共軍極大的震撼，因爲共軍歷次征戰中，雖然不乏失利的戰役，但沒有像古寧頭戰役如此慘敗的。

▲國軍擄獲共軍的武器。

21

國軍反擊作戰

戰爭到來的時候，第一個受害者就是真相。

美國　希拉姆・強生（Hiram Johnson）

壹、發現共軍登陸

二十四日下午，從古寧頭與安岐海邊望向大嶝海域，只見漁船聚集，桅桿林立，兩部戰車在岸上開砲欲圖嚇阻；同時國軍舉行步戰協同演習，黃沙滾滾，從午到晚，沒有停歇，部隊都發了潮汐表，徐述看了潮汐表記載，當晚潮汐，是近數年來最高潮，而且又吹強勁東北風，就召開緊急會議，要求士兵發現敵蹤就開槍三響。

徐述，二〇一師右翼六〇二團第二營營長，擔任東一點紅到湖尾鄉海灘陣地防務。第三營防守後沙經壠口到東一點紅陣地。第一營爲預備隊。

二十四日晚，夜黑風高，視線不良，哨兵取坐姿，藉海水的反光向沿海警戒，二十五日零時許，第五連哨兵龔尙賢與巡邏哨兵發現共軍船隻來犯，立即鳴槍三響，揭開反登陸戰序幕，第二營陣地輕重武器，按照標定猛烈射擊，配屬師部砲兵連也展開支援射擊。

受到潮汐與風向的影響，共軍船隻多半衝過鐵絲網，不到三十分鐘，就聽到共軍夜間作戰訊號，有小鑼鼓與各種哨音，隨即登陸，突破突擊排陣地，相互叫罵，白刃衝殺，國軍寡不敵眾，不到二十分鐘，重機槍堡被攻破，突擊排長與副排長負傷，全排傷亡慘重。

二〇一師左翼，凌晨一時許，突擊排排長卞立中中尉，查哨到第五連、第六連的交接處，誤觸地雷，轟然巨響，驚醒守軍官兵，以爲共軍來襲，迅速進入陣地，等到第一線展開搜索，才發現卞立中倒臥血泊，六〇一團第二營營長趙樹澤趕往處理。不久，兩第一線發現六～七百公尺處有共軍船團，趙樹澤立即通令全營嚴陣以待，相機開始射擊，並一面向團部報告。六〇一團第二營守觀音亭山（不含）以迄古寧頭（不含）以東沙灘地區，第三營守古寧頭的南山、北山一帶，第一營爲預備隊。

李志鵬爲六〇一團機二連第一班班長，當年只有十七歲兩個月，就守在安岐村前平原的機槍堡裡，共軍來犯，首當其衝。那一天晚上，只有李茂元一人站崗，李志鵬和衣睡倒，突然間，從大嶝島成百上千的砲彈呼嘯而來，落在第一線陣地，大家被砲聲驚醒，立即就戰鬥位置，抬頭一望，兩盞探照燈像兩條白色巨龍，來回在海上游來游去，把敵人數百艘帆船照個通明。

關於這一點有些疑問，右翼的章鐵華說只有一盞探照燈，師長鄭果則說二〇一師陣地兩盞探照燈都因共軍砲擊壞掉了。因此，那晚月落星沉，右翼的徐述根本沒有看到探照燈，所以一發現船團，過了三十分鐘共軍才登陸，才展開一場激戰。

但是李志鵬卻藉著探照燈，手握機槍，對準目標，緊扣板機，一條條火舌，從槍口吐出，奔向海上敵船，一條重機槍彈帶有二百五十發子彈，不到一分鐘就射光了。但是敵船沒有反應，半小時內，光他們這個陣地，就發射了五千發。半小時後，敵船才在他們陣地兩側登陸。

既然有探照燈，發現敵船還有半小時的時間，周書庠的砲兵怎麼沒有反應呢？共軍船隊蜂擁而來，如果發射大砲，豈不摧毀於半渡，共軍那能登陸？那晚周書庠也是被砲聲驚醒，古寧頭第二臺臺長報告發現共船，過不了幾分鐘，就報告右翼排靠近西一點紅沙灘約五十公尺，情況危急，共軍已滲入陣地，古寧頭已聽到槍聲，可見由砲兵發現共船到共軍登陸，間隔不過數分鐘。

砲聲一響，李良榮就去電詢問周書庠，知道共軍已經登陸，李良榮完全掌握住狀況。

這時全島的官兵多已醒了，今天要存要亡，就此一戰，一方是新敗之兵，一方是新羈之馬，要在這個彈丸之地，決定歷史命運。

一一八師三五三團一、三營，部署於安岐，屬於第二線的機動打擊部隊，二十五日凌晨一時三十分，共軍砲彈已打到第二線，安岐已聽到砲聲，依戰情研判，共軍砲打第二線遮斷退路及援軍，應該已經登陸了，但是第一線又聽不到戰鬥聲，青年軍六〇一團到底怎麼搞的？三五三團一營營長孫罡、三營營長耿將華拿起話筒搖團部，都打不通，但是身處前線，戰情危急，兩人通話協商，決定擅自行動，甘冒軍法審判的危險，一營在右，三營在左，向安岐海灘進發。

第一營第八連連長王文稷，率領全連一字排開，當推進兩百公尺左右，在草叢中逮到一名共軍，他自稱二〇一師傳令，奉命到第一線送命令給營長。

王文稷問：「爲何躲在草叢裡？」

「恐怕是敵人。」

「找到了營長了沒？」

「還沒有。」

「命令拿給我看。」

「丟掉了。」

王文稷見他態度慌張，言詞閃爍，凌晨星夜無光，敵我兩軍衣服近似，難以辨認，就叫人搜身，果然發現共軍臂章及紅布條。他見無法隱瞞，改口稱同志，自稱「二五一團的傳令」。

「二五一團屬於那一個師？」王文稷問。

「八十四師。」

「你們全師都登陸了嗎？」

「都登陸了。」

「後面還有別的部隊跟著來嗎？」

「還有好幾師。」

「你說一個師都上來了，爲何沒有聽到海岸守軍的槍聲，難道他們沒有看到你們登陸？或被你們買通了？」

「守軍爲什麼不開槍，我不知道，但我們確實是上來了。」

「你怎麼知道金門是二〇一師？」

「連指戰員說金門祇有二〇一師兩個新兵團及一些從平潭撤退的殘兵，祇要我們一登陸，蔣軍就會投降。」

王文稷卸下俘虜的綁腿，將他兩手反剪綑送營長處，俘獲了金門戰役第一個俘虜。凌晨二時，才聽到海灘有機步槍聲。

貳、青年軍接戰

共軍的戰略，根據國軍的說法，共軍以二十八軍八十二師爲左翼，二十九軍八十五師爲右翼，各配屬一個加強團，輔以三十一軍及其他各自擅長游泳戰技官兵，編成七個突擊團，由二十八軍指揮，乘坐三百餘船，分由大小嶝及澳頭間渡海，以多箭頭集中全力指向湖尾鄉、嚨口間突破，爾後以瓊林、陳坑爲界，左翼師主攻盤山、雙乳山、觀音亭山各高地，以一部占領瓊林至沙頭之線，截擊西援之國軍，另以一團直攻金門城配合右翼作戰，得手後主力回師東進搶料羅、蚵殼墩（現改復國墩），圍攻沙美、北太武山。右翼師以一部突襲古寧頭，主力直取金門縣城，得手後回航搶運一個團，以一部任金門城警戒，主力由古寧頭及水頭間渡海攻取小金門，然後派兵支援左翼師作戰。

依照肖鋒的戰略，共軍登陸古寧頭，已經占領灘頭陣地，算是成功的第一步了。共軍的強攻猛打，給國軍帶來極大的殺傷力，爲了保住臺灣島的前沿陣地，給臺灣留下一個屏障，蔣介石不惜代價，決定擊潰共軍的攻擊行動。

二十五日凌晨四時，國軍海防第二艦隊司令黎玉璽少將受命率艦隊趕往增援，當黎玉璽的旗艦太平號駛離漁翁島，風高浪大，船體向左傾斜四十餘度，右舷被巨浪撞出裂痕，面對如此險情，黎玉璽和第二艦隊參謀長兼太平艦艦長馮啓聰仍回電蔣介石，堅持逆風北行趕往金門參戰。

早在戰事爆發之初，黎玉璽到達之前，已令在金門的海軍中榮艦艦長馬焱衡依作戰計畫指揮，率領二〇二掃雷艇、南安艦，駛入古寧頭西北烏沙水道，以猛烈砲火攻擊共船及登陸共軍。另外楚觀、聯錚、淮安等艦和二〇三號掃雷艇，十五、十六號砲艇等開到大小金門之間水域，以保障金門西側後方的安全。

二十五日凌晨三時，六〇二團第二營與共軍激戰於東一點紅及湖尾鄉海岸陣地，共軍衝入六〇二團觀音亭山團指揮所一帶陣地，威脅瓊林間的金門中部，差一點完成其作戰計畫——以一個團死守此處，堵住金東高魁元的十八軍，其他兩團圍殲金西國軍。當時，中共右翼主力已打下了古寧頭南山、北山、林厝，企圖奪取一三二高地，打下金門城。

三時四十分，三五三團第三營在二〇一師第二營全力支援下，經第二營陣地向安岐、林厝出擊，第三營營長耿將華為了搶奪西一點紅高地，兩次突擊都沒成功，軍士頗有死傷，部隊又受到箝制，戰鬥轉趨激烈。

四時三十分，西浦頭五二高地六〇一團指揮所及戍守一三二高地第一營遭攻擊，搏戰激烈。

這時六〇一團第二營的徐述指揮所，只有第六連一排兵力掩護，與共軍相持三個小時。天將破曉，安岐方向有數百共軍攻向觀音亭山，可能配合有重機槍，指揮所一排兵員傷亡殆盡。徐述孤立無援，剛好有三部戰車經過，發揮無比戰力，才解除危機。

徐述發現共軍四處逃竄，已成烏合之眾，就向團長申請支援，實施拂曉出擊，但未被採信。他當機立斷，決定以現有的兵力，拂曉出擊，命副營長兼第六連連長史堃，集中官兵約四十餘人，有槍者持槍，無槍者拿手榴彈，會同第四連由觀音亭山向沙灘進擊，由三名號兵吹衝鋒號，副營長在前，營長在後，殺聲震天，頃刻間，就見共軍百餘人，高舉雙手投降。事後才知是突擊排上等兵袁林，當晚潛伏敵營，見副營長前來，率先舉手，共軍跟著舉行投降。

袁林，是二營六連的上等兵，奉命探視敵情，在天候微明中，隱約見機槍一挺，射手負傷，正在呻吟，袁林向前，奪下械彈，經問明是共軍，補上一槍結束其性命，剝穿共軍衣帽。這時，忽見大批共軍前來，他裝著共軍迎向前去，一名共幹問他當前狀況，及屬那個部隊，他從容答說是二四四團彈藥兵，機槍手陣亡，前進不得，共幹斥他膽怯，要他回去。

袁林暗想，不入虎穴，焉得虎子，乘著黑夜，混入敵陣，天近拂曉，共軍傷亡慘重，屍橫遍野，他乘機散布謠言：「我在前面看到國民黨部隊，個個年輕力壯，聽說都是臺灣訓練的新軍，士氣旺盛，武器精良，射擊準確，我們幾次上陣，都被他們打將下來，恐怕這回我們是白來送死的了。」身旁一名共軍問他怎麼辦？

袁林說：「反正我們都是強迫來的，何必白白送死，不如……。」他還沒說完，那名共軍接著說：「不如投降」。袁林用手勢制止他：「相機行事好了。」

早晨六時左右，二營拂曉突擊，袁林混在共軍當中，見時機成熟，高舉雙手，跪在地下，大聲疾呼：「老鄉們，繳械不殺人，性命要緊，我們投降吧！」一時間共軍紛紛跪地求降，其他陣地受影響，也相繼投降，總共有二八八名降兵。

戰爭結束後，袁林獲八等寶鼎勳章，並連升三級，由上兵升到上士副排長，隨即保送預官班受訓，一九五一年升爲少尉排長。

三五三團第一營第八連連長王文稷經過一夜的衝殺，六時許將共軍壓迫到了海邊的稜線，只見擱淺的幾百艘木船，海灘上沒有遺屍，也不見激烈戰鬥的遺跡。但青年軍六〇一團第二營營長趙樹澤則說，共軍下船涉水登陸，受水中鐵網、絆網刺傷，哀號遍野，僥倖登陸者，受到雷區及火力的壓制，非死即傷，第一線火力多移到碉堡頂

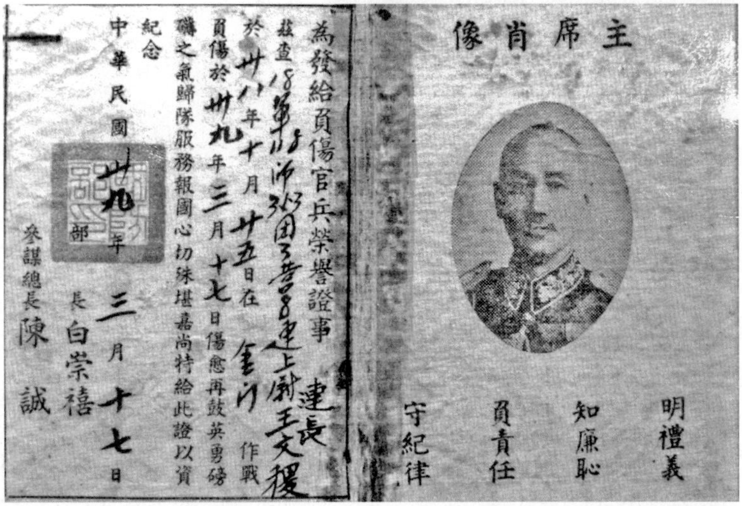
主席肖像

明禮義
知廉恥
負責任
守紀律

為發給負傷官兵榮譽證事
茲查18軍118師353團3營8連上尉連長王文稷
於卅八年十月廿五日在金門作戰
負傷於卅九年三月十七日傷癒再鼓英勇磅礡之氣歸隊服務報國心切殊堪嘉尚特給此證以資紀念
中華民國卅九年三月十七日
國防部部長白崇禧
參謀總長陳誠

▲王文稷連長參戰負傷的證明。

端射擊，廿五日下午，趙樹澤巡視陣地，見潮退的沙灘及鐵絲網上，共軍遺屍四百餘具，都是反登陸戰時所殲滅。

參、最長的一日

烽舉新酣戰，啼垂舊血痕。不知臨老日，招得幾人魂。

〈得弟消息詩〉杜甫

十二兵團另一支部隊第十九軍（軍長劉雲瀚），下轄十八師（尹俊）、十四師（羅錫疇），主力剛在二十四日傍晚到達，後續部隊還在登陸之中，腳跟還沒站穩，就匆匆忙忙參戰。

田澤中，湖南安鄉人，一九三二年生，隸屬十九軍十四師四十一團第三營第八連，自廣東汕頭搭船，在海上航行、滯留一個禮拜，一九四九年十月二十四日下午到了料羅灣，下船之後就在沙灘安營吃飯，天黑之後跟著部隊走，初來乍到，根本搞不清方位與地形地貌。

他回憶說，可能在下堡的山溝就地紮營睡覺，凌晨三、四點聽到槍砲聲，有人說是青年軍在演習；天快

◀十八師上校師長尹俊。

◀◀十四師師長羅錫疇及時赴戰。

亮時，傳令兵才說有戰況，馬上馳援作戰。田澤中說不清楚大部隊從那裡進攻，不過依據推斷，應該是從一三二高地，與友團李光前一起從西浦頭進逼林厝，反攻古寧頭。

第八連攻入古寧頭，然而共軍負嵎頑抗，從隙縫中射擊，國軍機槍手壓不住共軍火力，連長龍飛，湖南石門人，既年輕又勇敢，富有作戰經驗，扛著輕機槍親自上陣，第一次掃射沒有打中，伏下，再一抬頭，頭部中彈，頹然趴下，田澤中說連長痛到啃泥土，仍極力忍住。

事情經過五十九年，二〇〇八年十二月十七日，田澤中在台北縣新店市回憶昔日長官龍飛連長的壯烈殉國，仍語帶哽咽，眼光泛紅，因爲他跟連長有一段革命感情。

田澤中，抗戰勝利之後，報考第二期的青年軍，一九四七年在廣東韶關入伍，隸屬青年軍二〇五師，當時只有十七歲。二二八事件之後，爲了扭轉國軍的形象，決定派青年軍到臺灣，孫立人在黃埔檢閱，再訓練半年。

一九四七年二〇五師到了臺灣，整編成兩個師旅，二〇五師到了北平，另一旅並入二〇六師，同年十月到了青島——綏靖司令是劉安祺，準備支援徐蚌會戰。青年軍到了青島，天氣冷，沒有下船，等到送來棉衣之後才登岸，駐守在即墨縣，一部份守機場，一部份後來參加上海保衛戰。

田澤中先到上海，轉到鎮江收容傷兵，然後到了杭州，碰到老班長龍飛，其時已升任連長，從北平南下打前站，接兵，要田澤中過去；因此，田澤中從青年軍變成十二兵團。

一九四九年四、五月份，田澤中隸屬於十九軍劉雲瀚將軍的麾下，在江西接新兵，十月份到了福建，這段期間一直在贛閩兩省之間與共軍打游擊戰，然後再到廣東，從汕頭坐船到金門。

田澤中說，船坐了一個禮拜，在海中一直等，東西都快吃光了，飲水也快沒了，才在二十四日下午抵達金門。共軍根本搞不清楚胡璉將軍十二兵團的動向，粟裕曾說金門增兵一團就不打，可見國軍的欺敵戰術是成功的。

田澤中是第二排排副，他說二十五日之後，看到戰車馳騁在沙崗平野的戰場，左衝右突，發揮作戰的影響力。連長龍飛戰死之後，隔天晚上副連長也陣亡，他說第八連就由第一線退下，改由預備隊的第七連接替，繼續發動攻擊。他就到金門中學的運

▲田澤中（右）與潘有斗，同鄉同袍，感情彌厚。

▲當年的角度再照一張，歲月不饒人啊！

動場——當時都是墳堆——看守共軍俘虜。

戰後清掃戰場，他說有的死在石頭上，有的死在船上，挖一個大坑掩埋，然後把船拆回去作碉堡，戰後海邊不敢去，太臭了。國軍進行搜索，掃蕩共軍殘部，第五班班長縱越，被躲在北山山溝的共軍擒拿，國軍發動大舉包圍才把他拯救脫險。

潘有斗，一九二八年生，與田澤中是小同鄉，起初同樣隸屬青年軍二〇五師，從台中北上訪問老袍澤，因緣聚會，受訪時高齡八十歲。

抗戰勝利之後，中國是四強之一，一九四七年十九歲的潘有斗投筆從戎，準備當佔領軍——佔領日本、同化臺灣。

▲田澤中在新店家中細說參戰經過。

一九四八年傅作義投共，北平局部和平，他就從北平出來到上海，轉到浙江駐院。徐蚌會戰之後，胡璉將軍在江西成立十二兵團，有四個師，強迫接收，他隸屬十二兵團十四師四十一團第九連，當年一起參加古寧頭大戰，見證了歷史。

抗戰之時，日軍姦淫擄掠，潘有斗十六歲就結婚，妻子只有十四歲；當兵時女兒還不滿周歲，兩岸開放之後，他返鄉探親，女兒已經六十二歲了，兒孫滿堂，回憶前塵往事，人生恍若一夢。

▲十九軍少將師長劉雲瀚。

劉雲瀚將軍回憶，二十四日黃昏後，第十四師師長羅錫疇來到金城第十九軍的軍部，說該師大多數是新兵，而且兵員不足，每團不過千人，在潮汕招募的新兵還穿著便服，武器裝備殘缺不全，認爲需整訓三個月，才能作戰，兩人一直談到深夜。但劉雲瀚認爲，如果敵人來了，即使赤手空拳也要拚鬥到底。羅錫疇師長剛走，返回師部吳厝的途中，劉雲瀚就聽到古寧頭方面砲聲隆隆，他知道敵人已經來了，不待上級命令，半路追截羅錫疇，命令他即刻集結部隊，向金城以北推進待命，同時命副軍長兼第十三師師長吳垂昆將該師已到金門城的第三十九團，在金城北側高地待命。

凌晨三時許，劉雲瀚接到李良榮的電話，獲知共軍已經登陸了，正在海線與二〇一師作戰，二〇一師歸金西守備隊第二十五軍軍長沈向奎指揮，劉雲瀚卿命與沈向奎軍長聯絡，指揮第十四師（欠第四十四團）及第十三師之一團由後浦向北前進，迎擊南竄的共軍。

李良榮一方面要十九軍與二十五軍協同作戰，一方面告知部署，第十八軍高魁元軍長指揮一一八師由現駐地向古寧頭反擊，十九軍已登陸進駐瓊林的十八師就近歸高軍長指揮，十八師尚未登陸的第五十三團立刻轉航小金門歸第五軍軍長李運成指揮。

劉雲瀚剛到金門，人生地不熟，就把幕僚人員移往同在金門城的第二十五軍軍部，一起辦公，會商指揮作戰。

這時北路十八軍一一八師向一三二高地挺進。黎明前夕，一三二高地戰況激烈，六〇一團雷開瑄團長將衛生連編爲一排，歸團部連趙連長指揮；一

▲二十五軍少將軍長沈向奎。

營二連、一一八師三五三團第三營已脫出共軍包圍，恢復建制，跑步前來增援，十五分鐘內就會趕到，因此趙連長下令上刺刀，殺下一三二高地。有人說，戰事初起，一三二高地一度失陷。

一三二高地在西浦頭後方，北可瞰制海灘，南可屏障金門城，由二〇一師六〇一團防守。拂曉時分，劉雲瀚與沈向奎前往一三二高地督戰，兩人共乘一部吉普車，由沈向奎駕駛，晨霧迷濛，視線不良，到了高地南側鞍部，共軍機槍掃射，彈如雨下，生死之際，間不容髮，沈向奎急迴車向南駛，才逃過一劫。

二十五日早上六時三十分，十四師收復一三二高地，乘機向浦頭進擊。十九軍軍部這時由金門城推進到一三二高地。

拂曉時，李良榮到一三二高地督戰。這時戰況已明，共軍登陸前後，因遭受第一線砲兵與步兵之打擊，登陸後建制已亂，指揮掌握困難，被阻於東一點紅——觀音亭山——湖南高地——安岐——一三二高地迄湖下以北地區。

初期作戰的成功，有人認爲是湯恩伯戰略決策正確、戰略部署適當、戰術運用良好所致，他的作爲改變了戰局。當共軍登陸時，湯恩伯判斷由二〇一師隴口迄古寧頭之間突入的共軍爲其主力，因此乘其立足未穩之際，以機動打擊部隊一一八師（師長李樹蘭）、十九軍之十四師（師長羅錫疇）、十八師（師長尹俊）壓迫共軍於古寧頭而加以圍殲。

二十五日破曉時分，高魁元到瓊林指揮所瞭解戰情，稍後湯恩伯、

▲西浦頭村後的一三二高地，現在變成這個樣子。

二十二兵團司令李良榮、十二兵團部參謀長楊維瀚、二十五軍軍長沈向奎、十九軍軍長劉雲瀚，相偕抵瓊林會晤，共同研究戰法，當湯恩伯與高魁元意見不一致時，楊維瀚建議：「共同目標祇要求打勝仗，至於細部事宜，不如賦予高軍長全權負責，以便統一指揮戰力。」

會議過後，李良榮再回到一三二高地督戰，這時周書庠請李良榮撥派卡車，調雞髻頭火砲到一三二高地，轟擊共軍占領的堅固民房與工事，獲得同意。李良榮同時指示周書庠送命令給高魁元，周感到非常訝異，因為兵團部成員很多，為什麼挑他送這麼重要的命令，周書庠申訴，李良榮只說一句：「你送最好。」

周書庠啣命前往瓊林指揮所，約八時許到達，先向高魁元報告職級及任務。高魁元拆閱命令之後，就指著桌上的地圖告訴周書庠，現已以戰車在前，步兵在後，向西一點紅、林厝間攻擊，完全符合司令官企圖。你到雞髻頭調砲時，就可看到部隊行動，希望回報給司令官。

周書庠到雞髻頭第四臺陣地時，只見東西一點紅之間沙灘上，戰車與步兵協同攻擊，煙塵滾滾，共軍狼奔鼠竄，無處躲藏，有人奔向海中，水及腰際，徬徨無依，進退無據，只有乖乖投降。

十八軍軍長高魁元接到命令之前，已指揮一一八師作戰，一一八師師長李樹蘭，指揮所在後盤山，下轄三五四團（駐瓊林、後盤山）、三五二團（駐沙美）、三五三團（駐頂堡、安岐）爲機動打擊部隊，十九軍的十八師（尹俊）二十四日晚上剛到，駐在瓊林。戰爭爆發，李良榮指揮作戰，將十八師就近歸十八軍軍長高魁元指揮。因此，當周書庠帶來李良榮命令的時候，一一八師在左，十八師在右，向古寧頭方向進攻，已經有了兩個小時了，所以高魁元才說完全符合指揮官的企圖。

另外，尹俊也說，二十五日天明就奉命作戰，率五十二團附十一師之三十一團（陳以惠），由瓊林以北沿海灘經嚨口、觀音亭山向古寧頭地區進行側背攻擊。

十八師五十二團從後沙附近攻擊前進，先下嚨口，對東一點紅展開猛攻，斃敵三百餘，俘虜四百餘，解觀音亭山守軍之圍。

九時許，二〇一師六〇一團歸第十四師指揮，六〇一團第二營會同四十二團向安岐反攻，十時攻克安岐。

十時四十分，第二營第二連及機一連攻克浦頭，並協助友軍反攻林厝。

十一時半，林厝共軍一千多人增援浦頭，國軍步、砲、戰協同陸、海、空聯合作戰，戰況激烈。

十二時三十分，西浦頭共軍全被殲滅，被俘七百多人，殘兵退守林厝及其東北高地。一一八師、十四師合攻林厝。

十四時，十四師四十二團（李光前）、一一八師三五二團（唐俊賢）、三五三團二營（陳敦書）、一營（耿將華）、三營（孫罡），在戰車引導下，合攻林厝。

十五時，國軍突入林厝東南、南端，這一帶地勢平坦，視界遼闊，共軍以機槍側射封鎖，國軍前進不得，李光前剛好與三五三團團長楊書田見面，不久李光前就殉國了。

此時，十八師進至林厝以東亙東一點紅之線。林厝東北約二百公尺處有兩座碉堡，高達六、七公尺，共軍盤踞猛烈掃射，國軍傷亡慘重，尹俊指揮警衛營攻擊，並要求三輛戰車支援，鏖戰一小時，才將兩高地攻克。

十八師五四團（文立徽）主力下午三時在料羅灣完成搶灘，當時前方戰事正激烈，十二兵團部參謀處長黃葉在岸上高聲急喊：「快，快，快，趕快下船，前方等部隊用。」文立徽第一個跳入水中，正值漲潮，水到胸部，部隊陸續跳水登陸，冬服盡濕，趕到小徑集結完畢，已近黃昏，而第三營也在這個時候歸建。文立徽奉命準備接替五二團，續行夜戰，就到瓊林師部了解狀況，得知五二團及師警衛營當天戰鬥傷亡慘重。

十七時許，三五二、三五三團再由林厝東、南二面突入，共軍據守堅固石屋，各自爲戰，負嵎頑抗，彈如飛雨，國共兩軍反覆作白刃戰，敵軍傷亡慘重；十八師攻下西一點紅，並向古寧頭海岸猛進，黃昏三五三團二營營長陳敦書等戰死，國軍官兵頗有傷亡。

林厝之役，胡璉將軍回憶說：

激戰之烈，搏鬥之雄，在歷來中外戰史上的著名大戰，殊不多讓。瓦碎長平，血染沙苑，殆可比擬。

入夜，戰車不能支援，國軍包圍古寧頭三村。午夜十二時，十八師五二團及師警衛營因傷亡過重，撤離戰線，至瓊林整補；五四團準備廿六日晨入替，與一一八師再興攻擊。

打了一天，共軍雖稍處劣勢，但勝負未分，二十五日晚到二十六日天亮前是決定整個戰鬥成敗最關鍵性的一夜。因為國軍不擅夜戰，古寧頭三村都是堅固民房，貿然突入討不到便宜。這時共軍一方面喘息，一方面可等待援軍，再決一死戰，所以這一夜詭譎而凶險，對共軍來說比較有利，因為國軍該登陸的部隊都已登陸，短期內無法增援，而共軍已占據灘頭陣地，取得頡抗的有利態勢。

▲林厝這個地方，共軍頑抗，國軍浴血苦戰，當年屍體像曬地瓜簽。

肆、共軍夜渡增援

共軍二四六團團長孫雲秀帶領四個連增援，二十六日凌晨三時分別在湖尾鄉與古寧頭登陸成功，整個攻防情勢又有些改變了。

孫雲秀，河南洛陽人，年方三十，小時被國民黨拉伕，後來當了紅小鬼，此時啣命增援，預料兇多吉少，向肖鋒副軍長請託後事：「聽說妻子王培蘭已經懷孕，孩子生下來交給貢大姐撫養，長大後告訴孩子，他爸爸是怎麼死的；王培蘭年輕，改嫁，不要被孩子拖累了。」

二十六日凌晨三時，大嶝共軍砲火猛打古寧頭，此時，五四團團長文立徽接獲一一八師師長李樹蘭的電話命令：「貴團配屬本師，今日拂曉，向古寧頭攻擊。」

二十六日拂曉，五四團在右，三五四團居中，三五二團在左，三團併列，戰車分兩組交互前進為前導，展開攻擊。

七時三十分，十四師四十一團之一部，配合二〇一師六〇一團第一營、第三營步八連，由湖下乘低潮徒步至東鮨尾（現慈湖三角堡）登陸，向南山攻擊。

共軍經過增援後，調整態勢，士氣復振，古寧頭一帶有共軍六千員，利用黑夜擴張到安岐。

八時，我砲兵猛轟共軍，各部隊反擊開始作戰，空軍轟炸機反覆炸射，敵我兩軍過於接近，衣服顏色又近似，國軍常遭誤擊，頗有傷亡。

九時，三五二團得戰車之助攻入林厝，雙方拚刺刀，戰鬥十分慘烈。

十一時，湯恩伯、李良榮、胡璉一同到湖南高地，湯、李在戰車部隊處巡視勾留，胡璉就先到湖南高地十八軍指揮所。這時國軍已攻克西一點紅，又逐屋爭奪戰佔領西浦頭，直逼林厝，但受制於共軍火力，屢攻不下。

一一八師指揮所推到安岐。

十二時，五四團直撲古寧頭海岸線碉堡，三五四團（林書嶠）保持主力於正面，以一部配合三五二團（唐俊賢），合攻林厝，五四團先奪取林厝西北要點，三五二、三五四團合圍林厝，展開逐屋爭奪，攻下林厝。

一一八師指揮所推進到林厝。

十四時，古寧頭北方四個碉堡被我平射砲打平，沿海之地爲五四團占領。

十五時，四十一團廖先鴻攻下南山，戰一連與三五四團衝入北山東北共軍據點，共軍殘兵逃向海灘，爲我殲俘。三五二團攻入北山村，展開巷戰。

國軍已逼古寧頭核心線，雖然步戰協同，仍被共軍所阻，傷亡增大。胡璉乃要戰

▲十年前的湖南高地還是軍事重地。

▲十年後湖南高地的昔日十八軍前進指揮所，在荒煙蔓草之中。

▲湖南高地，老百姓現在用來養牛。

一連連長胡克華以戰車二輛，不要步兵伴隨，獨力突出古寧頭臺地，向海岸線碉堡及北山據點射擊，當即射中，夷爲平地；步兵繼續攻擊，共軍且戰且退。胡璉見勝負已定才走，同來的將領早就走了。

胡璉臨走時，把任務交給高魁元，要他繼續督戰。

十八時，下北山。十八師師長李樹蘭令各團守好海岸，防止共軍增援。高魁元則與三五三團團長楊書田聯絡，該團經二十五日激戰，傷亡頗重，還在休整，高魁元問還能打嗎？楊書田說還能打，於是命令該團黃昏前到達林厝，接替三五二團之攻擊。

入夜不久，黎玉璽接獲湯總部通知：古寧頭斷崖下水際共軍聚集。黎即命令二〇二掃雷艇及南安艦駛近，以火砲猛轟，同時太平號主砲對大嶝及澳頭制壓射擊。

二十二時，楊書田集中全團大小火力，實施連續射擊，守在北山家屋裡的共軍無法立足，傷亡慘重。因夜暗不便搜索、掃蕩，遂徹夜監視。

二十七日凌晨一時，三五三團在戰車、砲兵支援下，對共軍主陣地猛攻，共軍一部突圍至海岸，被三五四團殲俘。

清晨一一八師、十四師的一部沿海岸掃蕩，在古

▲北山斷崖，共軍最後退守到這裡，前進不得後退不能，一網成擒。

寧頭斷崖下，發現一千三百多名共軍，打死四百多人，抓到九百多人，這些被俘最高共軍幹部為二五一團一營營長李同順，時間是二十七日上午十時左右，戰鬥結束。

七時，李良榮與周書庠到達古寧頭，正值部隊清掃戰場，所經之處，滿目瘡痍，悽慘景象，怵目驚心。李良榮巡視共軍最後指揮所及西一點紅海岸，只見水際浮屍飄蕩，衣衫不整。

十時，國軍掃蕩戰場，屍橫遍野，有些家屋、船隻、工事仍燃燒著，大批共軍俘虜垂頭喪氣的走著。

十六時，東南行政長官陳誠巡視古寧頭戰場，回車至一三二高地，突由深溝長草中衝出一百多名共軍，經我軍喊話後，全部投降。

二十七日，對岸共軍二十八軍司令部「金門戰鬥陣中日記」，寫下兵敗金門血淚的結束語：

> 失去聯絡已二十餘小時，船一隻未返，戰鬥似已結束，唯大嶝島部隊尚聽到金門一帶有槍砲聲。
>
> 此地無船，增援已成不可能，斷送了幾個主力團，痛心哉！

而在大嶝、蓮河指揮所的肖鋒，聽到金門槍砲聲日漸稀落，淚流滿面，心頭有如千斤之重。電報隊長姜從華十月二十七日在報務日記寫下痛苦的結語，他說：「古寧頭在地圖上的代號為三一一二。這個數字我永生忘不了。」

22 金門之熊

雄威破膽橫天表，新鬼驚魂泣夜中。

〈戰澎湖〉洪斌

▲這就是真正的「金門之熊」，鐵殼子變雄師，當年立下赫赫戰功。

▲轟炸機陳振威，戰車營中校營長。

壹、初抵金門

戰車營剛到金門不久，有一天晚上七、八點的時候，伙伕班長跑去報告值星官楊溪，說士兵都在廚房找東西吃，今天是八月節。

這些小伙子當年都只二十歲上下，第一次離開家鄉大陸，第一次離開臺灣，到金門過八月中秋。天氣很熱，蚊子很大，但月亮像銀盤。楊溪告訴他，找兩個人去買一些地瓜，煮一些地瓜湯給他們吃。

但是這麼晚了，也不知那一家老百姓有賣地瓜，班長有些爲難。楊溪說，不管怎麼樣，想辦法煮一些地瓜給他們吃。於是不管三七二十一，就到田裡挖了一籮筐地瓜，在井邊沖洗乾淨，煮好了以後，楊溪說叫大家回來吃。那時軍隊都散住民家，挨家挨戶去通知，士兵都回來了，但沒有鹽巴，地瓜雖然是甜的，然而他們習慣吃鹹的，就叫駕駛開吉普車到料羅灣提一桶海水回來，大家沾海水吃地瓜，渡過到金門的第一個中秋節。

過了中秋，十月六日奉二十二兵團司令李良榮將軍命令重新部署：

一、戰一連（欠一排）由連長胡克華指揮，駐守金沙，配屬一一八師三五二團爲機動預備隊。

二、戰三連（欠一排）由連長周名琴指揮，駐守頂堡，配屬一一八師三五三團爲機動預備隊。

三、戰一連第三排及戰三連第三排仍控制於西村，由營長陳振威直接指揮。

戰車營有二十一輛戰車，每連各有十輛戰車，剩下一部是營長車。

▲古寧頭戰史館前的金門之熊。

實質參戰的是戰一、戰三連各兩個排，控制於西村的戰車只作守備。

貳、鐵殼子變雄師

沐巨樑說一九四九年一月，戰車第三團第一營的一、三兩連，奉命在上海虬江碼頭，各接了十輛M5A1戰車，這些戰車是二次世界大戰過後，美軍棄置於菲律賓叢林的報廢車輛，長年經過風吹雨打，日曬雨淋，已經生鏽斑剝了，內部到處可見油漬、泥土、破布、枯樹枝，油箱與油管已被柏油封死了，官兵就地整修，眼見這些戰車沒有槍砲、沒有通信，更談不上隨車工具，甚至連一根導線都沒有，能稱得上是戰車嗎？充其量只是一具鐵殼子。

這時徐蚌會戰剛過，國軍戰車打了二十四晝夜，戰車都打光了，沒有戰車，只好揀破爛，但是這些破爛車輛，經過一個多月的整頓，後來居然變成金門保衛戰的鐵甲雄師，被封為「金門之熊」，成為主宰戰場的武器，實在有一點可悲，又有一點可笑。

三月初，戰車裝船運抵基隆港，從港口到臺北華山車站，一路走走停停走了一個多星期，最後鐵運到了臺中后里。全連每月只有五十加侖汽油。

八月下旬奉命移防金門，九月十一日由基隆開船，隔天就到料羅灣，搶灘之後已萬家燈火了。戰車營進駐垵邊，繼續進行戰備整備，三十幾挺機槍已全數補充，但缺乏零件，都不能射擊，打電報向臺灣要，立刻以空投補給。但撥補的砲彈問題更大，取出木箱後，發現砲膛封滿油脂，洗去油脂，砲管外表塗了漆，裝不進砲塔，趕緊動員找玻璃瓦片一起刮漆，刮脫了，用大鐵鎚將砲打進砲塔，一擊發，砲管後退了不能前進，又卸下重新刮漆試射。

另外，沒有制退機與砲身的插梢，戰車上坡時砲會滑落，就用繩子將砲身綑在砲架上，自上海綑到臺灣，自臺灣又綑到金門，才在整修機場後緊急送補，同時要求制退機油，最後把砲整好了，槍也靈光了，車也能動了，天天開到太武山下試射。

參、那一夜發生了戰爭

十月二十四日下午，戰三連配合守備部隊二〇一師，在嚨口舉行實兵演習，到了黃昏，第一排排長楊展，準備率員返回頂堡戍地，突然有一部戰車履帶陷在海灘，進退不得，楊展教駕駛手加油，可是戰車衝不上來，履帶越陷越深，終至底殼觸及沙地，怎麼開也開不上來。

這時，夜色已暗了，楊展要另一輛戰車去拖，拖車把履帶也拖掉了，脫落在沙灘。那天晚上，楊展覺得很邪門，履帶裝上去，一拖就掉了，脫了又裝，裝了又脫，搞到夜裡十一、二點。

戰三連的楊展急得滿頭大汗，大家忙了一天，又餓又累，楊展要弟兄在海灘休息一下，自己開車回連上去拿晚飯，並向連長周名琴報告。

廿五日零時三十分左右，楊展回到嚨口海邊，帶了晚飯，也帶了登陸席，準備吃飽飯後，再墊登陸席把戰車拖上來。

據沐巨樑的追述，一九四九年正月四、五日晚上，戰車在上海虬江碼頭裝上海辰輪，當時正逢傾盆大雨，寒風刺骨，碼頭幽暗的燈光，杳無人跡，沐巨樑與李子華商量，此去臺灣，回來不知何年何月，也不一定在這座碼頭上岸。沐巨樑呶著嘴：「你瞧，這個東西我們將來用得著」，李子華點頭同意。

於是利用惡劣的天候，李子華上船指揮吊桿操作手，沐巨樑在船下命令搬運工人，把一百二十張戰車登陸席，堂而皇之的吊上船，運到臺灣，再運到金門。

楊展用的登陸席，就是沐巨樑與李子華的傑作。這時飯菜都已涼了，就把戰車上的汽油爐拿下來，在沙灘挖個灶，將飯菜弄熱了再吃。楊展倚在戰車休息，靜候用餐。

忽然，嚨口海岸亮起一發信號彈，接著又射了兩發，楊展覺得怪異，站了起來，向海面張望，但月落星沉，海上漆黑一團，海風又強，什麼也看不見聽不出。

瞬時，大嶝、小嶝、蓮河及廈門的岸砲向金門襲來，楊展三部戰車附近，落彈多發，破片橫飛，硝煙觸鼻，楊展大喊：「上車!上車!」

士兵飯菜不熱了，碗筷也扔了，急奔上車，楊展手腳較慢，當他一腳伸入砲塔，第二波砲彈又來了，在四周爆開。

過了十數分鐘，砲聲停了，這時聽到海面嘩啦嘩啦的涉水聲，聲音越來越大，但伸手不見五指，楊展直覺判斷，共軍利用高潮登陸。

「各車注意，」楊展以無線電呼叫：「以第二車（抛錨車）爲準，面向海灘，成排橫隊。」三部車一字排開，右爲觀音亭山，左爲西山，正前方爲嚨口海灘。楊展下令：「全排——正前方，距離三百公尺，發射！」

這時共軍數以千計正在登陸，槍聲、砲聲、哨子聲、吶喊聲，交織成一片；信號彈、照明彈及機關槍的曳光彈，在空中飛舞，照亮了半邊天，也照亮了共軍的登陸船團，共軍像螞蟻一樣湧向海岸，楊排六挺輕機槍、三門三七砲火力全開，帆船著火，火光燭光，映照海面。

二〇一師，也從碉堡向海灘射擊。楊展這時正向連長周名琴報告戰況，被戰一連的沐巨樑無意中聽到。

戰一連駐在沙美國校後面臺地，第二排射手周國禎和技術員戴安臣等正在玩百分牌，沒有桌子，就用周國禎的行軍床，大家打得很晚，周國禎累了，想睡覺，要求收攤，可是戴安臣賭興正濃，不肯，順口咒道：「你睡這麼早明天去死。」（隔天早上，周國禎在嚨口村前，下車處理俘虜時被射殺，一語成讖。）沐巨樑在一邊看牌，也覺夜深了，該休息了，插嘴說：「好了，收起來明天再玩。」他們在收牌，沐巨樑當值十至十二時的警戒長，就出來到停車場去查看衛兵，天色很黑，東北風微微的吹著，沐巨樑摸黑到達車場，突然三發砲彈呼嘯而來，落在停車場後方約百公尺的草叢中，每彈相隔約十秒鐘。

本來夜深人靜，現在沐巨樑發現右前方距嚨口數百公尺的海面，機槍曳光彈向東西一點紅之間的坡地猛烈射擊，岸上也猛然還擊，曳光彈密密麻麻交錯穿梭，海浪反射波光，交織成一幅美麗而又扣人心弦的畫面。

沐巨樑覺得有一點反常，想起晚點名時連長胡克華宣布：「今夜戰三連在瓊林海邊演習……」，可是他覺得有些蹊蹺，心想不可能在海中啊！他看了數分鐘，登上二十二號戰車砲臺塔頂瞭望，除了嚨口海域交織的火花，他逡巡了一下其他地區，金門西北海岸及對面大小嶝，都沒有動靜，他這樣靜靜的又觀察了十餘分鐘，有些納悶，忽然想到何不利用車上的無線電，試聽戰三連演習通訊狀況，剛按下戰三連的周率，就聽到楊展與連長周名琴的對話：

「報告連長，我的車前面發現敵人。」

「有多少人？」

「大約一百七八十人。」

「抵住他，不要讓他跑掉，等天亮好好收拾他們。」

不一會，楊展又說：「連長，下車到前面掩護的副駕駛曾紹林受重傷了。」關於曾紹林，楊展事後回憶說：

當我們部隊駐上海期間，他兄弟兩人來到我們營房門口，要求從軍，為在北方被共產黨鬥死的父母報仇。但因為兄弟兩人實在太小，不適合作戰車兵的條件，所以礙難照准，後來還是我作主，把哥哥留在我排長車上學駕駛，他弟弟則在連上作見習兵。曾紹林為人正直，不苟言笑，那次我的座車演習拋錨，車頭向裡，當共軍來襲，前槍無法射擊，他因復仇心切，所以自動卸下前槍，下車戰鬥而陣亡。

戰車無線電機因爲戰地保密，使用規定很嚴，尤其發射機，因此，沐巨樑只得靜

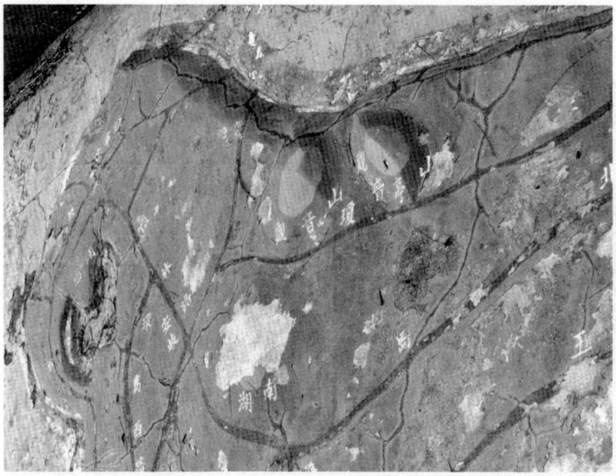

▲觀音山與觀音亭山地理位置圖，左上為古寧頭。

靜的聽，但是從以上的談話，他又覺得事態嚴重，祇好違規插入他們的通訊網：「周連長，我是沐巨樑，你們那邊情況是眞的，還是在演習？」

「沐巨樑，是眞的敵人登陸了，快告訴你們連長，你們快準備。」

沐巨樑放下送話器，跳下戰車，一腳高一腳低跑去報告連長，並將所有戰車乘員喊醒，全體上車發動引擎加強備戰，但戰車沒有夜視能力，漆黑一片無法行動，只有焦急地在車上待命。

二十五日凌晨，陳振威營長在營通訊網聽到楊展跟周名琴的通話，立刻向李良榮報告，並請示任務。李司令官當即命陳營長以派駐頂堡的戰三連向觀音亭山出擊。周名琴連長向李司令官說明戰車無夜視設備，無法實施夜戰，但司令官決心已下，非周連馬上出擊不可。

戰三連當時只有一個戰車第二排（排長李安定）；第三排爲營預備隊在西村；第一排楊展在海邊激戰中。周名琴只好跳上連長車，率第二排三部車摸黑配合步兵出擊。

步戰沿同一道路摸索抵達觀音亭山，極目遠眺海灘，火光四射，砲聲隆隆，衝殺聲不絕於耳。共軍登陸後，三五成群向島內滲透，此時，步兵連長登上戰車，指前面被共軍占據的

▲遠處樹木高聳，就是觀音亭山，當年主戰場之一。

大瞭望塔（高五、六公尺，半徑二公尺，日據金門時代建用），戰車即以火砲摧毀，共軍死傷頗多，被俘三十餘人。

敵前激戰，戰車不能開燈，地形又複雜，四輛戰車苦戰至拂曉，有兩輛掉在山溝，一輛脫落履帶，三輛都動彈不得，只以車上機槍殲滅蜂擁而上的共軍。

沐巨樑說，戰一連在車上待了約六個小時，沒有接到任何命令與指示，車內外也沒有動靜，這時東方泛白，自戰車上已清清楚楚看到東西一點紅之間海灘上，擱滿共軍的大小帆船，黑壓壓的一片。

胡克華連長命令：「走！出發，到瓊林。」五部戰車魚貫到瓊林馬路邊停車，胡連長命令沐巨樑下車，去找找看有無戰三連的人或其他友軍，他在附近打了幾個轉，什麼人也看不到，海邊也沒有動靜，「野曠天清無戰聲」。深秋早晨，寒意甚濃，只有五部戰車在路邊低速空轉的聲音，又等了十餘分鐘，仍不見有人出面指揮、聯絡或協同，胡克華連長自作主張：「走！朝敵人登陸的海灘前進。」

沐巨樑的二十二號車仍走在前頭，槍砲上膛，開始威力搜索，沿著瓊林通往安岐的小徑過去，過了瓊林沒多遠，發現路邊一座土地廟，廟旁一個友軍，衣服很新，摟著一根六○迫擊砲管倚牆而蹲，沐巨樑命令停車，問他部隊在那裡？

他說昨夜衝散了，沐又問前面敵軍的概況，他說黑夜裡什麼都沒見到。

沐巨樑遇到的第一個友軍，比他知道的還少，連敵船都沒有見到，沐巨樑命令駕駛在土地廟旁右轉九十度，以慢速下海灘，經過後沙低地，走不多遠，右首見到楊展拋錨的戰車，但仍未見敵蹤，他想，在沙美高地明明看到一片敵船擱淺在沙灘，怎麼到此連一個敵兵也沒有，心中疑竇叢生。因此，對眼前防風草特別提高警覺，右轉不遠，越過壠口稜線，在左邊防風草後方向觀音亭山延伸過去的大塊斜坡上，赫見敵軍密密麻麻的蝟集在戰壕裡。右邊，戰三連的拋錨車剛好抵住蜂腰地帶，如果沒有那幾部戰車堵在那裡抵敵，共軍登陸後六小時，早已竄到太武山，後果不堪設想。

胡克華率領戰一連五部戰車殺敵，然而沐巨樑說，胡連長論著如指揮、步戰協同，以及戰鬥經過，卻與他完全迴異，這是非常奇妙的地方，到底誰是信史呢？一個戰車連的戰役就有這麼大的不同，更別說其他參戰的步兵，怪不得古寧頭戰役聚訟紛紜，至今沒有定論。

胡克華連長說，天剛亮，第三五二團團長唐俊賢來找他，大聲地叫：

「老胡，你接到命令了沒有？」

「沒有呀，我沒有接到上級命令。」

「剛才你營長打電話來，叫我轉達，要你馬上將部隊帶到前盤山向第一一八師指揮所報到。」接著又說：「你戰車連先出發，我部隊馬上來。」

戰一連徹夜在車上待命（這一點與沐巨樑說詞一致），終於作戰機會來了，胡克華即刻召集第一排排長楊溪，第二排排長張星隆，下令馬上上車出發，大約清晨六時十分左右，來到一一八師指揮所，胡克華跳下車，看到師長李樹蘭及戰車營營長陳振威都在那裡，劈頭就說：

「報告師長，我車子停在外面，師長給我什麼任務？請指示。」

「你就沿這條路出去，向嚨口方向攻擊。」

「當面有多少敵人呀？」

「大概有四、五百人吧，詳細情況還不清楚。」

胡克華一方面率車前進，一方面火力搜索，到達西山時，看到楊展的拋錨車，戰車四周有很多步兵，插著紅旗，不知道是敵是友，就以機槍掃射，四周步兵高舉紅旗左右搖擺，叫不要打，才知道是友軍。

胡連又繼續搜索，這時發現海灘有共軍雙桅帆船一百多艘，胡克華就向師長報告：「當面那樣多船，我看匪軍有上萬人呀！」

「你說多少就多少，看到就打，消滅了再說！」

第一排排長楊溪，這時以無線電通報，嚨口方向發現有密集隊伍，正向我方前進，問連長是敵軍還是友軍？

胡克華從潛望鏡轉向一看，果然看到一群群密集隊伍，別著紅色臂章，於是下令展開攻擊，砲彈、機槍如迅雷急雨，打得屍首橫飛，血染黃沙。戰一連一面打，一面將共軍壓迫到嚨口與觀音亭山之間的凹地裡，戰車居高臨下，凹地裡有上千共軍，胡克華本想趕盡殺絕，繼而一想，彼此都是中國人，他們可能被迫參軍，遂下令停止射擊，實施陣前喊話，投降的有八百人。胡克華一面監視俘虜，一面請營長向上級報告，請步兵前來接收俘虜，但是等到九點多鐘，還不見步兵前來接收，眼看潮水漸漸上漲，怕俘虜駕船逃回，就以一輛戰車協助二〇一師監視俘虜，其餘戰車直驅海灘，攻擊擱淺帆船。

這些船遠遠看去，好像沒人，當戰車火砲攻擊時，人船起火燃燒，共軍紛紛跳海逃生，戰車機槍作地毯式掃射，共軍應聲倒地，沒有還擊能力，很多共軍走投無路，從海中又跑回沙灘，跪下乞降。此時胡克華看到一個穿黑色中山裝的青年，模樣像學生，高舉雙手直奔過來，口噴鮮血，伏倒在車前，胡克華見此情景，一時心軟，下令停止射擊。

此時投降的共軍約二、三千人，胡克華命令他們摘下紅星帽徽，解開上衣第一個鈕扣，將武器放在指定位置，然後臥倒在沙灘，等待後送。

這時還是不見步兵來。

在海中發現被擊斃的共軍數以千計，據俘虜說他們是共軍第二十八軍之一部，指揮官是副軍長肖鋒。俘虜中未見肖鋒，因此研判可能被擊斃於海中。

肆、蔣經國慰勞將士

二十六日早上八點多，戰一連的車子停在瓊林三叉路口，這裡有八、九棵相思樹，因爲風大，被風吹得歪歪斜斜的，沐巨樑的戰車，就停在相思樹的前邊，那時沒有通訊專用聯絡車，就以他的戰車權充。

十八軍的指揮所設在太武山半山腰的一塊大石頭後面，沐巨樑在車上架設一部有線電話，通到十八軍指揮所，作爲步戰協同的聯絡管道，但一直沒有派上用場。

上午戰三連協同步兵自後沙向隴口、西山之線攻擊，九時許，一架野馬戰鬥機支援作戰。今天戰鬥進行的非常緩慢，昨天由於步兵沒有佔領陣地，入夜後，共軍又佔領了嚨口、後沙一帶，其次，共軍昨天吃了戰車的大虧，今天改變戰法，躲在壕溝，避開戰車，等戰車過後，就集中火力射擊戰車後面的步兵，步兵傷亡很大，不敢再跟戰車。因此，戰車為支援步兵，忽前忽右，忽左忽後，進展很慢。

約十一時五十分左右，蔣經國到了瓊林三叉路口，垂詢戰況，慰勉官兵，上了沐巨樑的聯絡車，沐巨樑剛好有事離開，由第三排排長敖士德登車隨侍，蔣命敖以無線電傳達指示。

關於這一點，胡克華連長的口述可能有些出入。胡克華說，下午一時許，戰一連接替反擊任務，繼續向林厝以西攻擊。

因為步戰通信連絡欠佳，戰一連推進很遠，都不見步兵上來，這時陳振威營長在無線電中呼叫，說南、北山為共軍之指揮所，命令胡克華先向南、北山攻擊，胡隨即向目標前進。

胡克華說，這時戰事已發展到最高潮，他在車上聽到第三排排長敖士德在湖南高地以無線電呼叫他，說蔣經國蒞臨戰地指揮所，蔣先生指示，今天下午務必攻下南、北山共軍陣地，蔣犒賞五千銀元。

「你替我報告蔣先生，」胡對敖士德排長說，「我一定要達成任務，並謝謝蔣先生的鼓勵。」

胡克華並要敖士德向蔣經國報告：戰一連已攻打了半個多小時，還沒有看到步兵部隊上來，南、北山是兩座村莊，沒有步兵協同攻擊，很難奏效。

胡克華要敖士德報告後，過了不久胡璉用敖士德排長車上的無線電跟他講話！

「你是胡連長嗎？我是胡司令官，我們好久不見，你還記得雙堆集的血債嗎？今

▲古寧頭大捷之後，蔣介石巡視金門，並在「金門之熊」之前留下歷史鏡頭

天要討回來！」又說：「我現在正在調整部署，部隊很快就會上來，請你好好支援作戰。」

「謝謝司令官，我一定配合得很好，請你也不要顧慮部隊的傷亡，督促部隊趕快上來，要不然天黑了，攻不下南北山，會辜負蔣經國先生的期望。」

「胡連長，你不要誤會，我決不是為著部隊的傷亡，而是正在調整部署，馬上就到。」

胡璉和胡克華通話之後，約半小時，就看到步兵分六路縱隊上來，在戰車火力的支援下，攻擊共軍外圍據點，共軍紛紛逃向南北山核心陣地。二十六日下午，攻下了南北山，殘敵沿戰壕撤向西北海岸，未及撤退的紅軍，全部被俘擄。

胡克華說戰車攻擊時不見步兵，與沐巨樑的說法吻合。沐巨樑常常抱怨，戰車在前面打，沒見一個步兵，打下陣地，也不見步兵來接，但是國防部出版的戰史，步兵又說他們多英勇。沐巨樑認為與史實不符，完全是貪功，所以他才忍不住自己出書，要把眞相大白於天下，如果沒有得到胡克華連長的佐證，人家還以為沐巨樑吹牛呢！

上述胡克華的說法，仍有些歧異。蔣經國在瓊林，沐巨樑說他待了兩個多小時，於上午十一時五十分到，離開時應將近三點，因此，下午一時過後，胡克華接到蔣經國的通話指示，應該不致於有問題，但是蔣經國仍在瓊林，胡克華卻說在湖南高地，應是錯誤的。

如果蔣經國在湖南高地，胡璉也在湖南高地，兩人一定會見面，但是蔣經國到金門，胡璉沒有見到，事後這一點他對湯恩伯頗有微詞。

胡克華說胡璉用敖士德車上的無線電，敖士德在瓊林陪侍蔣經國，根本不在湖南高地。戰三連連長周名琴說，二十六日早上十一時許，步兵順利攻克林厝，戰一連接續向北山村攻擊，此時胡璉將軍抵達湖南高地指揮所，利用陳振威營長戰車上的無線電，對戰車官兵說：「我是你們的老戰友，嘉許你們連日英勇的表現。當面南北山村內，矗立一棟白色房屋，有匪指揮所暨高級匪幹盤踞在內，戰車對此目標應加強攻擊，予以消滅，即可獲得這場戰爭之全勝。」聆此談話後，胡連長向車外步兵大聲喊：「胡璉將軍在我們戰車上，大家趕緊前進。」友軍受到激勵，端槍向前衝殺。午後三時許，戰三連通過西一點紅，攻擊南北山村莊北南地區，共軍傷亡慘重，殘敵千餘人投降。另一股共軍蝟集在北山斷崖下，戰車以平行斜角射擊，共軍無處逃竄，除部分跳海淹死或遭砲火擊斃外，共軍自知大勢已去，也全部投降，戰車戰鬥至此結束。

▶北山洋樓，戰時共軍指揮所，刻鏤了烽火的滄桑。

依周名琴的說法，胡璉是用陳振威營長車上的無線電通話，指示攻擊共軍在北山的指揮所，這所指揮所就是現在留供參觀的古洋樓，外牆用石灰砌成，所以呈白色。

伍、戰車大發神威

共軍以三團進攻金門，左翼二四四團在金門蜂腰、瓊林北岸登陸，依胡克華的戰史推論，共軍二四四團一登陸，就被戰一連摧毀，不是被殲就是被俘。

共軍進攻金門的總兵力將近九千人，一團三千人應算合理，胡克華說俘虜了二、三千人，這是目測的概數，另外還有在海中被擊斃的共軍，如此說來，共軍左翼一登陸就已瓦解。同時證明了當時西浦頭村幹事莊恭朝的說法，共軍二四四團在湖尾鄉港仔後登陸，陷入袋形陣地，失去了戰力。張榮強說，這是蔣介石的先機之勝。

戰一連五部戰車出戰，同一條路線、同一個連長領隊，卻有兩種不同的作戰版本。沐巨樑版沒有步戰協同，直接從瓊林經後沙到嚨口，胡克華卻先到了前盤山一一八師指揮所聽取命令，這一段路線差距滿遠的，方向也不同。由嚨口到觀音亭山，應以沐巨樑的說法比較可靠，但是胡克華

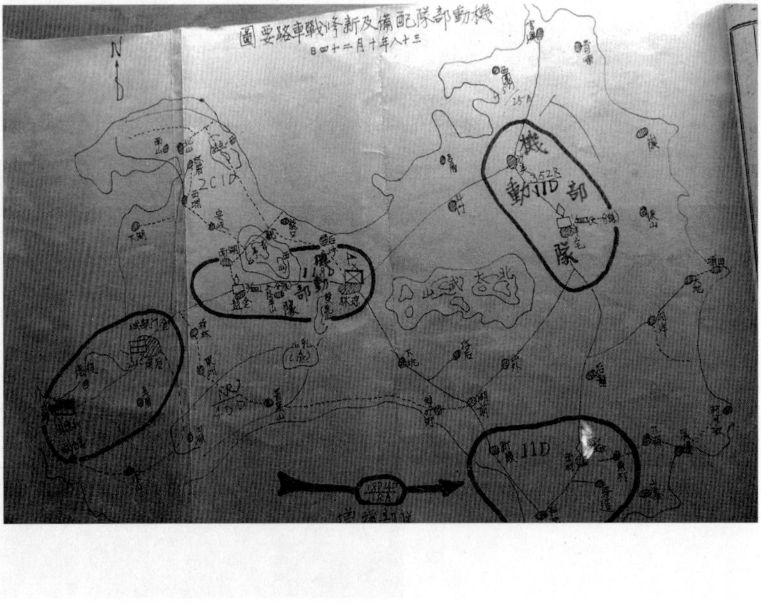

◀國軍機動部隊配合戰車打擊路線圖，主宰了戰場。

為什麼繞上這一段，令人不解。

儘管作戰初始路徑有些出入，但進攻觀音亭山的過程，兩人的描述可作為參證。沐巨樑說，敵人蜷伏在觀音亭山斜坡的戰壕裡，戰車面向海灘，只有砲塔上的槍砲打得到敵人，副駕駛室那挺火力強大的重機槍卻不能發揮作用，就命令駕駛左轉，面對敵人，並以無線電告知後車，剎時各車趕到，槍砲齊發，只見紙片、衣服、屍塊橫飛。猛打一陣過後，終因距敵太近，有些在槍砲死角無法殲滅，就命駕駛往左前方海灘駛過去，距海岸線四十公尺處有一圓形據點，分內外中三層壕溝。左邊一百到一百五十公尺凹處蝟集一堆敵人，車子慢速前進，調好角度，駕駛從潛望鏡往外一看，四周全是敵人，他以前沒打過仗，一時看傻了眼，腳鬆油門，又因打得激烈，槍砲耗電太多，戰車熄火。沐巨樑想向友軍求救，無線電也掛了，槍砲用手槍擊發，副發電機也發不動，車內燈全不亮，漆黑一片。

▲湖尾山上平陽，兩軍交戰激烈，右側的壕溝依稀可辨，不知埋葬多少亡魂。

沐巨樑推開塔頂門，想用旗語告知友軍，往四周一看，壕溝內全是敵人，一個個臉色發白，不知是害怕，還是發冷，只見他們衣褲全濕，粘滿泥沙，凍得直打哆嗦。沐巨樑以衝鋒槍指著共軍，大聲叫他們把槍放在戰車後鋼板上，並連聲催促：「快點，到後面吃早飯去。」共軍一個個把槍丟到車上，自動雙手抱頭，往瓊林方向小跑過去，這七、八十人，是戰一連金門戰役第一批俘虜。

後來檢視共軍槍枝，試拉槍機卻拉不下，查看之下，發現槍機滑槽塞滿了細沙，槍管內也有，連看數枝都是如此。至此，沐巨樑才領悟共軍不開槍的原因了。

父老說，那年國曆十月（農曆九月），天寒特早，氣候反常，村民都已經穿起毛衣了，共軍進攻金門，無形中增加了難度。

共軍船團搶灘，遭到國軍砲火猛烈轟擊，依常理判斷，應該是紛紛泅水上岸，隨身武器必定泡水；上岸匍匐前進，在海灘細砂中翻滾，槍管、槍機、彈匣等滑槽滲入細砂，經鹽水吸住，黑夜中看不見，又沒工具擦拭，很快凝結在一起，所以大部分槍枝成為廢物，沐巨樑說他在戰車鋼板敲打，都無法抖開。其次，共軍穿著厚重禦寒衣物，經海水打濕，又冷又重，加以天候寒冷，熬了六、七個小時，飢寒相煎，身體凍得發直，失去原有的戰鬥力了。

清晨七時左右，鄰近的敵人已殲滅殆盡，戰一連全部駛到沙灘，集中火力，第一次摧毀敵船，砲打過以後，再以機槍掃射。有些戰史說，飛機用汽油彈，火燒戰船，沐巨樑說，沒有這回事。

陳以惠說，二十五日晨奉令破壞船隻，交由第二營營長譚鑑光執行，他當時甚感棘手，因海灘距離村莊頗遠，無法找到引火之物。縱有引火之物，船隻濕淋淋的，也不易燃燒，如有汽油最好，但是到那裡去找汽油呢！譚營長經提報告，陳以惠也很為難，用斧頭去砍沒有斧頭，用鋸子去鋸沒有鋸子，沒有法子，只好派兵先把桅桿拔下，再用集束手榴彈炸毀。

▶共軍兵敗古寧頭，木帆船被焚燒、被炸射所留下的殘蹟。

沐巨樑說，不用這麼麻煩。戰車七點左右就用火砲，一艘一砲摧毀，好用的很，那時飛機根本還沒來，怎麼會火燒戰船呢？第一個不可能。陳以惠說派兵拆下桅桿，再用集束手榴彈炸燬，這是隨便說說。三百艘二桅、三桅的帆船，載重二、三十噸，桅桿有多少根？每根有多重？要派多少兵去處理呢？況且船上還有敵兵，用這種方式處理曠日廢時，第二個不可能。

沐巨樑說，那些船屁股平緩，與漁船屁股尖尖翹翹者不同，應是內河漕運船，運送糧食，木材、貨物。戰車下了海灘，應該先清理登陸的帆船，否則無異屁股燒一把火，因此一船一砲、兩砲，就把這些船解決了，那裡還等用鋸子鋸，用汽油燒。

這些船隻殘骸，二十八日以後，戰車部隊用車子載回去當柴火，一部分拖到夏墅港，後來成為興建山外新市的材料。

戰車初步摧毀敵船之後，看船上已無動靜，就在海灘來回搜索，這時發現共軍登陸後在一大片扇形斜坡陣地，臨時挖掘許多壕溝，寬一公尺半左右，深約一公尺，這片土地沙質鬆軟，挖掘不難，自海邊向觀音亭山稜線延伸，每條溝中擠滿敵軍。

這塊坡地，從下看是上仰，前高後低，共軍站在壕溝裡，從前面看不易看到，從後面看，暴露出半截身子，戰車在海灘向上一看，看得清清楚楚，見獵心喜。因此，各車均對正一條溝，槍砲齊發，從沙灘射向山稜，各車都用散彈。所謂散彈，就是鋼珠跟松香裝在一個鐵罐子裡，一顆散彈有一千七百～一千八百顆鋼珠，射出呈V字形散開，射距在五十至三百碼，這些共軍躲在斜度約十至十四、五度的壕溝內，既無處可逃，又無處可躲，在機砲與散彈像雨點般攻擊下，煙塵瀰漫，屍橫遍野，共軍無法承受，開始舉手投降，將槍放在身邊。

戰一連官兵自潛望鏡看清他們確是投降，但這些共軍約有一千餘人，國軍步兵又不見人影，光憑四部戰車，十六個乘員，怎能處理這麼多俘虜呢？想到雙堆集的屈辱，瞬間有一部戰車開打，各車就跟著開打，又射殺了六、七百人，五六分鐘後，敵人第二度投降，同樣被射殺。共軍挖掘的壕溝，反而成為自掘墳墓的萬人塚。

沐巨樑說，他參加過數十次戰役，從沒有看過像觀音亭山之役這麼慘的，想到射殺已降，數十年來不禁愴懷感慨。不久，敵兵又投降，這回不是先舉手，而是將武器丟出戰壕，拋得又高又遠，戰車連見那麼多人拋槍，不忍再殺。然而，共軍仍躲在戰壕裡，不敢露身。沐巨樑仿效車子拋錨時的作法，心戰喊話，勸告投降，始由被擄去的友軍帶頭出降，剎時共軍從數十條壕溝、據點湧出，戰車人員因有周國禎之鑑，不敢下車，只得高喊：「到後面吃饅頭去。」

二十三號車副駕駛蘇萬和在車內咒道：「吃饅頭！錘子吃不！老子們還是餓著肚子幹的。」沐巨樑轉向瓊林一望，看到友軍輕裝跑上來才安心，這些友軍接收俘虜，像趕鴨子一樣趕到瓊林，這時約早上八點半左右。

戰車無後顧之憂，向右行駛，逼近東一點紅附近防風草與壕溝，準備再殲敵軍，這些敵軍見到先前同伴的遭遇，先拋槍，然後跳出壕溝，雙手抱頭投降，這些又是近千敵兵。九時許，戰車火力範圍內的敵兵已肅清，槍枝滿地，屍橫遍野，襯托著滿地飛舞的人民幣，更顯淒涼。受訪湖尾村民說，共軍未踏入村中一步，二十五日上午九時之前基本上戰爭已結束了，殘部逃向安岐、古寧頭，所以古寧頭才會打那麼久，印證沐巨樑的說法，可以接榫。

經過三小時的戰鬥之後，戰場又恢復到六時前那種平靜，四顧無人，不見虎師豹師。

陸、血水染紅了沙灘

帆船經過第一次摧毀，沐巨樑放心不下，想再去看看。這些船船舷離沙灘約一公尺半左右，就將戰車駛近，由副駕駛蘇萬和持衝鋒槍跳到船上去看看，他只一張望，子彈掃向船艙，轉身急急跳回車上，直罵：「王八蛋，船裡還有十多個活著的哩！」

沐巨樑問在幹什麼？

蘇萬和說：「他們還在擦槍，看他們身上有血，好像受傷了。」

因此，展開第二次肅清行動。百餘艘木船，經查看約有近千敵人被擊斃，血水從船艙底部的彈孔流出，血流成河，染紅了沙灘，慘不忍睹。

隨後搜船，發現其中約三十餘艘大型帆船的船艙中，四壁都堆滿沙袋，直徑約二～三十公分，長約一公尺，可能是前鋒船，用意在於防彈。李志鵬說，發現共軍登陸船團，用機槍打了半個小時沒反應，可能就是碰到這種前鋒船。

這次搜索，搜到燙毛羊肉半邊、油炸花生米一桶、燒酒一大罈、衛生醫療器材箱一口、白米一大包、黃煙絲一包、日式三八刺刀二十餘把、無門砲管一尊及中式、美式、俄式槍械一批。

沐巨樑說，自六時許，光憑著五部戰車與敵搏鬥，不但沒有步兵協助，反而祇看到被敵脅迫的國軍與敵人並肩對著戰車攻擊。到了十點，仍不見步兵來占領陣地，只遠遠看到瓊林那一邊一大片人潮，正在處理戰車部隊繳械後趕過去的俘虜。對於古寧頭戰役友軍的文章連篇累牘，都說敵俘是他們如何英勇所俘，沐巨樑頗爲憤慨。

時近十一點，步兵既不來，戰車彈藥所剩無幾，油料也快燒光了，而且二十幾小時滴水未進，祇好丟下陣地返防整補。

胡克華的說法大致相當，當他率車經過雙乳山交叉路口時，第十八師師長尹俊和戰車營營長陳振威攔車相迎。胡克華跳下車，只見尹俊一手拿雞腿，一手端碗酒，往他嘴邊送：「克華，來喝碗酒、吃支雞腿，今天你打得太好了，眞勇敢！對你勇敢果決的指揮，我非常滿意。」

胡克華說：「我不會喝酒，我就吃這支雞腿好了。」

「喝一點、喝一點，這是慶功酒呀！」尹俊硬要他喝。

胡克華拗不過，只好喝一口，便拿著雞腿啃起來。

「克華，」尹俊又說，「在臺灣我就聽說你很勇敢善戰，今天眞是名不虛傳，怪不得你老團長緯國將軍要派你來金門。」

胡克華謝過尹俊的誇獎，就帶著部隊回沙美駐地去了。

戰一連在觀音亭山攻擊的時候，戰三連馳援安岐，解三五三團團部之圍。周名琴率戰車兩排到安岐村郊，共軍皆隱藏於矮林草叢之間，經戰車威力搜索，初有

三、五人伸頭探視，瞬即消失，戰車即開火射擊，共軍紛紛跑出草叢，奔向海灘，由二、三十人增加到三、四百人，不死即俘。全連乘勝展開追擊，以連橫隊向北端海灘挺進，利用火力與速度，交互躍進，直逼海灘攻擊掩體，共軍傷亡慘重。

周名琴在車內見到數名共軍，倒在地上左右揮手，示意求饒，就乘機開啓車門，冒險伸頭大聲疾呼：「把武器放下，人到掩體前面集合，大家都是黃帝子孫，我們馬上停止射擊。」頃刻間投降約有四、五百人，步兵接著趕到，將俘虜帶走。

柒、搜索敵蹤

二十六日下午的戰況，沐巨樑也有他自己的說法。下午將近四時，戰一連攻到觀音亭山以西，胡連長在無線電中命令他催促步兵趕快上去。胡連長說，天色將晚了，陣地中敵人早已打光，結果到現在爲什麼還不見步兵行動。

對連長的呵責，沐巨樑有一些委屈，但是在直屬長官面前，他又不便將步兵指揮官與團長之間的通話內容轉告。事隔六十年，他還清晰記得這一段：

指揮官：「X團長嗎！他們戰車說，前面陣地內已經沒有敵人了，你看……是不是可以向前推進一點了！」（哀求著）

X團長：「不行呀！我這裡槍砲聲密集得很，打得正激烈呢！」（頂回去）

指揮官：「哦！哦哦！你看嘛……如有辦法就前進一點。」（自找下臺階）

沐巨樑說，戰車早在數小時之前，蔣經國在攻擊發起線慰問官兵之時，就已打到敵陣去了，戰車乘員掃蕩過戰場，已經開門透氣，抽菸伸腿去了，而在戰車後面幾百公尺以外隱藏的步兵，還說他們那裡打得多麼激烈，指揮官也沒有查證。

沐巨樑認為，一聽到槍聲就認為打到他們那裡，戰場上那裡沒有槍聲；其次，這種口吻，似乎不相信戰車部隊，好像誘他們去送死。沐巨樑自忖，如果把上情告訴連長，連長身攖鋒鏑，拔除障礙，聽到了這種話一定生氣，影響情緒，因此，他不敢說，夾在當中只有乾著急。

步兵經戰車部隊再三請求都未跟上去。素有轟炸機之稱的陳振威營長氣不過，因此決定親身到陣地中去一探究竟，前廈門要塞司令胡克先將軍陪同。沐巨樑命副駕駛及射手下車，胡克先坐副駕駛室，陳振威坐車長位，沐巨樑坐在射手的位置，車朝湖南、安岐方向的小路過去，大約行至東堡附近，忽見攻到觀音亭山西邊的戰車連，槍砲齊發，射向稜線草叢，只見草叢許多人翻滾狂奔，有的跑向海灘，無線電也傳呼要右邊車堵住，不要讓他們跑掉。沐巨樑停車，忽見右後方有一步兵拖著一塊紅色陸空聯絡布板，快速向沐巨樑跑過來，邊跑邊叫：「打錯啦，那是我們的人。」沐巨樑趕快用無線電呼叫各車：「不要打，那是我們的人。」

各車立時停止射擊。沐巨樑沒問求救的班長那個單位，只是很痛心而又生氣的問他：「你們為什麼戴那種帽子？」他傻在那裡，叫他回去吧，他才拖著布板回去。這一幕胡克先與陳振威親眼目睹。

這次誤擊，沐巨樑歸咎於他們奇裝，頭戴長舌鴨嘴帽所引起，這種便帽帽沿特別長，用根線吊在帽頂，走起來一揹一揹的，標新立異。戰鬥前沒有協同，戰鬥中沒有聯絡，挨打時沒有手勢，只顧亂跑，種種原因造成那次不幸。事後尹俊親口向沐巨樑說：「你們戰車真厲害，三分鐘，把我一個警衛營打得只剩幾十人……」

尹俊在國防部的戰史中曾有檢討，他說：

我警衛營之所以傷亡如此之大，固由於地形平坦開闊過於暴露，以血肉之軀，破匪堅固之碉堡；而另一原因，則為我軍服裝土黃色與匪相似，在暮色蒼茫中，為我戰車所誤傷者不少。由此可知在戰鬥中步戰協同之重要矣。

三五三團三營營長耿將華說：

副營長陳士彥是個沒出息的人，他不但沒有發揮軍事所長，反而出些餿主意，天明後（二十五日）傷亡很重，他還建議將部隊向後撤。不說新兵了，就是有訓練的隊伍，攻擊時也只能前進，向後一撤，非散掉不可。十八師的攻擊到達時，他看見十八師戴著帽沿長長的帽子，他說是敵人，就趕快將自己的青天白日的帽花拿下，我瞪著眼看他，還是劉長能用手肘拐他一下，他才慚愧的安靜下來……

十八師的奇異帽子，在當年確曾讓友軍摸不著頭腦，不只是戰車部隊而已。沐巨樑說，十八師遭誤擊在海灘亂跑，後來戰史所載及古寧頭大捷影片所演的「在海灘來回奔跑」的人，卻變成了敵軍。

戰車再深入攻擊，到達安岐之線已是黃昏，看不清目標。這時胡克華連長已帶領戰車返回瓊林，所攻下的地區，跟昨天一樣，沒有步兵來佔領。陳振威對沐巨樑說：「我們再往前去看看」，此時只聽到一、兩聲冷槍。

車行到湖南以西與安岐、一三二高地之間的凹坎時，天已大黑了，不見步兵隻影。此時突然從林厝、浦頭等方向射來密集機槍子彈，營長一聽槍聲，擔心孤軍獨入敵陣，命沐巨樑趕快開走，沐顧慮農地裡的沙井，怕陷車，沒有立即依命行動，遂叫張桂林裝上前燈再走，那知裝上前燈，一開燈就短路。副駕駛那邊又坐著胡司令，不便工作也不便檢查，敵陣機槍又一陣一陣射來，陳振威一時火冒三丈，削了沐巨樑一頓。沐巨樑順手將砲塔內的探照燈拔下，對他說：「營長，我去開，你拿著照路，不要太近，照七、八十公尺處」，他接過探照燈說：「也好，我們快走！」沐巨樑把駕駛喚出來，由他駕駛。

車到瓊林後，黑夜中仍有許多長官在焦急的等待，見胡司令與陳營長平安歸來後，一致鼓掌歡呼，互道辛苦。沐巨樑此時檢視前燈，發現副駕駛室那邊的插座內掉進一顆彈殼，才造成短路。

沐巨樑說，從嚨口、西山起至安岐、浦頭以東，半天跑下來不見敵俘，天氣跟昨天一樣，風和日麗，晴空萬里。瓊林一帶，從蔣經國到時迄陳振威回來之間十餘小時，也未見敵砲射來，跟步兵說法有些不同。

捌、古寧頭掃蕩戰

二十七日早上，戰三連自安岐以西攻向林厝、浦頭，戰況與昨天大致相當，頑敵人數雖不多，但誓死抵抗。約十二時左右，已將頑敵壓迫到南北山地區，其他各線已無戰事了。

下午戰一連全部出動，於十二時半左右從林厝西北邊，沿海岸線繞至古寧頭西邊向東南方向進攻，與戰三連向南北山向西北進攻形成兩面夾擊（戰三連返防時間不詳），仍無步兵協助，但在古寧頭西邊那道扇形陡壁下，卻有許多步兵躲在那裡。

戰一連第二排在右，連長車及第三排在中間，第一排在左，成反楔隊向古寧頭村內的殘敵進攻，敵人藉牆角及菜園矮牆頑強抵抗。由於村中道路狹小，巷道縱橫，戰車沒有步兵協助，不敢輕易進入，只有耐心的等待，與敵人磨菇。

國防部出版的戰史，周書庠說他早晨陪同李良榮司令官視察戰場，七時許抵達古寧頭，正值部隊清掃戰場，楊書田也在古寧頭廣場清點俘虜。周書庠說，所經之處，滿目瘡痍，傷亡遍野，悽慘景象，驚心駭目。

然而，戰車部隊卻說中午還在進攻古寧頭，沒有步兵協助，不敢進村莊血拚，時間與作戰情況何以相去這麼遠？周書庠的記載，戰事早上七時就已結束了，他親自陪同李良榮到古寧頭，六時吃早餐，七時到達，難道會記錯嗎？

沐巨樑白紙黑字，鉅細靡遺記載作戰經過，爲的就是存眞，他說中午十二時半還在東攻、西攻，南北夾擊呢？他的戰爭還沒結束呢！請聽他繼續說。

由於槍聲沉寂，戰車自然而然失去戒心，向古寧頭慢慢接近，忽然從村落中射出火箭砲，飛向沐巨樑的二十二號車子，在車前八、九公尺處失力墜地，繼續向前翻滾了幾下，在車前四、五公尺處止住。沐巨樑說，這是金門戰役三天來第一次出現的戰防武器，鄰車二十三號發現，急急相告。沐巨樑自認在雙堆集已多所領教，除命駕駛注意，並搜索發射處，發現火箭砲架在古寧頭村中那棟國民學校教室的二樓，砲口伸出窗外，居高臨下對戰車射擊。沐巨樑認爲這棟房子白牆紅瓦，是古寧頭村中最高、最漂亮的房子。

火箭筒射程三百五十碼，戰車射程三百七十～三百八十碼，沐巨樑見火箭筒打不到，故意裝著若無其事，把砲塔轉向小金門，以解除敵人戒心，但潛望鏡卻死盯活盯著。沐巨樑騙到七、八發之後，時近下午四時，不耐久等，就以機槍鎖定，隨即用火砲把他解決了。

這幾顆火箭砲是金門戰役第一次出現，也是最後一次出現。這時古寧頭村裡殘敵有限。四點半左右聽不到反擊槍聲，也看不到敵兵蹤影，戰車極目所及也不見步兵影子，沐巨樑報告連長，請步兵來佔領村莊，胡連長就派第三排一部戰車到處找步兵。後來在西邊那道陡壁下的沙灘見到許多步兵躺在那裡曬太陽，說馬上來。沐巨樑說，這些躺在沙灘曬太陽的步兵，與國防部戰史中所寫「殘匪近千麕集於古寧頭西北角海岸懸崖下作困獸鬥，經圍攻喊話後，集體投降。」情節酷似同一夥。等到下午四時四十分左右，還是不見步兵蹤影，接收機傳來連長帶怒的語音：「發動，跟我回去！」戰一連回到沙美，摸黑吞下兩碗地瓜葉煮湯泡糙米飯，算是晚餐，剛用完餐，值星官宣布：友軍電話告知，他們已平安進入古寧頭，殘敵肅清。金門大捷過程至此全部結束。

二十八日晨，戰一連清掃戰場，沐巨樑特地到那間教室樓上查看，只見十餘處戰車高爆彈爆炸後的痕跡，樓板血跡斑斑，兩根火箭筒已稀爛，火箭彈紙筒十幾只，樓下也有二、三十只，未見傷亡。回營時沐巨樑從講桌內「順手」帶回一個小木魚及一口磬，一路敲著，好像為亡敵唸經。

金門開放觀光之後，有一年臺中港有一支旅行團到戰時共軍指揮部古洋樓參觀，其中兩個玄天上帝的乩童當場起乩，古寧頭村民趕緊請到廟宇叩問，乩童說古洋樓當年死亡太多，陰氣太重，必須為亡靈作法會。

這一支旅行團回臺之後，後來果然出錢出力組團到金門，船在料羅灣登陸，古寧頭人親迎法駕，作醮三天，大燒紙錢超渡。

23 老百姓支援作戰

生命的基本價值，是馬蹄下的幾莖枯草；
百姓的生存權利，是漩渦邊的幾個泡沫。
〈關於善良〉余秋雨

李海詳，古寧頭南山人，二十四歲時，以生命賭四兩黃金，代人入伍從軍。他參加了遼瀋大戰、平津會戰，國共鬥爭三大戰役，他就參加了兩次。老兵不死，英雄無名。一九四九年六月返鄉，馬上又碰到驚天動地的古寧頭大戰，他是保長對軍中的聯絡人，負責跟軍隊溝通、協調。

二十五日凌晨，砲聲一響，青年軍第八連從南山洋樓轉進，壯丁牽騾馬馱子彈，保丁李海詳領路。到了東鰭尾（現在慈湖三角堡附近），天已濛濛亮了，海水雖已大部退潮，但港中河流仍然勁急，青年軍要冒險橫渡，李海詳深知水性，他從小在新加坡長大，善於泅水，認爲危險，極力勸阻，但第四排排長偏不信邪，就率先下水測試，不及半渡就被激流捲走，青年軍此時才聽從李海詳的話，繞道到了湖下。

壯丁跟隨青年軍轉進，李清泉牽馬到了烏沙岑頭（地名）就撒手開溜，李炎棕等多人到了湖下，就直驅金門城；然而第十四甲甲長張水波，不知何故，趁黑夜要返回南山，被射殺在沙尾頭。

不同的選擇，構成不同的命運。李清泉，當時正值三十二歲的壯年，親歷戰爭，九死一生。他，跟其他同伴隱伏在南山山頭，天已經透亮了，他們一夥人躲在山溝裡，觀看國共雙方在沙崗酣戰。國軍三部戰車，呈三角形，擺在林厝村前，共軍攻浦頭山不下，國軍反攻，共軍敗退，飛機飛臨掃射助戰，頓時硝煙瀰漫，看不見林厝一片屋角。「中國人打中國人，中國人殺中國人，實在太精彩了，比看電影還過癮」，李石地說：「花一萬塊錢都看不到這種場面。」

李清泉觀戰，共軍佔據了林厝墩的碉堡，他說：「蟋蟀挖洞給土猴住」，這些工事，國軍要門板、要構工，都由村民一力承擔，現在沒有守住，國軍反攻又屢攻不

▲南山村民李清泉身中三槍，幾乎掛掉了。

下，白白便宜了共軍。

當他們看得出神的時候，一枚砲彈就落在附近，戰事更加猛烈，他們爲了安全著想，就決定離開，順著山溝，摸著山壁，一路往回家的路走。回家的路，也是危險的路。

李清泉回到了「死人窟」（地名），一邊是共軍，一邊是國軍，他那時迷迷糊糊，根本搞不清楚，起身要跑回家。青年軍號兵李麒麟一直喊「臥倒！臥倒！」李清泉回過了神，發現國軍、共軍對峙，正在交火，他馬上左手著地臥倒，共軍的加拿大衝鋒槍「噠，噠，噠」三發子彈就射了過來，一發射中左耳耳緣，一發中左手手臂，一發從肩井穿入，子彈到了左肋。

李清泉大難不死，在山上把血止住了。他父親在家裡一直掛念，兒子出去這麼久了，怎麼一點消息都沒有，因此打開門探望。此時海軍艦砲從水頭打到古寧頭，一發落在他家的巷子，砲彈爆炸把門板掀落，他父親倒在另一側，逃過了一劫，但是雙耳從此耳聾。

李清泉回到了家，他父親以民俗療法，燒了鐵鏽水讓他喝，要他去瘀消炎，一喝不得了，開始大失血，落得氣息奄奄，神昏目瞶，不醒人事。

還好戰爭結束得早。姜振良，廈門人，與李海詳同是穿過老虎皮的人，兩人偕同去找營長開了一張路條，由四名村民抬到了東坑野戰醫院，醫院設在大埕，傷兵抬進來，死的抬出去，混亂得不得了，醫護人員只幫他消毒，就沒做處理。他父親認爲這樣子下去不是辦法，總不能等死，就跑去找李逢時，李逢時做過珠浦鎮長，他父親在共軍第一天砲打北山時受傷，李逢時就幫忙介紹到水頭軍醫院。

李清泉到了水頭，醫護人員善加診視，但是他穿民服，後來被誤歸類到船工，跟大陸船工同一房，此時來了一批共軍傷兵，看到護士正在爲李清泉清理傷口，就喊「打！打！打！」護士嚇跑了，再也沒回來。

李清泉發現這些軍隊頭戴五星帽，下寫八一，才恍然大悟，這就是共軍，在戰場時他根本搞不清楚。那麼，把帽子反戴的那些應該就是國軍了。

二度求醫不成，傷口發炎，整個左手臂腫得像大力水手，怎麼辦呢？值此兵荒馬亂，人命賤如螻蟻，碰上了只有自認倒楣，但是每一個人都有求生的權利，即使是泡沫，也要像個泡沫吧！

李清泉又被抬了回來，到了金城東門灰窯，正值在查戶口，進不了城，就停在一家屋簷下。他父親的外甥，也是他的表親，都已下南洋去了，後輩久已失聯，但是內眷還在。他父親就自言自語：「不知

▲南山村民李炎陽漏夜運子彈，險些沒命。

外甥住在那一家？」一個婦人問：「你外甥什麼名字，外甥媳叫什麼名字？」一說出來，原來就是她，雙方認了親，移到屋內，透過關係，請了醫師來治療。

醫師一看，就建議到陳坑軍醫院。李清泉屢次不得要領，有些遲疑，那位軍醫說，現在戰爭結束已經十幾天，情況穩定了，應該比較好。李清泉遵從醫囑，到了陳坑軍醫院，左手臂要不是他堅持開刀，可能已被鋸掉了。

南山李炎陽說，晚上十一點多共軍登陸，阿兵哥就牽來了一匹馬，還有馱架，馱了三箱子彈，要李炎陽牽馬，晚上黑漆漆的，風又很強，排長持槍押著，一路摸黑上山。

李炎陽說，普通話他不會說，而排長又聽不懂閩南語，問排長要去那裡？排長只說「碉堡」，然而山上碉堡那麼多，到底要去那一個碉堡呢？問他是不是要到連部的「路應溝」，排長不知甚麼是「路應溝」，兩人雞同鴨講。

李炎陽在山上繞圈子，夜黑風高，此刻遙望沙崗只見一片火海，戰況十分猛烈；過不了多久，他碰到八路軍，突然開火，他一手抓緊籠頭，防止馬兒驚竄；但是一槍中馬，李炎陽放掉轠繩，趕緊滾落地瓜田，一路翻滾逃避，排長找不到人，在那兒大呼小叫。

李炎陽躲在枯井裡，鑽進墓坑裡，不吃不喝三晝夜；第三天聽說八路軍被國軍消滅了才回家。妻子莊翠，現年八十四歲，看到丈夫一夜沒回家，不知懼怕，天一亮就到洋樓找人，然而找不到，軍隊要開槍，一個村民趕緊制止。

安岐吳煥彩、吳五全堂兄弟與吳漳梨、吳家老等四人，二十五日凌晨，被青年軍叫去馱子彈，牽著騾馬每隻馱了六箱，暗夜摸黑上路，走在地瓜田上，運到鄰近

▲吳五全，安岐人，當年被拉去送子彈，臉頰中彈，整排門牙打落，傷疤依舊在。

海邊的後田（地名）的大碉堡，子彈咻咻的亂響，共軍已經登陸了，吳五全與吳漳梨中彈，吳煥彩與吳家老逃過一劫，然而騾馬都中彈死亡。

吳煥彩當年二十四歲，躲在山上，只見國軍手臂纏著白布，共軍纏著紅布，看到人影就打。二十五日天一亮，戰車從嚨口、湖尾向安岐一路掃蕩過來，空中有飛機炸射，他躲到晚上才回家。四人運子彈，他如今碩果僅存。

吳五全十年前親身接受訪談，對當時的狀況描述甚詳，他說四人一走出村口，發現共軍已在衝鋒，子彈咻、咻的亂飛。一個二十一歲的農村青年，參與了歷史性的戰役，此去是吉是兇，他沒有辦法想，也沒有能力想。命運，掌握在別人的手中；韁繩，握在他自己手上，眼前這匹馬，是他唯一的家當，農人沒有馬，就像沒有腳一樣。

子彈運到了大碉堡，卸了下來，馬匹就中彈倒地死了，他想，死就死吧！只要人平安就好。等到二十五日近午時分，槍聲已經漸歇，戰事似乎已經緩和了，吳五全想要回家，但是一顆子彈不長眼睛，飛了過來，他中彈了，子彈貫穿臉頰，把整排門牙打掉。下午四時左右，他跟吳漳梨躲在碉堡門口，他的嘴在流血，心在泣痛，但是戰爭正在猛烈的進行，他怎麼回去？何況也沒有人叫他回去，他不敢。兩個人躲在碉堡的門口，等待死神的召喚，此時他突然發現吳漳梨在呻吟，腳抖了兩下，側身一看，吳漳梨腹部衣服濕了一片，吳五全判斷應是打中腹部，他沒有查看。兩個受傷的人，躲在碉堡門口，躲到很晚了，沒有手錶不知幾點，躲到身體有一點冷了，大概夜已深了，吳漳梨爬著進碉堡避寒，吳五全跟著進去。他說，要不是吳漳梨進去，他不敢進去。

國軍看到他們兩人受傷，吳五全還能走，就要他回去。可是這麼晚了，外面戰爭還在進行，口令他也不知道，他答不出來，會被一槍射殺，他不敢，他怕，他寧願留在碉堡裡，但是軍方一直趕他，逼他走。

沒有辦法，走，就走吧，留下吳漳梨一個人在碉堡裡。兩人同村同宗，就這樣走也有一點不捨，然而戰亂時代，誰也沒能力照顧誰，何況事情也不見得會落得那麼壞。他趁著深夜返家，這一片土地他平日雖然熟悉，但是現在卻有一點慌亂。他一腳高一腳低，突然天空中升起一顆照明彈，他趕緊臥倒，利用餘光辨明了方向，僥倖回到了家裡。

吳五全回到家，不能吃，只能喝牛奶與開水，村民都已經跑光了，醫生平日都沒有，何況是現在。傷口發炎了，他耐著痛，肚子餓了，他忍著飢，空村無語，面對憂愁的老父，父子兩人，忍了十天。那時開始大拆房子，那是勝利的代價。

吳五全到後浦就醫了一個月，傷口沒有用針縫，因此兩頰有點凹陷，講話有些不清，可是命卻保住了；這是他青春的一段慘痛記憶，刻骨銘心，說起來是不幸中的大幸。比起他的難友吳漳梨，他的運氣還算不錯的。

吳漳梨沒有再回來過，也許流血過多死了。吳五全說，那天下午如果送醫，應該不會死，但是吳漳梨撐到流乾最後一滴血。他的屍體戰後也不見了，也許隨著那些陣亡的兵士，被草草掩埋了，這事不能想。

金門的「萬軍主公廟」（鎮公將軍廟）就是紀念他的，俎豆馨香，英靈永昭。

十年前，政府賠償了吳漳梨家屬一百五十萬元，爲了國家，屍骨無存，也許太廉價了。但是金門無人，吳五全受傷，從一九九七年爭取補償，時間過去一年五個月，一直沒有下文，他說，他不識字，他說，他沒人事，但是，他希望還給他一個公道。臺灣二二八受難者，一個人賠償六百萬元，金門人爲國捐軀，只值一百五十萬元，這是政治上多數的霸權。

一九九九年四月，吳五全列爲作戰二等殘，獲得三十一萬八千九百元撫慰金，但是，古寧頭戰役的慘痛記憶，卻難以用金錢輕輕的抹去。

十六歲，湖尾中堡的楊金墩就幫國軍運子彈，戰前有一天他牽騾上山，被國軍發現了，就抓他到料羅灣運子彈到埔下。楊金墩聽別人轉述：當晚有一村民走東一點紅的暗路運子彈到海邊，共軍發現了就說，要打仗了還不趕快逃，他一閃身躲進旁邊空墓坑，隨即槍聲大作，逃過一劫。另外有人運子彈到觀音亭山指揮部，只見國軍與共軍在拚刺刀，展開肉搏戰。

翁扶粹，湖尾東堡人，一九一六年生，他說戰前青年軍就獲知消息，說三天後共軍要來打金門，要求翁扶粹把家後的矮溝挖洞讓小孩子躲，他不信，還問：「你怎麼知道？」溪邊田地種了一些蔬菜，輸送連的班長勸他趕快拔回去，否則共軍來了甚麼都沒有，翁也不信。
翁扶粹洞不挖，青年軍幫他挖，過了三天眞的大戰爆發了。中堡輸送連的駐赤土頭（現稱東一點紅），清晨三、四點連長中槍，打電話回來，要求派人去抬回救治。翁扶粹說阿兵哥不知地形，不敢去，他就自己討份——自動前往；衛生連長說危險，翁說沒有關係，就跟「顯啊」、「車水」以及「允啊」四人前往，由一位班長帶隊。其他三人都已作苦。
翁扶粹帶路，往低窪的溝道前進，夜間射擊，只見子彈花紅柳綠，從頭頂咻、咻、咻的飛過去；迫擊砲落地，沙子飛揚，灑落到衣服還是滾燙的，到了赤土頭頂，國軍已撤光，陣地被共軍佔領，再沿路回去；他說十九軍剛從大陸撤退到新頭，滿山遍野都是軍人，好像孑孓，沒有口令，走不到十步就會被開槍打死。
他說幸虧帶了擔架，雖不知口令，但軍隊一看就知道是老百姓，不敢隨便開槍。天亮之時，壠口打電話來，說一位排長中彈，翁扶粹等四人又去扛傷兵，他說這時戰火才猛烈，機關槍嗒嗒嗒的射擊，當到達觀音亭山之際，只見國共兩軍拚刺刀在廝殺。他回憶說，當時不怕，過後三天吃不下飯。
他說，起初兩人扛著擔架爬行，後來變一個人拖著擔架爬行，爬到壠口過西勢一條溝，爬行至堀底，只見抓了一堆共軍在那裡。
翁扶粹抬了受傷的排長，從後沙溝、後半山、西山及湖尾溝回來，多走了許多路，走得滿頭大汗，把排長抬到衛生連包紮，然後送到半山師部。

2

4

國軍一戰轉乾坤

寒煙漠漠陣雲橫，此地曾經動刀兵。
海上國殤千古壯，時時可作怒濤聲。
〈古寧回春絕句〉范叔寒 經略為改易

▲蔣介石在戰後，巡視古寧頭海灘，指點江山。

一九四九年十月二十七日
兩萬犯匪無一生還
金門國軍大捷
俘匪四千擊斃投海近萬
扭轉戰局將從此役起

大陸失守，黃埔軍系遭遇到建軍以來空前的挫敗與羞辱，終於在古寧頭止潰止散，穩住了陣腳，避免了投海的命運。

二十七日，東南行政長官陳誠到古寧頭戰場巡視，慰問官兵，其後舉行了檢討會，肯定了這次戰役決定性的影響。

壹、金門作戰檢討會二十二兵團司令官李良榮致詞

此次金門保衛戰勝利因素：

一、戰鬥前對匪攻擊金門之情報確實，主任湯對匪登陸地點判斷正確，能夠予以適當的措施，制勝敵人。

二、友軍協同很好，不分彼此，加入戰場，使有足夠之兵力，發揮更大的效用。

三、十八軍軍長指揮有方。

四、戰車力量大，動作迅速，也是致勝因素。

但這次勝利，僅為以後勝利之開端，須要打百次勝仗之中之首次，尚有待我們繼續研討與努力。

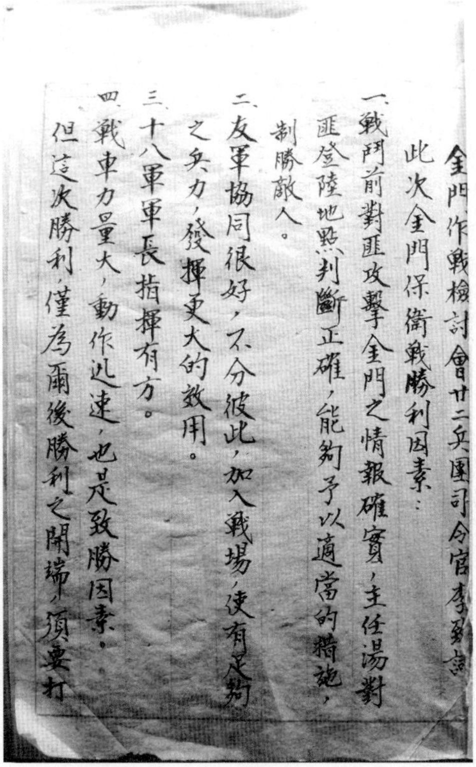
金門作戰檢討會廿二兵團司令官李良榮致詞

此次金門保衛戰勝利因素：

一、戰鬥前對匪攻擊金門之情報確實，主任湯對匪登陸地點判斷正確，能夠予以適當的措施，制勝敵人。

二、友軍協同很好，不分彼此，加入戰場，使有足夠之兵力，發揮更大的效用。

三、十八軍軍長指揮有方。

四、戰車力量大，動作迅速，也是致勝因素。

但這次勝利，僅為爾後勝利之開端，須要打

▲李良榮將軍的致詞大而化之。

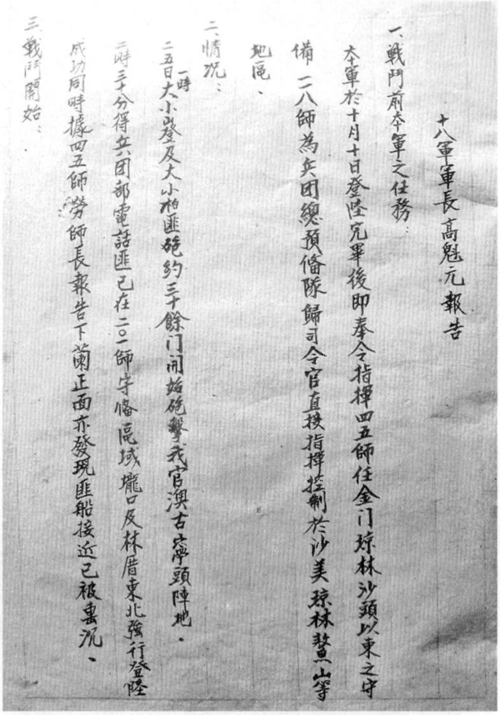
十八軍軍長高魁元報告
一、戰鬥前本軍之任務：
本軍於十月十日登陸完畢後即奉令指揮四五師任金门琼林沙頭以東之守
備 一一八師為兵团總預備隊歸司令官直接指揮控制於沙美 琼林 鰲山等
地區、
二、情況：
一時
二五日大小嶝及大小柏匪砲約三十餘门開始砲擊我官澳古寧頭陣地。
二時三十分得兵团部電話匪已在二○一師守備區域壠口及林厝東北強行登陸
成功同時據四五師勞師長報告下蘭正面亦發現匪船接近已被盡沉、
三、戰鬥開始：

▲高魁元將軍在戰後的檢討報告真跡。

貳、古寧頭戰役十八軍軍長高魁元報告

戰鬥前本軍之任務：

本軍於十月十日登陸完畢後，即奉令指揮四五師任金門瓊林沙頭以東之守備，一一八師為兵團總預備隊，歸司令官直接指揮，控制於沙美、瓊林、鰲山等地區。

一、情況：

二五日一時，大小嶝及大小伯匪砲約三十餘門，開始轟擊我官澳、古寧頭陣地。

二時三十分得兵團部電話，匪已在二〇一師守備區域壟（嚨）口及林厝東北強行

登陸成功，同時據四五師勞師長報告，下蘭正面亦發現匪船接近，已被擊沉。

二、戰鬥開始：

旋奉兵團司令官李電話命令：以一一八師配屬戰車營，迅即攻擊登陸來犯之匪，另以集結於金門以南之十四師（欠未登陸之一團），由金門向北堵匪之南竄，一一八師開始行動後，為顧慮爾後情況之轉變，乃將原控制於太武山東側之三十一團向洋宅（陽翟）推進待命。

三時復奉兵團司令官命令，本島反攻部隊統歸高軍長指揮，奉令後，乃率必要人員至瓊林，利用一一八師通信設施設立指揮所，并命十八師五二團及十一師之三十一團，迅速向瓊林集結待命。

三時三十分，一一八師進抵后半山以北之西山及湖南附近，即發現匪向我阻止射擊，經驅逐後揮師攻擊觀音亭山湖尾鄉等處之匪，時拂曉該師即攻擊觀音亭山湖尾鄉及安岐南部等要點，殲匪甚眾，生俘一千三百名，當即俘供第一批度（渡）海來犯者為二十八、二十九兩軍，所選編之四個突擊團後續部隊，尚待第一批渡海船隻開返接運，知壠（？）只有匪數百，同時十四師亦已進抵西南一三二高地與匪發生戰鬥。

八時三十分以（已）到達瓊林之十八師五十二團及十一師之三十一團，統歸尹師長指揮，攻殲壠（嚨）口之匪，後續經觀音亭山北側進出，以（於）古寧頭以北海岸，破壞匪船，阻止匪後續部隊之增援，於九時許，該師已即將壠（嚨）口之匪全部殲滅，續向安岐東北海岸之匪攻擊，至十一時二十分，十八師在安岐東北海岸，向匪佔領之碉堡逐堡進攻，同時一一八師及十四師及戰車營分向安岐浦之線展開最猛烈之攻擊，匪利用我前計設之碉堡及村莊堅固建築物作頑強之抵抗，至未末十八師在安岐東北攻佔匪堡六座，一一八師攻佔安岐及埔（浦）頭東半部，十四師攻佔浦頭西半部亙海邊之線，戰車營官兵英勇活躍，全線共俘匪兩千餘，戰鬥之急（激）烈，實屬罕見，致官兵傷亡數目頗感驚人。申食，（十）八師官兵勇英（英勇）無敵，攻佔古寧頭東北海岸，一一八師鑽牆肉搏，攻佔林厝，十四師四十二團團長李先（光）前在匪猛烈火網下，親自督隊向古寧頭南部突擊，壯烈成仁，共又俘匪千餘。

十時許以十八師配合戰車營猛攻安岐埔（浦）頭之匪，我攻擊部隊因使用上逐次增加，及匪竄逃無定，建制較形混亂，掌握困難，而參加戰鬥之官兵傷亡極重，晝夜□（枵，筆者所加）腹作戰，精力疲憊，攻擊精神陷於倦態，為觀察全盤情況，三數小時內無法結束戰鬥，而東半部亦不無顧慮，為顧及全島大局，乃荐（建）議以十四師在壠（嚨）口觀音亭山安岐埔（浦）頭之線佈防，以一一八師派有力之一團於林厝以北與匪夜戰鬥，其餘暫進駐盤山瓊林整頓隊勢，準備次日攻擊，當即獲得兵團司令官李允准施行。

二十五日夜半以後，匪以少數船隻分組偷海（渡）增援約一個團：師之一團於湖下以北利用潮退□（跨）海向古寧頭以西之南山坡邊匪攻擊，協力一一八師之戰鬥。

古寧頭之匪多係殘餘幹部之蝟集，戰鬥紀律及戰志甚為堅強，乃依據堅強水泥工事及北山南堅固之水泥、獨立房屋，決死頑抗，攻擊至為困難，我官兵鑽鑿穴逐屋殲匪，浴血肉搏，英勇異常，直戰至是日二十四時始將古寧頭之匪全部殲滅，共俘匪官兵兩千餘，金門殲滅戰隨告結束，次日清掃戰場。

全戰後計俘匪五千八百餘，殲斃三千餘，穫（獲）大小砲計六十四門，輕重機槍一九八挺，沖（衝）鋒槍步槍卡柄等一二四七支及其他戰力（利）品甚□（夥）。

我陣亡官兵六九六員名（筆者臆斷，此處數字應有錯誤），傷一七二四員名。

一、檢討會議應多檢討過先設可得到血的教訓。（此處語意不明）

二、守備部隊對堅固碉堡不可輕易放棄，致使反攻部隊犧牲過大。

三、樹立戰鬥紀律，達到賞罰嚴明，確立受命不辱，受賞無愧之真精神。

（標點符號為筆者所加，括弧內的字為臆改）

一九四九年十一月八日

洪友蘭啣命來台

面謁總裁促駕

總裁週內赴渝合力共挽危局

參、東南行政長官陳誠對金門作戰檢討會訓詞

此次金門大捷，殲匪萬餘，造成東南軍事勝利的開端，給國人一個失敗心理的改變，總裁聞悉，異常高興，特派我前來本島，慰問全體將士，當勝利消息傳到臺灣時，正是臺灣光復四周年的紀念日，本人正在參加開會，台南的火炬正要到達的時候，就接到湯總司令報捷電話，這個巧合，使臺灣民眾聞訊之後，無不歡欣鼓舞，預兆著今後國家前途的光明。

國家大勢，自徐蚌會戰後，一般政治野心家，興波作浪認為 總裁不下野，和平無望，美援無著，總裁下野，共匪即可停止進攻，和平即可實現，美援也即可得到，因此， 總裁便於本年元月二十日毅然引退，但是 總裁下野後，不特和平仍未實現，美援也未取得，而全國失去中心領導，情勢日趨惡劣，軍事成一面倒的局勢，下南京，陷上海，囊括東南半壁，這種每況愈下之原因，就是政府失去重心，國家失去領導，而一般政治野心家的夢幻，至此也就完全打破，於是他們有的退避，有的投降，有的正在準備投降，在領袖決心退休時，余固早已預知今後如領袖不再復出，局勢尚可能有一時期繼續惡劣下去，最近黨國元老以國家現勢，亟需總裁主持，再三敦請復出，

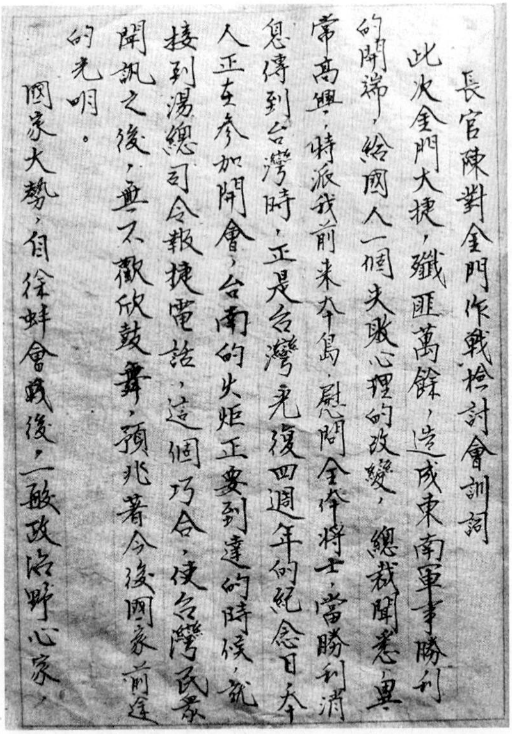
長官陳對金門作戰檢討會訓詞

此次金門大捷，殲匪萬餘，造成東南軍事勝利的開端，給國人一個失敗心理的改變，總裁聞悉異常高興，特派我前來本島，慰問全体將士，當勝利消息傳到台灣時，正是台灣光復四週年的紀念日，本人正在參加開會，台南的火炬正要到達的時候，就接到湯總司令報捷電話，這個巧合，使台灣民眾聞訊之後，無不歡欣鼓舞，預兆著今後國家前途的光明。

國家大勢，自徐蚌會戰後，一般政治野心家，

▲陳誠長官的訓詞說到了痛處。

領袖原決退休三年，不問政事，但以時勢如此，對復出問題，隨革命需要，加以考慮，順此報告。

這次金門勝利，為年來戡亂軍事的一大勝利，可以扭轉國內外整個局勢，為今後轉敗為勝的轉捩點，讓大家知道國軍仍可以戰勝匪軍，國軍並不是軍閥隊伍，還有其真正的國民革命軍，在金門勝利以前，軍人失敗的心理，不是想上

山，就是想跳海，或者投降偷生，以圖自保，金門大捷後，證明了只要肯拼（拚），能協同一致，就可以打敗敵人，就可以打回大陸。

聽取各級戰鬥報告，藉知這次所以制勝的道理：

一、由於各位將領的切實合作與各兵種的密切協同，發揮了同心協力奮勇殲敵的「師克在和」精神。

二、官長能做到平時以身作則，戰時身先士卒。

三、執行命令徹底，二〇一師能沉著守備，固守陣地，十八十九軍迅速增援，以機敏之行動，打擊敵人。

四、其他致勝原因如：

1.秘密——匪不知我十八十九軍等部隊之增援。

2.逃逸——預備隊不待命令，自行出動，十四師下船後即開至前方。

3.協同——戰車、步兵、空軍協同無間，所以致勝。

至於匪的失敗，乃對我方估計錯誤，匪對本島守備隊之估計為六個團，其攻擊使用的部隊為八個團，兵法「倍則攻之」，今匪竟欲以八個團之兵力，妄圖攻佔全島，其驕狂輕我，於此可見，但根據匪發動攻犯之前，對於登陸點選擇之周密研討，細較利害，又可見匪雖狂妄，而對於作戰準備，並未忽略，今後土匪可能捲土重來，其準備亦可能倍加周到，我守備部隊對匪今後之全島登陸或三處登陸或二處登陸，均應預作周密之對策部署，詳細研究對匪有效方法，茲略作結論，以供各位研究之提示：

一、海島守備要實行「三頭政策」，即灘頭、村頭與山頭必須固守，不能落於匪手。

二、組織海面突擊隊，訓練泅水操舟等技術。

三、多問俘虜關於可作為對匪情研究之基礎。

四、不可以匪俘補充兵額，並須注意考查其身分，敵我判斷，此次匪足有八個團長來金門島上。

五、要有獨立作戰之決心與準備。

六、保存實力，即倖生心理，各位雖無此現象，也要提示大家，作為警惕。

七、守備部隊營以下不必控制預備隊，預備隊須置於團長以上指揮官手中。

八、加強通信訓練。

我們要不輕敵，也不怕敵人，敵人所以慘別（敗），即由於驕狂輕我，每一戰後，雖打勝戰，必有缺點，即打敗仗亦有優點，大家檢討之優劣點很多，對於這個以血肉換來的經驗，值得我們寶貴，希望特別注意，本著「平時多流汗，戰時少流血」這句話，多多準備，以迎擊再犯之敵。

25 共軍何以血祭金門？

一塊小石頭可以阻擋一塊岩石的滾動；
一根柳枝可以改變雪崩的方向。

法國大文豪　雨果

金門登陸戰失利後的第二天，第二十八軍副軍長肖鋒、政治部主任李曼村來到葉飛辦公室，臉色慘白，痛哭失聲。葉飛說：「哭什麼？哭解決不了問題，現在你們應該鼓勵士氣，準備再攻金門。這次失利，我身為兵團司令員，由我負責，你們回去吧！」

肖鋒、李曼村前腳剛剛離開，葉飛就收到了第三野戰軍的批評：

「查此次損失為解放戰爭以來最大者，其主要原因為輕敵和躁進。」

同時要求第十兵團「將此次經驗教訓深加檢討。」當天，葉飛就向三野報告：

我們檢討造成此次金門作戰之慘痛損失原因，主要是我們被急躁、勝利沖昏頭腦、盲目樂觀輕敵所造成……。直到已發現胡璉兵團已開始從汕頭船運增援金門，仍要求應在援軍未全部到達時予以攻擊，在船隻不足的情況下，未斷然下決心停止攻擊，這是最嚴重的罪行。

十月三十一日，福建省委第一書記張鼎丞、兵團司令員葉飛、兵團政委韋國清、二十九軍軍長胡炳雲、二十九軍政委黃水星、二十八軍副軍長肖鋒和政治部主任李曼村在廈門老虎山洞，召開第十兵團黨委擴大會，肖鋒首先發言：

金門戰鬥的失利，是領導判斷失誤，指揮也有失誤，是驕傲輕敵的結果，是違背了毛主席不打無準備之仗的指示，也違背了粟裕首長批示的三個條件。……這次失利是我對福建人民犯了個極大的罪，請求十兵團黨委、三野前委給我應得的處分。

葉飛馬上接口：

金門戰鬥的失利，主要責任在我，我是兵團司令、兵團黨委第一書記，不能推給肖鋒，他有不同意見，我因輕敵、聽不進，臨開船時，在電話上我還堅持只要上去兩個營，肖鋒掌握好第二梯隊，戰鬥勝利是有希望的，是我造成的損失，請前委、黨中央給我嚴厲處分。

會後，葉飛真的起草電報給陳毅司令員，並報中央，請求處分。

毛澤東表示：

「金門失利，不是處分的問題，而是要接受教訓的問題。」十一月八日，毛澤東又指出：

「以三個團去打敵人三個軍，後援不繼，全部被敵殲滅，這是解放戰爭三年多以

▲共軍進攻金門的帆船，這是當年的歷史鏡頭。

來第一次不應有的損失。」

中央軍委同時命令葉飛總結經驗，接受教訓，準備再次攻金，一九五〇韓戰爆發，黨中央、毛澤東決定停止解放金門的任務。

葉飛失去了「立功贖罪的機會」，他的回憶錄關於金門之戰的教訓，曾有詳細而全面的剖析：

「攻擊金門失利的經驗教訓究竟是什麼呢？最重要最主要的教訓就是，當時蔣軍有海軍，有空軍，在解放戰爭中基本沒有被消滅。而我軍沒有海軍，沒有空軍，渡海登陸戰僅僅使用木帆船，空中沒有掩護，海上也沒有海上支援。渡海攻擊廈門之戰，第一批登陸部隊使用足夠裝載八個團的船隻，在敵空軍轟炸下，損失相當大，已經非常危險，幸而克服了這個危險，順利攻克廈門。好事往往會變成壞事，我們因攻取廈門的勝利，而沒有重視渡海作戰中的困難，沒有接受這個教訓，結果在攻擊金門中碰了釘子。所以，指揮員，尤其是我的輕敵，是金門失利的根本原因。從這一戰鬥的具體組織指揮來說：

攻擊失利，戰鬥組織的第一個教訓是船隻不夠，只能一次運載三個團，而這樣少的寶貴船隻，又在第一批登陸後擱淺在海灘上，全部喪失，以致後續第二梯隊完全無法登陸。渡海登陸作戰沒有船隻，意味著什麼？就意味著喪失戰鬥力。

其次，戰鬥指揮上的第二個重要教訓，就是違背了渡海登陸作戰中的規律。渡海登陸作戰，無論你兵力多大，首先要奪取和鞏固登陸灘頭陣地，然後才可以向縱深發展。第二次世界大戰中，美、英軍隊諾曼底戰役成功的經驗，就是首先奪取了諾曼底灘頭陣地，並鞏固了這個灘頭陣地，這是渡海登陸戰的規律。二十八軍登陸，首先奪取了金門古寧頭灘頭陣地，這是對的；但是，第一梯隊登陸部隊沒有立即修築工事，鞏固灘頭陣地，後續第二梯隊登陸部隊尚未到達，只以一個營的兵力控制古寧頭，就向縱深發展，又違背了渡海登陸作戰的規律，犯了兵家之大忌。

攻金失敗的第三個教訓就是，第一梯隊三個團的兵力登陸，竟然沒有一名師指揮員隨同登陸指揮，這也是我完全沒有料到的。戰鬥指揮中的問題也不都是前線指揮員的責任，兵團指揮機關和我也有責任。當二十八軍報告當晚要發起登陸金門作戰時，我只是關心胡璉是否已到達金門，沒有要二十八軍呈報作戰命令審核，就批准他們發起戰鬥。這是當時我的疏忽，參謀機關也疏忽了此事，這是一大教訓。

我們接受經驗教訓不能僅限於此，不能僅從微觀上接受教訓，還應該從宏觀上體現這次教訓的更重大意義，那就是在現代戰爭的條件下，沒有制海權、制空權，要實行大規模渡海登陸作戰是非常困難的。五十年代初，在我海軍、空軍逆處於劣勢的條件下，要僅僅靠木帆船橫跨臺灣海峽，解放臺灣，現在來看，恐怕是會吃比攻金失利更大的苦頭的。金門失利之後，接受了教訓，頭腦清醒起來，接受攻金失利的經驗教訓的真正意義，也許就在於此。

攻金失利的教訓為後來的我軍渡海登陸戰提供了寶貴的經驗。尤其是渡海解放海南島戰役，更是在總結和吸取了金門教訓前提下，採取了『積極偷渡，分批小渡與最後登陸相結合』的戰役指導方針，並有一個軍部隨登陸部隊登陸指揮作戰，將國民黨號稱獨臂鐵羅漢的名將薛岳，打得喪魂失魄，丟盔解甲，敗逃臺灣。

金門戰役雖然失利，但它作為我軍首次大規模的陸海兩棲作戰戰例，以及對後來我軍兩棲作戰勝利的取得，都有著極為重要的積極意義。」

葉飛自請處分，毛澤東一直沒有處理，只講了幾句場面的話，葉飛的地位也沒有變，仍任福建黨政軍第一把手兼兵團司令員，一九五五年授上將軍銜，倒是肖鋒與李曼村從此一蹶不振，未受重用。肖鋒資格老，一九五五年授銜大校，一九六一年，毛特批晉升爲少將，但一直不讓他再帶兵，調到華東裝甲兵學院當個掛名的副院長而已。李曼村則始終連將軍銜也沒撈到。

劉亞洲說：「一九八九年十月，金門戰役四十周年的時候，葉飛登上廈門雲頂岩，眺望金門。突然下起了雨。白髮蒼蒼的葉飛拒絕家人要他避雨的要求，佇立山頂，任憑雨水將他澆得透濕。隨從們發現，葉飛的雙手在微微顫動。」

「由於主帥輕敵，指揮失當，壯士一去不復返。九千顆不屈的心靈，千載之下，誰與撫平？」劉亞洲的憤懣見於詞色。

一九九九年四月十八日，葉飛病逝北京，享年八十五歲，兵敗古寧頭，成爲他一生最大的註腳。

陳毅在清算「高饒反黨聯盟」第二號人物饒漱石時，把敗戰責任的矛頭指向他：

「進攻金門，全軍覆沒」，我現在告訴各位，我們也遭受過戰爭上的挫折，這一件事，報紙上從來沒有發表過，這本是軍事機密，不該講，不過講到此地，我忍不住講出來，因為在座各位都是領導同志，想來也不會對外傳出去。就在解放上海那年秋天，為了給解放臺灣打下基礎，黨中央決定首先解放金門。這是臺灣的門户，三野受命擔任這偉大的任務。可是當時我作為三野的司令員，和饒漱石對如何執行解放金門的任務，發生了分歧意見。一向是失敗主義思想的饒漱石，當時又產生輕敵思想。這兩種思想看似矛盾，卻並不矛盾，勝利驕和敗則餒本質是一樣的，這就是辨證法。饒漱石認為我軍一登陸，金門就會不戰而降，派一、二師人進攻金門就能解決問題。在決策會議上，我和饒的意見不同，我認為列寧講的「敵人愈到垂死階段，掙扎愈是猛烈」這句話，對於解放金門仍是適用的。因此我的意見是國民黨必定不惜一切犧牲，堅守金門，我軍必須以全力進攻金門，並且在萬一戰局不利時，作最壞的準備。饒漱石不同意我的意見，遵照黨的紀律，我放棄了我的意見。結果，那次戰役，我軍失敗了，損失了一萬多人。責任主要落在饒漱石的頭上，但我沒有堅持自己的正確意見，及時反映給黨中央，我還是犯了錯誤，對此我也作了檢查。

饒漱石當時擔任中共華東局書記和解放軍第三野戰軍政委，曾是劉少奇的親信。中共以黨領軍，所以陳毅才會這麼說。

26 國共決定性的較量

歷史是根據活人的需要去拷問死去的人。
法國年鑑學派開宗大師　費伯爾

共軍「堅決打金門，渡海攻臺灣」，當年自信滿滿，要攻下金門城吃早飯，但是人算不如天算，兵敗金門，有人說這是天意，然而，天意無法全盤解釋這個問題。

國共勝負之機在那裡？向來都沒有說得很透徹，現在我們可以仔細分析：

共軍失利因素：

一、貽誤戎機

根據我方資料研判，大嶝島之戰，是金門保衛戰的序戰：

匪軍最初計畫，本擬於民國三十八年十月九日先行略取金門北部之大小嶝島，三日後（同月十二日）即以其第二十八軍攻金門，第二十九軍、第三十軍對廈門同時發動攻擊，圖一舉殲滅我軍。孰知進犯大嶝時，即遭遇我軍猛烈阻擊，逮至十月十二日戰鬥始行結束，打破其預定計畫。……匪乃放棄原案，改以十月十五日先攻略廈門，一週後再攻金門。於是匪軍指揮官第二十八軍副軍長肖鋒，乃於十月十八日（攻略廈門結束後翌日）下達攻擊金門之作戰命令，……十月二十四日開始行動。

這段記述，見於民國三十八年十二月十日，《臺灣保安司令部彙編》俘供第三集。從這段記述，可以見到：一、大嶝島序戰的影響，改變共軍全盤攻擊計畫。二、我軍獲得充裕準備時間，自十月十二日至十月二十四日，多出十二天之多。

十二天時間，國軍可以加強部署，另外十二兵團增援及時趕到，投入戰場，這是共軍當初所不樂見的，但是貽誤戎機的後果只有失敗。

二、失天時

共軍利用暗夜滿潮進攻金門，雖然選擇是正確的，但是東北季風特強，而當年又特別冷得早，共軍原定登陸地點是湖尾亙瓊林與後沙，一點登陸，左右開弓，多處開花，但是被強風吹襲，帆船在壠口與古寧頭之間的東西一點紅登陸，差之毫釐，失之千里。

這跟三國時代曹操兵敗赤壁略相彷彿了，曹操失軍赤壁，敗在東風，造成三國鼎立；毛澤東兵敗金門，敗在東北季風，造成兩岸分裂。

三、失地利

共軍在壠口、湖尾、安岐至古寧頭登陸，處於十分不利的地勢，這一帶都是平陽，而且侷限於一隅，在湖尾受限於觀音山與觀音亭山，在安岐受限於湖南高地，在古寧頭受限於西浦頭後方的一三二高地，共軍攻不破、突不入這三處關鍵點，形同陷入布袋之中，只有被驅策、圍困與挨打。

四、失人和

1、葉飛與粟裕的矛盾：進攻金門葉飛不願指揮，粟裕也不干預，粟、葉兩人是老上下級的關係，一起併肩作戰，但也發生過衝突。一九三五年至三六年間，兩人都在閩、浙交接地區打游擊，分屬浙南與閩北兩個中共系統，由於兩區交惡，一次粟裕奉命扣押葉飛，押送區黨委應訊。葉飛於押解途中遭國軍圍剿，乘亂脫逃，如果葉飛當年不脫逃，可能已在「殘酷鬥爭，無情打擊」之下人頭落地了。對於此事，葉飛一直耿耿於懷，並遷怒於粟裕，粟裕也覺得當初奉命擒葉之舉不智，因此，對葉的指揮比較客氣，不願過多干預。

2、陳毅與饒漱石的矛盾：一九四二年，劉少奇調往中共中央，扶植親信饒漱石接替他的位置，代理中共華中局書記和新四軍政委，讓新四軍軍長陳毅代理中央軍事委員會新四軍分會主席，使陳毅這個老資格成了饒漱石的下級。因此陳毅與饒漱石兩人，展開了十年的鬥爭，陳毅在「高饒反黨集團」的鬥爭大會上，自我檢查，還不放過饒漱石。

四人之間這段嫌隙，這種偶然的歷史因素，沒有想到居然影響十幾年之後的古寧頭戰役。

▲蔡廷策陷身大陸，道出當年共軍兵敗的反應。

五、驕兵輕敵

中共兵起東北，三年來一路上秋風掃落葉，攻必克，戰必勝，國軍望風而逃，因此志滿則盈，養成共軍一種驕態，認為金門只有一些殘兵敗將，只要共軍一登陸，就會不戰而勝。因此，共軍沒有協同作戰訓練，登陸部隊也沒有一位師級以上的指揮官，葉飛只交代：「有幾個人打幾個人的仗，不等待，不猶豫，向裡猛插」，然而登陸之後，共軍建制已亂，指揮系統失靈，只好各自為戰。

共軍打下廈門，十兵團兵團部由同安渡海進駐廈門，葉飛指示十月底以前，籌措大米四百萬斤，柴草六百萬斤，以保證部隊和廈門市民的生活供應，攻擊金門的戰鬥就交由第二十八軍前指執行。

葉飛輕敵，讓勝利沖昏了頭，在廈門老虎洞戰前會議，以為進攻金門就像夾盤子的菜一樣容易。葉飛不親自領軍作戰，交由肖鋒指揮，被認為是失利的原因之一。葉飛素有「常勝將軍」之稱，此時正在忙於廈門的地方事務，不像過去歷次戰役，親自分析、檢查、準備，認為金門只是彈丸之地，又沒有什麼堅固工事，守軍名義上是一個兵團，實際上不過二萬兵員，要不是蔣介石嚴令固守，李良榮早在共軍攻克廈門之際就棄島南逃了，葉飛心想用一個主力軍加二十九軍的兩個團攻金，已是綽綽有餘了。再說原作戰部署就是由二十八軍攻金，沒有必要再改變部署。

蔡廷策，這位當年被國府徵兵的金門人，一九四九年戍守在鼓浪嶼的砲兵，一戰而垮，從此身陷大陸，滯留廈門。他說，共軍三十一軍沒得到軍長批准，就自作主張進攻金門，十月二十五日早上，廈門報紙出號外，說共軍已打到半山（頂堡），街道放鞭炮慶祝，派了葉阿偉（譯音）要來接金門縣長；下午共軍失利消息傳回去，大家像洩了氣的皮球一樣──軟趴趴，整個街道靜悄悄，人人面有憂色。

共軍解放戰爭在金門遭遇空前的慘敗，登陸軍隊不是被俘就是被殲，東西一點紅之間海灘烈燄沖天，兩三百艘的帆船被國軍燒毀，澆息了共軍戰無不勝，攻無不克的氣燄。

前秦苻堅以八十萬大軍下江南，投鞭斷流，驕狂已極，不免兵敗淝水，風聲鶴唳；葉飛何嘗不然，與肖鋒隔海看火燒戰船，眼淚都流不出來，嘗到驕兵失敗的苦果，追悔莫及。

六、船隻徵集不易

本來肖鋒定於二十日發動攻擊，找不到船隻，改爲二十三日，後仍集中不起來，又改爲二十四日，戰爭中最寶貴的戰機，就這樣一天天的延誤下來。勉強徵集了二、三百艘漕運船，載了三團共軍攻金，又因船隻陷身泥灘，無法及時回航載運第二梯隊與第三梯隊增援部隊，只好眼巴巴隔海望著火燒戰船，急得跳腳。

江澤民時代，中共太子黨、空軍副政委劉亞洲發表「金門戰役檢討」一文，也認爲共軍輸在輕敵與渡海工具不足。

七、缺乏統一指揮

共軍攻打金門，竟然沒有派一個師級以上的指揮員過海統一指揮，只有幾個團長過來，實在太離譜，何以如此？中共至今都搞不清楚。其次，建制混亂，當時火箭分爲前筒、後筒與火箭彈三部份，須三個人配合才能發射，結果三部份分別裝在不同的船隻，強行登陸之後，彼此找不到，眼睜睜的看國軍戰車馳騁掃蕩。

葉飛和肖鋒準備進攻金門時，知道金門有二十二輛M5A1的坦克，但是他認爲都

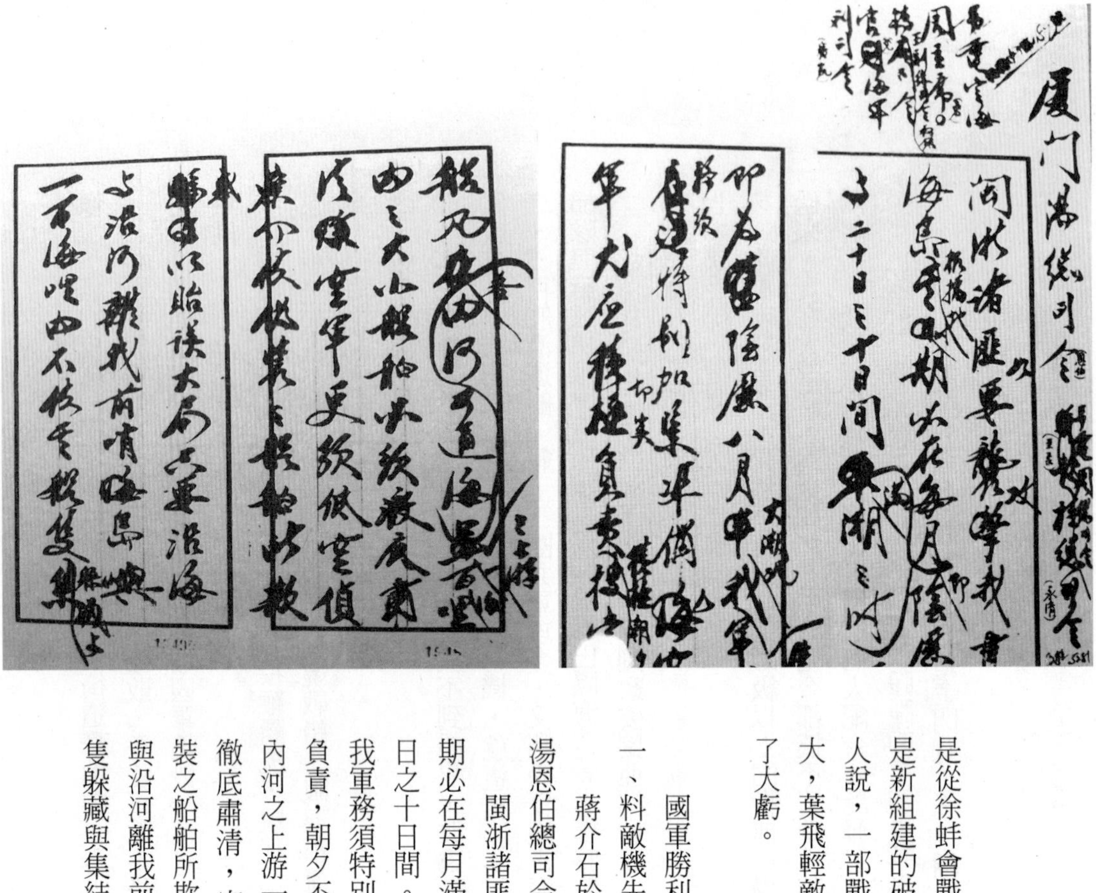

是從徐蚌會戰逃出來的殘兵敗將，而且又是新組建的破銅爛鐵，因此十分輕視。有人說，一部戰車比一連裝備齊全的火力還大，葉飛輕敵，沒有統一指揮與部署，吃了大虧。

國軍勝利因素：

一、料敵機先

蔣介石於一九四九年九月十三日致電湯恩伯總司令等：

閩浙諸匪如要攻我海島根據地，其時期必在每月滿潮之時，即陰曆初十與二十日之十日間。下月即為陰曆八月大潮汛，我軍務須特別加緊準備。海空軍尤應切實負責，朝夕不斷搜索匪船，凡可通海口各內河之上游一百海哩內之大小船舶，必須徹底肅清，空軍更須低空偵察，勿使偽裝之船舶所欺惑，以貽誤大局。只要沿海與沿河離我前哨島嶼一百海哩內不使其船隻躲藏與集結，則其即無法襲取我海島，

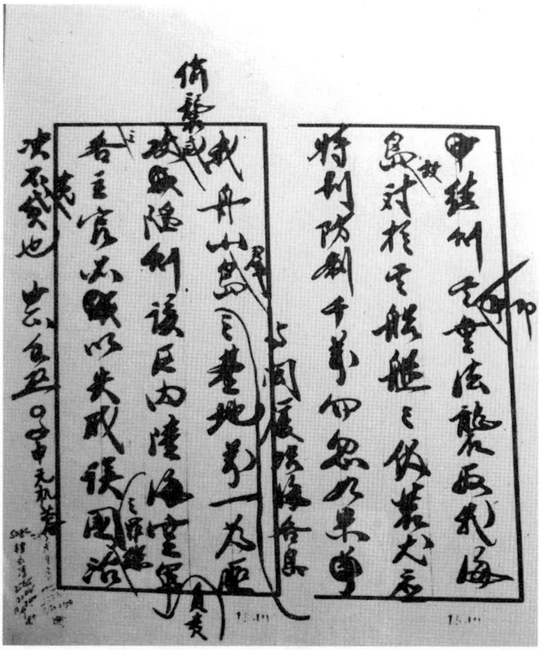

▶蔣介石給湯恩伯的親筆命令，料敵不差。

故對於船艦之偽裝，尤應特別防制，千萬勿忽。如果我舟山群島與閩廈沿海各島之基地，萬一為匪偷襲或攻陷，則該區陸海空軍負責之各主官，必以失職誤國之罪懲治，決不寬貸也。中正手啓。申元機蓉。

蔣介石看得很清楚，海島作戰首靠船隻，如果讓敵人沒有船隻，就無法運兵作戰，這一招果然命中共軍的要害。儘管共軍四處搜羅船隻，就是遲遲無法徵集，時間一天拖過一天。因此，蔣介石的手諭，起了決定性的作用。

二、師克在和

國軍在徐蚌會戰的慘敗，多少跟不能協力作戰有關係，友軍被攻，自己坐觀成敗，保留實力，不願支援，殘存著一種軍閥的心態，以致被共軍各個擊破。古寧頭大戰，湯恩伯授權高魁元指揮反攻部隊，通力合作，所以力克強敵。

胡璉將軍說：古寧頭之戰發生在十

分複雜的情況下，第一是正當十二兵團來接二十二兵團防務的時候；第二是這仗非第十二兵團打不可，而責任卻在二十二兵團的肩上；第三是十二兵團的司令官尚未趕到戰場，而二十二兵團卻沒有打仗的力量。照理國軍的官可以指揮國軍的兵，十二兵團的兵由二十二兵團司令官指揮應無問題。但金門主將由京滬杭警備總司令轉戰到廈門為止，飽嘗了指揮的辛酸，金門不能再敗，所以他勇敢的決定由島東守備軍十八軍軍長高魁元來統一指揮十二兵團可能參戰的部隊。這在該主將的立場來說，他要受二十二兵團李良榮司令官及島西守備軍沈向奎軍長的抱怨，其次要受十九軍軍長劉雲瀚的不滿，因為以劉軍長指揮本軍的十四、十八兩師，另配屬十八軍的一一八師，實行反攻，那才是順理成章的處置。然而事實上，沒有一個人抱怨，反之，精誠團結，通力合作，大家一致協助高軍長完成任務。筆者於二十六日到達前線，目見李良榮、沈向奎、劉雲瀚諸位將軍，都在湖南高地指揮所，面色和悅，態度悠然，二十多年來他們也從無一人爭功諉過，「師克在和不在眾」。

三、援兵趕到

戰前金門只有二十二兵團守島西，配屬的青年軍倉卒換防守海防第一線，十二兵團的十八軍守島東，基本上仍然勢單力孤；以共軍乘勝的銳猛，國軍在心理上就先輸了一截，所以十九軍及時趕到加入戰場，不僅增加實質的戰力，也激勵士氣，增加心理的戰力。

十二兵團的增防，對戰役的成敗起了關鍵性的影響，共軍三野副司令員粟裕說敵增一個團就不打，我軍豈止增加一個團。孫子兵法說：「倍則攻之」，共軍以三個團渡海攻打三個軍，豈有不敗的道理。十二兵團及時增援，化解二十二兵團的壓力。鄭果說，如果沒有十二兵團的增援，國軍照樣可以打勝仗，說法令人存疑。

四、欺敵成功

中共始終注意十二兵團的動向，認爲它不脫離到臺灣、舟山群島與金廈，然而葉飛情報判斷錯誤：

1、十月九日二十八軍攻陷大嶝島，副軍長肖鋒親自審訊俘虜，發現有十二兵團的成員，肖向葉報告。葉飛說，不可能吧！十二兵團還在潮、汕未動。

2、廈門淪陷前，胡璉請湯恩伯找一支軍隊化裝成十二兵團，參加遊行鼓舞士氣，共軍攻克廈門，並沒有發現十二兵團的官兵。

3、古寧頭大戰前兩三天，二十八軍偵知金門電台：「來了幾船活的，幾船死的。」經情報分析，活的指軍隊，死的指彈藥。隔一天又偵知十二兵團增兵金門，葉飛不信，認爲那是敵人的「反話」。

4、十月二十四日，戰雲密佈，風雲緊急，種種跡象顯示十二兵團要登陸金門，肖鋒陷入一種矛盾的情境之中，一方面認爲十二兵團今非昔比，不堪一擊；一方面又拿不定主意，遂打電話給兵團政治部主任劉培善：「劉主任，你是二十八軍的創建者。在關鍵時刻，你要幫我們說話呀！如今到底敵人增兵多少？要不要打，這是關鍵的時刻，你給我們拿個主意。」

劉培善說：「決心不變。」

葉飛就要趕在十二兵團登陸之前打下金門。

中共事後檢討，如果早三天或晚三天打，情況就不一樣，偏偏選在十二兵團登陸的時間，這是葉飛的劫數。

五、敵消我長

打仗，打將，誰犯的錯誤少，誰得勝的機會大，沒有不能戰的軍隊，只有不能戰的將領，中外古今如出一轍。國軍被共軍俘虜成爲共軍，突然變成悍勇能戰，同樣一個人，但是將領不同，戰力也就不一樣。

胡璉說：

劉匪伯承渡江南犯，直通南城，若不中止，啣尾窮追，固將使我無法立足。爾後陳匪毅占領贛、閩，倘不以作戰地境自限，跟蹤追至潮、汕，我軍亦無法從容轉移，增援金門、舟山。又敵若先攻金門於大嶝島失陷之時，十八軍勢孤力單，勝算難操。即或十月下旬來攻，彼若廣集船隻，多點登陸，或後續船團源源南來，則我雖有十九軍之增加，處境亦必十分艱難。但此時之陳毅匪軍，驕滿已極，不特一個船團，一點登陸，一萬餘人竟無一個統一指揮官。戰爭結束後，予以為必可俘得一、二師長，結果僅得隸屬不同軍師之五個團長。故當其帆船被毀，不能回載增援部隊時，彼岸匪軍雖多，唯有目睹登上此岸匪軍之授首，而望海興嘆。

胡璉這一段講得滿中肯的，敵消我長的因素了然於紙上。

六、戰車之功

許多人把注意力集中在十二兵團，後來的戰史也都如此，漠視了戰車部隊，這是不應該的。劉雲瀚說：「我陸軍之素質與數量，與共軍兩相比較雖顯居劣勢，但由於

▲胡璉頒贈給戰車營金門之熊的錦旗。

我有戰車部隊，而共軍無之，因得稍補我軍之不足，增加我軍之攻擊威力甚大。」很多將領避談「金門之熊」的功勞，劉雲瀚並不如此，而以一種客觀、公正的角度，評定戰車部隊的價值。記者卜幼夫也說：「古寧頭的決戰，戰車第一營貢獻最大，在決定性的時刻，出奇制勝，圓滿的達成了任務。論功行賞，應居首功。」

胡璉將軍也說：又特別要大提而特提的是駐金門的戰車營；古寧頭之捷，該營開勝利先河，收勝利尾果，三十輛M5A1型戰車，在今日軍事戰線上，不成一個數目，可是在當時反登陸的灘頭，那是難以估計的力量。這一營的官兵曾經和整編第十一師，整編第十八軍在魯豫戰場共同作戰頗久，最後和第十二兵團同在雙堆集失敗。因為以往的情感，所以在古寧頭作戰，協同十分緊密，全局大勝，該營功不可沒。筆者在該營慶功宴上，曾以『金門之熊』的錦旗相贈，以紀其功。

七、協同作戰

湯恩伯說：「金門大捷乃是陸、海、空三軍的配合，戰車與步兵野戰部隊的協同，及忠勇將士共同用命所致。」

27

國軍夢醒時分，上演指揮權之爭

勝利有一百個父親，失敗是一個孤兒。

美國總統　甘迺迪

一九四九年十二月五日
李代總統今日飛美
行前重申反共決心
決不推卸對國家人民所負責任
俟健康恢復當即歸國繼續奮鬥
籲美國協力助我抗共

那個孤兒總統已經落跑了，藉口到美國治病，留下一個搖搖欲墜的政局，待那一些驚慌失措的戰將，在古寧頭一戰奏凱，幾十年後，沒有人承擔大陸失敗的責任，只在爭奪那次戰役的成功。

這是古寧頭戰史館的凌煙閣，湯恩伯的照片闕如。

壹、湯恩伯

古寧頭大戰到底是誰指揮的？幾十年來聚訟紛紜。國民黨的將領，對於大陸的撤守，剛開始還有一點慚愧與羞恥之心，等到時間一久了，回過了神，慚愧與羞恥之心漸滅，而古寧頭大捷對於臺灣的存亡關係太大，有些人就開始爭功，而且爭的有一點難看。

劉少祺說：「歷史是人民寫的。」

人民，有寫歷史的智慧。不論怎麼爭，作史要能「兩眼自將秋水洗，一生不受古人欺。」這種史識、史才，也不易做到的。因此，湘綺老人王闓運撰述《湘軍志》就自覺寫史太難：「年代遠，失之眞；年代近，失之偏。」

湘綺老人的困境，大概也就是今天的難處。甘迺迪說勝利有一百個父親，把人性看得很透徹，古寧頭大捷就有一百個父親。甘迺迪眞是一個聰明的人。

歷史是人民寫的，劉少祺希望人民還給歷史一個公道；而古寧頭大捷，要還歷史一個眞相，但是眞相有時難明，只有以有限的史料，盡力而爲，盡到人民寫史的職志了。

大陸情勢逆轉，京滬杭保衛戰失利之後，湯恩伯已經沒有甚麼軍事行情了，代總統李宗仁對他不信任、態度不好，不給他接任福建省政府主席，湯恩伯可憐兮兮，惺惺作態，只有向蔣介石求告。蔣經國一九四九年十月二日日記寫著：

▲湯恩伯上將功過留予後人評說。

湯恩伯總司令由廈門來電，以李宗仁反對其任閩省主席之聲明，使其喪失威信，無法指揮部屬，故不能再駐廈門作戰，「決自今日遠行」云云。詞極憤懣。父親甚表同情，且以湯總司令正在與當面共軍拚命作戰之時，亦不可走馬換將，應即設法勸慰，俾得繼續作戰。

因此，在十月六日、農曆中秋節這一天，月光皎潔，但國難方殷，蔣介石下午二時從基隆搭乘華聯輪到廈門，解決湯恩伯將軍之任命問題，予以勸慰，並部署閩廈軍事云云。

十月七日蔣經國寫道：

今日風浪極大，上午十時三十分，船抵廈門。在港口即聞大陸砲聲隆隆作響，此地與共軍相隔不及九千米，父親身繫國家安危，竟如此冒險犯難，亦無非為國家盡最後之心力耳。下午四時登陸，父親即在湯恩伯總司令寓所召集團長以上人員加以慰勉，並會見當地紳老。八時後回船，與湯總司令話別，再予以勸慰鼓勵，並切囑其在廈門擊退來犯之共軍，鞏固金、廈，為公私爭氣，再言其他也。

十天之後，湯恩伯還是沒有守住廈門，政治行情更是跌停板，福州綏署代主任湯恩伯上將就移師金門水頭，在名義上是戰區最高指揮官，十月二十二日他發布命令：「所有金門部隊，在第十二兵團胡司令官未到達前，仍歸第二十二兵團李司令官統一指揮。」

為什麼說是名義上呢？因為湯恩伯的部隊都打垮了，沒有嫡系部隊，是一位空頭指揮官，自然而然的影響他的歷史地位，也是後來紛爭的起源。

湯恩伯，名克勤，字恩伯，一九〇〇年生，浙江武義人，一九二〇年入浙江講武堂，一九二五年東渡日本入陸軍士官學校。一九二六年返國，以後參加北伐剿共，攻克守固，享有「常勝將軍」的美譽。

但是後期的剿共戰役，湯恩伯的表現失常，給他多少軍隊，就打掉多少軍隊，有人甚至刻薄的說，他打敗仗的唯一出路就是爭取多帶出一些部隊而已。尤其京滬杭保衛戰，打掉了六十萬大軍，更是他的致命傷，打到後來他沒有信心，一聞鼙鼓，心旌動搖。何以見得？蔣經國先生一九四九年十月二十二日日記：

金門島離匪軍大陸陣地，不過一衣帶水，國軍退守此地之後，父親以其對軍事和政治，均具極大意義，必須防守。因於午間急電駐守該陣地作戰之湯恩伯將軍告以：「金門不能再失，必須就地督戰，負責盡職，不能請辭易將。」

可見湯恩伯從常勝到求勝，內心的痛苦、煎熬與掙扎。被敵人摑耳光，這是大將之恥，相信湯恩伯有之。因此，湯總大概有些慌亂了，中心無主，從電文來看，說不定他有意請辭，為什麼呢？

因為廈門的失守，蔣介石對他很不滿，雷震寫信告知他：

金門湯總司令恩伯兄：密馬午抵高雄，希孔暫留，震養晨到臺北，當訪辭修、蔚文面交兄函，本擬報告廈門失守及現在情形，辭、蔚忙，未多說。晚謁總裁，除呈兄函外，並謹陳廈門失守經過海軍作戰情形，金門今後與防務上有關之交通（須用登陸艇）、淡水、菜蔬、報紙等，最後請其裁示。總裁對金門主堅守到底，囑告兄金門不可再失，必須與之共存亡，尤不能住在船上指揮。雖經弟重覆以人格保證：在廈門棄守以前，未住船上。並謂「這是劉汝明說的。」

弟即謂兄係與劉同上船上金門，覓船撤退。總裁至此更生氣，說連劉亦不准許其上船，我們不可老是逃跑，名譽要緊。說畢即進自己房間，弟只有退出，於是始明瞭今晨辭、蔚冷淡之原因。今晨晤叔常，據謂曹聖芬在廈門時即云兄住船指揮。渠並云總裁由廈返臺後，對廈門防務非常滿意，屢向人誇讚，今忽棄守，深感失望云。局勢如此，弟意兄應晝夜部署大小金門防務，加強官澳守備，務將三十三團加入，蓋二〇一師防地太闊，戰意不堅。小金門靠廈門之一面，尤須晝夜嚴防，務使金門堅守，以挽回兄之厄運。如金門作久守計，則交通、淡水、報紙及其他文化工作，必須同時推進。又劉部坐輪到高雄時，全部繳槍上岸，劉、曹、部、口等均不快。弟與希孔調停其事，並電話蔚文，保留二九師番號，劉因不滿意高雄處置，曾言彼等在廈門一切受兄指揮，奉命行事，撤退亦然。想劉將來到臺北後尚有一番推卸責任之讕言。至二九師保留一事，長官部原如此規定，惟高雄執行人未能洽好也。臺北對我等空氣惡劣，希孔留高雄可謂有先見之明，弟擬日內赴南部一遊。

雷震

三十八年十月二十三日

（雷震秘藏書信選，傅正選註，一九九〇年九月一日刊於自立晚報。）

湯恩伯是蔣介石的得力愛將之一，也是國軍嫡系精銳陳誠、胡宗南、湯恩伯三大集團的領導者之一。因此，湯恩伯雖已淪爲「常敗將軍」，蔣介石不滿歸不滿，還是委以重任。但是廈門失陷，湯恩伯倉皇退守金門，逃的有一點難看。信中說，他在廈門就被認爲住船指揮，逃跑時又拉一個劉汝明藉口到金門覓船撤退，做一個主帥，怎可以如此？怪不得蔣介石生氣，說了重話：「不可老是逃跑，名譽要緊。」

湯恩伯的部屬後來爲他止冤白謗，爭論湯恩伯到金門後總部有沒有在船上，或者一半在船上，一半在水頭。記者劉毅夫〈細說古寧頭大戰〉一文：

> 廈門撤守後的國軍最高指揮官湯恩伯乃將指揮部移至船上，撤到大小金門之間的水道中停泊，而以就近大金門的水頭作登陸點，指揮金門守軍爾後之作戰。

有人不直劉毅夫，而爲湯恩伯講話，史料紛陳，最後希望能爭到一半在船上，一半在水頭，不是像劉毅夫所言都在船上。五十步與一百步之爭，實在沒有意義。

何況湯恩伯在廈門的表現，從廈門到金門的撤退過程，難道還不能說明一切嗎？

父親說，金門當時已封船；張榮強說，軍統局人員戰後告訴他，湯恩伯想逃，蔣介石看出他的弱點，所以「主堅守到底……與之共存亡。」意思要湯恩伯不能再逃，要負起一點責任，展現革命的志節。

陳汀，烈嶼湖下人，去年受訪時九十歲，已經耳背，記憶力大幅衰退，他說一九四九年在碼頭作船伕，負責搖船，湯恩伯將軍來時，司令部在西宅文邦別墅，有一艘船在九宮港外，白天接湯到船上，晚上再接回來。

劉汝明是何許人呢？前第八兵團司令，來臺以後，他的部隊被解編，從此投閒置散，並不得志，曾有回憶錄面世：

湯總司令說要到金門去要船……並一定要我同去，我摸不清他的企圖，只好隨著去，是怕我被俘？還是像後來在臺灣一家雜誌用那個日本人名義所說乃防我叛變投匪呢？

雷震的信，印證劉汝明之言，問題應該比較明確了吧！

這些都無從剝奪湯恩伯指揮的歷史地位，因為事實俱在。

十月二十四日，二十二兵團部召集會議，李良榮司令官主持，湯恩伯總司令列席，並以肯定的語氣作結：「匪不登陸金門則已，如登陸金門，則必在東西一點紅之間，演習時希確實認眞。」

戰事初起，十二兵團部參謀長楊維翰陪同湯恩伯到瓊林高軍長指揮所，再分別到後盤山一一八師指揮所，頂堡二〇一師及戰車營部，並對料羅灣下船部隊有所指示。

蔣經國二十六日到金門，也是以湯總部為對口單位：

今晨，接湯恩伯總司令電話報告稱：「金門登陸之匪已大部肅清，並俘獲匪方高級軍官多人。」我於本月奉命自臺北飛往金門慰勞將士，十一時半到達金門上空，俯瞰全島，觸目悽涼，降落後，乘吉普車逕赴湯恩伯總司令部，沿途都是傷兵、俘虜和搬運東西的士兵……

▲水頭湯恩伯總部，是當年共軍首先要殲滅的目標。

這時胡璉在湖南高地督戰，沒有見到蔣經國。陳誠長官二十七日到達金門時，當晚就住在湯總部。按照軍中倫理，階級嚴明，蔣介石不准湯請辭易帥，蔣經國到湯總部宣慰，都可以看出湯恩伯是名義上的指揮官。

但是爲什麼又會出現指揮權之爭呢？記者卜幼夫的一段話或許可作註腳：

就我當時採訪所知，指揮此一戰役，造成金門古寧頭大捷的統帥，並非十二兵團司令官胡璉將軍，而是福州綏靖公署代理主任湯恩伯上將，事實的真相是：廈門十月十七日失守後，金門戰事發生以前已決定易帥，原任湯恩伯上將尚未移交，新任胡璉司令官沒有到任接事，就在青黃不接的時候，共匪發動攻勢，進襲金門，湯恩伯上將奉命暫緩離金，擔任總指揮。胡璉將軍本人，二十六日中午到達金門，二十七日凌晨一時，戰事結束，二十八日下午，東南軍政長官公署長官陳誠召集了師長以上的軍事會議，宣布湯恩伯上將調職，由胡璉將軍接任，其正式官銜為福建省主席兼金門防衛司令官，二十二兵團司令官李良榮將軍亦同時調回，會議結束，陳辭公當天飛回臺北。三十日，湯恩伯上將偕副司令官萬建蕃、東南軍政長官公署副司令官羅卓英將軍、李良榮將軍等一行十七人，乘二二八號運輸機，由金門凱旋飛抵臺北。

卜幼夫說，他與胡璉將軍認識較早，一九四八年三月在豫南一帶採訪，初識於張軫司令官的宴會中；而與湯恩伯素昧平生，直到古寧頭大捷後，隨團到金門勞軍時才見面，而且是僅有的一次。卜幼夫站在記者的立場，旨在說明他是客觀、公正的。

一九五四年，湯恩伯在日本病逝的消息傳回臺北，蔣介石不禁喟然而嘆：「他要是戰死在上海就好了，只不過多活了幾年呢！」

抗戰勝利之後，蔣派第三方面軍司令官湯恩伯到上海受降、接收。中國大陸對他的觀感與評價：「湯恩伯在八年抗戰寸功未立，一個好仗也沒有打過。河南老百姓有諺語謂：『河南四殃，水旱蝗湯。』把湯恩伯及其部隊和水災、旱災、蝗災並列。他從上海到重慶，利用軍車走私發財，倒賣瑞士手錶、法國香水和英國毛織品，又從長江上游帶回鴉片，賣給上海的青幫。豫湘桂戰役他從河南退到柳州，把運送士兵和武器的八百輛卡車，抽出六百輛來運送軍官的老婆孩子和掠奪的財物，任士兵自潰。」

上海之敗，成爲湯恩伯終身之恥；古寧頭大戰，又被認爲是準備落跑、不光榮的勝利。既得不到同僚的肯定，又得不到敵人的尊敬，這些就構成了湯恩伯將軍的歷史命運。

▲胡璉將軍功在金門。

貳、胡璉

胡璉對湯恩伯的觀感如何呢？從胡著《泛述古寧頭之戰》有三處著墨，可以了解一些大概。

胡璉說他受命爲編練司令時，全國形勢極爲惡劣，軍事情況更爲嚴重，陳毅、劉伯承兩股共軍準備渡江，而江南我方還想和談，負責京滬杭警備當局也以「備戰言和」爲口號，暗地裡準備上海保衛戰。胡璉說的京滬杭警備當局，雖沒指名道姓，明眼人一看就知道是說湯恩伯。胡璉認爲長江天塹，北敵南侵，江南就難以立國，因此想向湯恩伯獻策，「擇將勵兵，沿江爲守。」

但是胡璉不識湯恩伯，剛好劉玉章將軍爲湯所倚重，就請劉介紹引見，當談到：「我願留在前線，爲保衛京滬而盡力……」該當局即大聲答說：「你應到後方休息，至少六個月……。」胡璉細述這件事，代表他很在意，碰了湯恩伯一個軟釘子，心中一直不舒服。當年湯恩伯手握六十萬大軍，而胡璉在雙堆集新敗之餘，一個敗軍之將的建言，湯恩伯自然聽不進去，因爲他無法預見自己的失敗。

胡璉爲武器的事求見林蔚文，「蔚公素和藹，但此時相見，卻冷顏如霜，對京滬兵敗狀，慨乎言之曰：『古人片甲不回之句，今始稔知。』」

胡璉引述林蔚文的話，印證京滬兵敗的慘狀，胡璉意在言外。雷震說他去見陳辭公與林蔚文，受到冷遇，覺得臺北的空氣很不好，可見東南軍政長官公署對京滬失守確實很感冒，但大廈將傾，誰有能力挽救？胡璉的獻策，湯恩伯果能接納，會不會同樣一敗塗地？歷史不可逆反，時局已經造成，多說無益。

蔣經國二十六日到金門慰勞將士，胡璉沒有見到，心中有些不平：

> 但予卻以為經國先生到達戰場之時，正是璉等在湖南高地指揮作戰之際，何以璉等竟毫無所知？又當前線酣戰不已時，湯將軍卻一再強調戰事已將結束？蓋湯將軍不使璉等趨謁經國先生面陳實況，與聲稱戰事已將結束，乃是湯將軍之一種苦衷。彼由京滬杭警備總司令統轄六十萬大軍，轉戰至福州、廈門，今又到金門，理應有一勝利，以便有所交代（湯已知彼即卸任回）。推功，讓能，薦賢，言之易，行之難，人不親身閱歷，實難體會到周瑜荐魯肅，魯肅稱呂蒙，呂蒙美陸遜等之偉大。

▲胡璉將軍紀念亭，佇立金城南門石雕公園。

胡璉暗指湯恩伯阻攔他去見蔣經國，不滿湯蔽賢、爭功，講到這裡，問題就很嚴重了。湯恩伯只是在上海沒禮遇他，就結下這麼深的樑子，可見怨毒之可怕了。

沐巨樑對胡璉的說法不能苟同，他親眼目睹蔣經國二十六日上午十一時五十分到瓊林，待了兩個多小時才離開。他說他不認識湯恩伯，不必爲他講話。

胡璉將軍，陝西華縣人，黃埔官校第四期，文武兼資，莊嚴而詼諧，一九四三年抗戰師長任內，死守石牌要塞，贏得「中國朱可夫」的美譽。胡璉後來號稱「金門王」，國軍丘八說：「十個西北王，抵不過一個金門王」，可見胡璉行軍用兵，受到部曲推重之一斑了。一九七七年六月二十三日，胡璉病逝臺北，遵囑火化後海葬大、小金門間，「生前縱橫疆場，勳業彪炳，死後長眠海域，魂護臺澎。」

胡璉將軍一生的功業在金門，一九七七年逝世，因此選擇閩海作為他的埋骨所，也可看出他對金門的依戀與情份，成為名實相副的「金門王」。江山不改，將軍垂名。

胡璉將軍生前寫了一本《泛述古寧頭之戰》，死後當年他的舊部拿去傳記文學發表，因此挑起指揮權的爭議，而且越演越烈，十二兵團厚胡薄湯，湯恩伯舊屬雖已失勢，據理反擊，搞得沸沸揚揚。以前爭功，為向舊國主表功，現在時移勢異，不必爭功，也不能爭功，因為要爭給誰看呢？豈不自討沒趣嗎？但是今天仍然要把功勞釐清，不向國主表功，而向歷史交代，到底胡璉與十二兵團在這一場戰役，居於什麼樣的地位呢？必須細說清楚。

胡璉二十五日晚上搭民裕輪到了料羅灣，戰事已經發生了將近一天了。共軍二十五日凌晨登陸以降是第一個危險階段，胡璉卻困在料羅灣，沒船接駁，上不了岸，但「時聞砲聲，卻不知岸上已發生戰事。」胡璉太沒有警覺性了，共軍準備攻金，形勢已非常緊張，十二兵團也半途轉航馳援了，他卻以一句「不知岸上已發生戰事」輕輕帶過。胡璉在船上經鬆，別人在岸上拚得要死，他的舊部卻要為他爭功，這是不可理解之一。

胡璉到金門接防，何以不坐飛機而坐船呢？國民黨一直說掌握共軍可能進攻的時間，金門的守軍也一直加緊備戰，工事幾乎都趕不及，但是胡璉卻坐船慢慢的來，台北當局與胡璉眞的警覺到事態嚴重了嗎？這是不可理解之二。

二十五日晚上，共軍增兵四連，順利登陸金門，這是第二個危險階段，也是最關鍵性的一夜，第十九軍軍長劉雲瀚一九八〇年一月在《中外雜誌》〈追述金門之戰〉：

到了十月二十五日入夜以後，成為最危險的一夜。因為我軍經過了整天激戰，所有的控制部隊都投入了戰場，除傷亡相當大外，且多感疲勞……甚至勝負之數還未易言。幸好由於匪軍沒有船隻，無法繼續航渡來援，所以我們能夠平安渡過這最危險的一夜。

這是胡璉的部將寫的。二十五日晚勝負未定，存亡未卜，在金門的各級指揮官，枕戈待旦，然而胡璉將軍在船上下不了船，二十六日上午十一時才與羅卓英將軍到達水頭湯總部，電詢在前線指揮作戰的高魁元軍長，胡璉這時才接上了線，首先：

「恭禧大捷，是否已清掃戰場完畢？」高以低沉聲音答曰：「戰事仍在激烈進行中，形勢相當嚴重，即派車迎司令官。」予聆此情，突覺千鈞在肩，湯、羅所談何事，竟無所聞。車到即行，不到二十分鐘已到湖南高地前線，急問匪我狀況，始知我軍克復安岐，正向林厝進迫中。當以責任所在，並未顧慮形式上之交接，迅即實施指揮權……

胡璉人到湖南高地督戰，當殘敵已遁入古寧頭村內，「此際璉始回顧，但見二十二兵團司令官李良榮將軍、二十五軍軍長沈向奎將軍、湯恩伯將軍的日本籍顧問根本博等，都在此處。再看則羅尤公（卓英）亦盤膝而坐，時用望遠鏡觀察前方。璉除與李、沈寒暄外，乃肅然而趨羅將軍處，恭候之曰：『副長官何時蒞臨？』彼曰：『隨汝之後。』再問：『亦未中餐？』彼笑而不答。但云：『作何處置？』璉對曰：『徹夜攻擊，殲滅犯匪為止。』彼曰：『暫回兵團部，研究後再定。』當留十八軍副軍長劉景蓉繼續督戰。予與高、劉兩軍長隨羅尤公（卓英）回至塔後兵團司令部。……彼稍事檢討後，即逕去湯總部。彼之任務，布達命令，監督交接，至此已屬圓滿完成。……」

胡璉最後這幾句話，就是分割指揮權，認為羅卓英布達命令，監督交接，任務已經完成了，以前屬湯恩伯指揮，以後屬胡璉指揮，爭議就是因此而起的。十二兵團的王禹廷，在〈古寧頭大捷的結論〉，說的再明白不過了：

金門戰役第一階段的最高長官是湯恩伯將軍，戰地指揮官是李良榮將軍，實際指揮作戰的是高魁元將軍。第二階段的指揮官是胡璉將軍。

王禹廷的說法能不能成立呢？就要以事實來證明，首先看胡璉這一部分，羅卓英在湖南高地，有沒有佈達命令，監督交接？如果有，王禹廷的說法可成立，如果沒有，王禹廷的說法就站不住腳了，胡璉功勞也就不能成立。

十二兵團副參謀長王文，對於這一部分提供一點訊息，透過他的說法，可以分析研判，到底二十六日早上的狀況是怎麼樣呢？他說：

十二兵團司令官胡璉將軍接任金門防衛司令官，陪同東南軍政長官公署羅副長官來金接受佈達，於十月二十六日清晨自料羅灣轉駛水頭登陸，至湯總部指揮所，未及進餐，即陪同羅副長官尤公，湯總司令恩伯，萬副總司令建藩，及二十二兵團李司令官良榮，日籍顧問根本博先生，與十二兵團王副參謀長文等一行驅車逕赴前線。途經戰車營指揮所（設於湖南高地後數百武之道路旁），陳振威營長正以無線電指揮戰車作戰，諸高級將領均停車趨前慰問，並詢及戰況。胡司令官因心切前方戰事，即與王副參謀長先行到達湖南高地之十八軍指揮所，瞭望戰場情勢，歷歷在目。

這是陪同羅卓英督戰的集體行動，不是監交，胡璉先上湖南高地，湯恩伯與李良榮陪同羅卓英還在看戰車部隊，等到羅卓英後來上了湖南高地，胡璉才發現，趨前向羅卓英致意。

胡璉的文章，提到了李良榮與湯恩伯的日籍顧問根本博，就是沒提湯恩伯，難道湯恩伯沒上湖南高地嗎？況且他們一同從水頭湯總部出來，湯恩伯陪羅卓英與胡璉一起搭車前往湖南高地，何以胡璉將軍略而不談？

胡璉為什麼不提湯恩伯呢？他的意涵何在？試為解讀。

胡璉初來乍到，高魁元又說的非常緊急，趕快身赴前線關切部屬，這是人情之常，何況仗已經打這麼久了，胡璉這麼晚才到，應該有一點愧疚，不必說什麼「突覺千鈞在肩」了。

湯、胡都在湖南高地，羅卓英如佈達命令，監督交接，這是臨陣易帥，兵家大忌。照胡璉的說法，羅卓英監交已完成了，湯恩伯也在現場啊！到底怎麼交接的，何以不提？又故意寫得恍兮惚兮，不清不楚。羅卓英難道會在胡璉到達金門一個小時之後，就把指揮權交給他嗎？蔣介石在廈門易幟之前十天，都不敢輕率易將，撤換湯恩伯，難道羅卓英比蔣介石有膽識，在戰事勝負難解難分之際，就在湖南高地走馬換將？這在戰場的準則好像說不通的，爲什麼胡璉又說得那麼曖昧呢？因爲不提湯恩伯才可以寫的曖昧。

胡璉寫這本書時，相關當事人都已不在了，死無對證，胡璉要怎麼說是他的自由，但是眞相總有水落石出的一天。胡璉在金門憶舊說：

福建淪陷，極為倉卒，廈門失守，亦甚狼狽。筆者名為福建省主席，從湯恩伯將軍手中接任，一無所有，連一顆大印，還是伍誠仁將軍在臺給我的，……

從字裡行間玩味，湯、胡似另有一場交接典禮，所以胡璉才會抱怨連一顆印信都沒有。由此可以證明記者卜幼夫說的：「二十八日下午，東南軍政長官公署長官陳誠召集了師長以上的軍事會議，宣布湯恩伯上將調職，由胡璉將軍接任。」這時發佈命令，並沒有實質上的交接，因爲連大印都沒有，只是口頭佈達而已；因此三十日一干人等調回臺灣，時間比較吻合，也可以說得通的。因此研判，不可能胡璉一到水頭湯總部，隨即驅車到湖南高地觀戰就交接，其理至明。

因此，十二兵團說胡璉負責第二階段的指揮，只憑胡璉一句話，證據相當薄弱，而且不容易取信於人，二十二兵團的人就不信。

第二十二兵團第四十師師長范麟說：

不過十月二十六日之後，何時舉行佈達，則無資料可考。但依照情況言之，一般均忙於殲敵勝利的戰果清點，戰場清掃，自無暇言及佈達之事，也絕不可能為中外兵家所切忌的「臨陣換將」之理。

因此，他建議：「請刪除《戡亂戰史》十四冊・第三篇・第一章・第三節〈金門保衛戰〉插表十四・附記二中『指揮金門後期作戰』之字眼，以免職責含混，張冠李戴，掠美邀功，藉端自炫之風」。因爲：「指揮權之賦予與否，在於命令之佈達與否。金門保衛戰，作戰時間，僅有五十餘小時，且作戰係一氣呵成，似不宜有前後之分。因在前後之間，並無明確之界線。而可資分別者，僅爲佈達之時間，今佈達之時間既不能定，是以前後期指揮之說，亦無法成立。」

胡璉也算一員戰將，曾說金門陸軍裡有一句口頭禪：「爲長官所鍾愛，爲部下所尊敬，爲敵人所畏懼，爲友軍所欽佩，才是一個英武的軍人。」

毛澤東曾親筆通告中原野戰軍與華東野戰軍：「十八軍胡璉，狡如兔，勇如虎。宜趨避之，保存實力，待機取勝。」中共將領楊勇也說，我們寧願俘虜一個胡璉，也不願俘虜十個黃維。黃維是徐蚌會戰十二兵團司令官，胡璉是副司令官，戰至最後緊要關頭，胡璉自告奮勇，空投參戰。因此，胡璉在戰場上，有人認爲他有張靈甫的悍，卻無張靈甫的驕；忠不比黃百韜少，而謀絕比黃百韜多，領兵作戰確比他的同僚高一些。

參、高魁元

古寧頭大戰，十二兵團取得了解釋權，解釋得合不合理，只有待事實來判斷，王禹廷說第一階段的最高長官是湯恩伯將軍，戰地指揮官是李良榮將軍，實際指揮作戰的是高魁元將軍。王禹廷爲什麼有這種三分法呢？把戰役的功勞完全劃歸十二兵團呢？問題出在高魁元將軍一句話。高魁元說：

> 十月十日左右，我奉命率十八軍由汕頭船運金門，隸湯恩伯、李良榮兩將軍麾下，擔任金門島東守備區任務。二十五日零時後，匪乘夜暗渡海來攻，在西守備區登陸，突破二○一師嚨口至古寧頭海岸陣地。湯上將令二十二兵團李司令，將所有金門島上部隊授權由余統一指揮，殲滅犯匪，我即命原任機動之一一八師，十一師之三十一團及正在下船中的十九軍所部，配屬戍守金門的戰車第三團第一營，協同二○一師立即展開攻擊。……

這是高魁元〈金門保衛戰之回顧——明恥教戰的驗證〉，發表於一九九○年三月《閩南雜誌》第十七期，現在就來驗證高魁元的驗證。

高魁元的說法含混不清，高魁元如故意含混不清就不道德。因爲當事人多不在了，只有高魁元將軍有資格講話。

高魁元說：「二十五日零時後，匪乘夜暗渡海來攻……」，下面就跳

▲古寧頭一戰，奠定了高魁元將軍的仕途。

接到「湯上將令二十二兵團李司令，將所有金門島上部隊授權由余統一指揮……」高魁元的文意，似乎是說共軍一來犯，湯上將馬上就授權他統一指揮，這樣的說法太大膽，經過史實的參證，又無法自圓其說，因此可以逆推他的本心。

高魁元與胡璉的指揮權，都是單方面的說詞，都有能力把授權或交接的時程寫清楚而不寫清楚，而留下歷史公案。爲什麼他們不說，是不能說還是不敢說，因爲事實勝於雄辯，爲了探究歷史眞相，總有蛛絲馬跡可循。

二十五日早晨六時左右，戰爭還在激烈進行，湯恩伯將軍，李良榮司令等一同到瓊林，與高魁元會商作戰方略，十二兵團的參謀長楊維翰說，高魁元與湯恩伯意見不一，楊維翰建議：「共同目標祇要求打勝仗，至於細部事宜，不如賦予高軍長全權負責，以便統一指揮，發揮戰力。」

這時湯恩伯是上將，高魁元是少將，階級相去甚遠，一個少將跟上將意見不同，上將會放棄自己的主張，完全聽下屬的見解嗎？除非下屬確有高見，但是，湯恩伯有沒有授權？楊維翰的說法沒有答案。會後李良榮回到一三二高地督戰，指示周書庠送命令給高魁元，周書庠約八時許到達瓊林指揮所，高魁元拆閱命令之後，就指著桌上的地圖告訴周書庠，現已以戰車在前，步兵在後，向西一點紅、林厝間攻擊，完全符合司令官企圖。

這時距離瓊林會商只不過兩個小時左右，可見高魁元與湯恩伯雖然意見不一，湯恩伯沒接受他的意見，也沒接受楊維翰的建言，所以李良榮司令官一到一三二高地，就迫不及待要求周書庠送命令。

這時的戰況怎麼樣？十九軍與二十五軍的指揮所已移到一三二高地後方，戰一連攻向嚨口與觀音亭山，戰一連在金東，主動出擊，李良榮沒有指揮，高魁元也沒有指揮。

但是高魁元有沒有指揮其他部隊的痕跡呢？除了十八軍、十九軍之外，沒有其他部隊接受高魁元作戰方略的歷史證據，因此即使「授權高魁元指揮」，也與高魁元自己所說的「將所有金門島上部隊授權由余統一指揮」有很大的差距。

授權高魁元軍長指揮，有一種可能，十八軍在金東，二十五軍的四十五師也守備金東，十九軍的十八師剛到瓊林，將十九軍的十八師與十四師，及十八軍的一一八師授權由高魁元統一指揮，是有此可能，但是將金門全島的作戰部隊，跳過李良榮，由十八軍軍長高魁元統一指揮，不太可能，因爲二十二兵團還有第五軍與第二十五軍軍長，他們何必聽命於高魁元呢？

前述這種推論，現在獲得了新的佐證；十二兵團處心積慮不把話說清楚，第一個是胡璉將軍，第二個就是高魁元將軍。胡將軍已見前述，現在專看高將軍：

高魁元在〈金門保衛戰之回顧——明恥教戰的驗證〉裡說：

> 湯上將令二十二兵團李司令，將所有金門島上部隊授權由余統一指揮。

這一句話故意含混，有誤導之嫌，其實湯上將不是令李良榮授權全島部隊由高軍長指揮，而是授權反攻部隊由高軍長指揮，兩者差距很遠。高軍長在戰後的報告明明寫著：

三時復奉兵團司令官命令，本島反攻部隊統歸高軍長指揮，奉令後，乃率必要人員至瓊林，利用一一八師通信設施設立指揮所，并命十八師五二團及十一師之三十一團，迅速向瓊林集結待命。

所以三時三十分一一八師向前推進，拂曉時攻觀音山及安岐；八時三十分已到達瓊林之十八師五十二團及十一師之三十一團歸十八師尹師長指揮，由北海岸攻向古寧頭；「十一時二十分，十八師在安岐東北海岸，向匪佔領之碉堡逐堡進攻，同時一一八師及十四師及戰車營分向安岐浦之線展開最猛烈之攻擊，……至未末十八師在安岐東北攻佔匪堡六座，一一八師攻佔安岐及埔（浦）頭東半部，十四師攻佔浦頭西半部亙海邊之線，戰車營官兵英勇活躍，……。申食，（十）八師官兵勇英（英勇）無敵，攻佔古寧頭東北海岸，一一八師鑽牆肉搏，攻佔林厝，十四師四十二團團長李先（光）前在匪猛烈火網下，親自督隊向古寧頭南部突擊，壯烈成仁，共又俘匪千餘。

十時許以十八師配合戰車營猛攻安岐埔（浦）頭之匪，……三數小時內無法結束戰鬥，而東半部亦不無顧慮，爲顧及全島大局，乃荐（建）議以十四師在壠（嚨）口觀音亭山安岐埔（浦）頭之線佈防，以一一八師派有力之一團於林厝以北與匪夜戰鬥，……。

二十五日夜半以後，匪以少數船隻分組偷海（渡）增援約一個團：
師之一團於湖下以北利用潮退□（跨）海向古寧頭以西之南山坡邊匪攻擊，協力一一八師之戰鬥。」

高魁元將軍指揮十八軍與十九軍的打擊部隊，從金東沿著北海岸，一路從瓊林、後沙，直逼瓏口，攻向湖尾觀音亭山，進擊安岐，圍殲共軍於古寧頭，只見高將軍指揮十八軍、十九軍，從上述並沒有看到他指揮二十五軍及二〇一師，所以授權指揮全島的部隊是不正確的，只能說授權指揮反攻部隊。因此，高的說法不無爭功掠美之嫌，相較於戰後李良榮在檢討會的致詞，極力推崇十八軍軍長指揮有方，並在敘獎將他排名第一位：

> 金門戰役中最得力之指揮官，晝夜辛勤指揮有方，擬請以金門之役首功之一者頒給勳獎。

▲戰後蔣介石召見十八軍軍長高魁元。

所謂得力，就是下屬之意。

高魁元不僅有功，而且是首功之一，李良榮深表推崇，並沒有要掩蓋十二兵團的功勞，也沒有要掩蓋高魁元將軍的功勞；因人用才，因能授權，因地制宜，也是領導統御的一種方式，有功歸美長官，有過自己承擔，才是一個領導者的風範。如果像高魁元將軍的說法，那麼他授權十九軍的十八師師長尹俊指揮，是不是十八軍的功勞都應歸十八師呢？

因此，胡璉說高魁元「捨己田而耘人之田」，是有矛盾的，而且是可以證明矛盾的。

高魁元的說詞，胡璉爲他發揮：〈對於第十八軍軍長高魁元將軍於戰爭開始時負責全盤指揮原因之說明〉，這是《泛述古寧頭之戰》的附件六，屬於書本的壓軸，胡璉何以必須闢專章來討論呢？有沒有「掠美爭功」呢？胡璉說：

此戰最使青年軍官所不易了解者，乃二十二兵團司令官李良榮將軍，負責金門全盤防守責任。而劃為第十八軍為東守備區，第二十五軍為西守備區，責任分明，毫無混淆。但當敵人在西守備區登陸突入之頃，何以不以總預備隊之第一一八師：一、撥歸二十五軍沈軍長指揮？二、何以不由李司令官本人直接指揮？三、此際第十九軍之第十四、十八兩師，已陸續參戰。此軍主力已加入矣，何以不以第一一八師，撥歸第

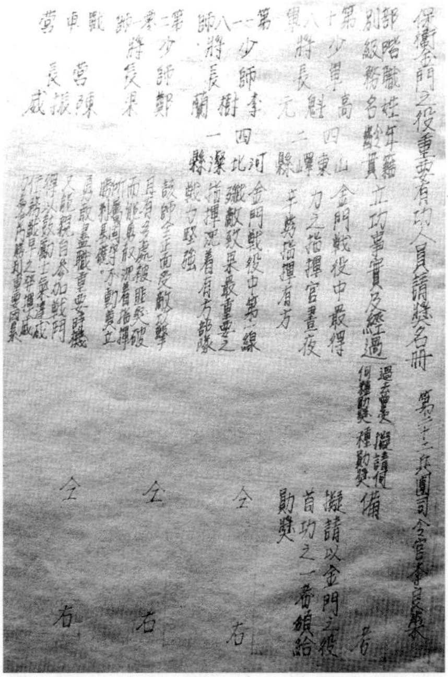

▲李良榮將軍敘獎的功勞簿，高魁元名列第一。

十九軍軍長指揮，形成一強大之反擊力量？四、卻調金東地區之守備指揮官進入西地區內，又指揮一一八師及十九軍均非本身之任務部隊，而東守備區又無人接替，是誠「捨己田而耘人之田」。

胡璉沒有進入狀況，他的說法正足以暴露他的短處，試借箸代籌說明如下：

一、一一八師爲什麼不撥歸二十五軍軍長或由李良榮司令官直接指揮呢？胡璉自己說，這時的「國民革命軍……非可以如今日『任何軍官一經任命便可以指揮任何部隊』者可比。」他明知如此，卻又要責怪李良榮，實在欠通。但是胡璉認爲高魁元「戰爭開始時負責全盤指揮」，卻又說「非可以如今日『任何軍官一經任命便可指揮任何部隊』」，以胡璉的說法，高魁元怎麼有能耐於戰爭剛開始時指揮所有的部隊呢？這就是矛盾的所在。

二、第一一八師何以不撥歸第十九軍軍長指揮，形成一強大之反擊力量。第十九軍主力部隊於二十四日傍晚剛到金門，有些部隊還在登陸，對金門根本摸不清楚，軍長劉雲瀚初來乍到，李良榮不放心，還要他與二十五軍軍長沈向奎在金城合署辦公，這時把一一八師撥歸劉雲瀚指揮，他不知道金門生成圓的還是扁的，怎麼行軍作戰呢？

李良榮的處置並沒錯，他要十九軍與二十五軍協同作戰，換句話說要二十五軍的沈向奎來帶十九軍的劉雲瀚，畢竟沈向奎來金門已經一個多月了。高魁元指揮一一八師由現駐地向古寧頭反擊，十九軍已登陸進駐瓊林的十八師就近歸高魁元指揮，這種部署應該沒有錯。

三、卻調東地區之守備指揮官進入西地區內，高魁元將軍不是說湯恩伯授權他統一指揮所有部隊嗎？怎麼李良榮現在又把東地區之守備指揮官高魁元調入西地區，這不是自相矛盾嗎？高魁元既然指揮所有部隊，當然直接聽命湯恩伯，又何必聽命李良榮，可見十二兵團的說詞有破綻。

胡璉搞不清楚上述狀況，所以：

有此疑問，將產生：一、就李司令官立場而言，不能無「指揮錯亂」之譏，二、就國軍高級指揮官之戰術修養而言，不免有「低能」之誚。然湯恩伯將軍何以在千鈞一髮之際，毅然命令高魁元軍長超然於戰鬥序列之外，負全島指揮作戰之責？今願解釋其理由爲：……

先別看他的理由，胡璉說李司令官「指揮錯亂」、「低能」，措詞是很嚴重的，何況胡璉的指摘又不能成立。十二兵團對敗軍之將湯恩伯向來不夠敬重，但是現在命令高魁元軍長超然於戰鬥序列之外，似乎一下子又英明了起來，讓人看起來很奇怪。

現在聽聽前述胡璉所要說的理由：

一、自民國三十七年秋季開始，國軍最大野戰單位為兵團。此編組有建制之軍，師及相當之戰鬥及勤務支援部隊，兵團司令且握有至大之人事及行政權力。故當十二兵團之第十八、十九兩軍，已直接介入戰鬥後，兵團司令尚未到達戰場，由資深而又久經戰陣屢立殊勳之十八軍軍長高魁元將軍統一負責。在人事關係及戰力發揮方面，較之一向陌生，毫無情感淵源的李司令官，確屬妥當。

二、二十二兵團之建制部隊，如第五軍、第九軍、第二十五軍，此時均無實力可以負起實際作戰任務。

三、國民革命軍，由於八年抗戰的長期分佈於廣大戰區，在不知不覺中形成了若干人事及感情上之集團，一如滿清時代之湘軍、淮軍、綠營然。非可以如今日『任何軍官一經任命便可指揮任何部隊』者可比。

基於右述，可知高魁元軍長受命於緊急之際，負責全局指揮，在當時狀況下，仍係面對現實之權宜而有效的處置。

胡璉爲證明高魁元指揮的正當性，話越說越離譜，而且充滿危險性，有見識的國民革命軍將帥應不願輕易出口，因爲傷人反而自傷，而且傷得很重，胡璉不自知，現在看胡璉傷在那裡？

一、胡璉曾說高魁元新任軍長不久（一九四九年四月接任），因此，他不放心高指揮。高魁元接軍長只有六個月，怎麼在胡璉口中，一下子變成「資深而又久經戰陣屢立殊勳之十八軍軍長高魁元將軍」，六個月可以算資深嗎？既然算資深，胡璉怎麼不放心，匆匆趕到湖南高地指揮呢？

其次，胡璉說：「在人事關係及戰力發揮方面，較之一向陌生，毫無情感淵源的李司令官，確屬妥當。」胡璉的話也許沒錯，然而由李司令官指揮十八軍、十九軍沒情感、沒淵源，由高軍長指揮二十五軍、二〇一師就有情感、有淵源嗎？李司令官是一位兵團司令，指揮十八軍有困難，高魁元比李良榮低一階，在二十二兵團還有其他與他同階的軍長，素無感情、淵源，他們會服高魁元而不聽李良榮的嗎？

二、胡璉說第五軍沒戰力，的確沒錯，但第五軍守烈嶼，大約只有三千人，並未直接交戰，不影響全局。第二十五軍守金西，胡璉說它無力可以負起實際作戰任務，爲了凸顯十二兵團的英勇，只有貶低二十二兵團，但是「龜何必笑鱉無尾」，那時國軍到底怎樣才算有戰力呢？

一一八師算是十八軍有能力作戰的部隊了，三五三團是一一八師的英雄團，王文稷連長初到金門的時候，「草草以乾糧裹腹後，即整隊上路，近午尚走在途中，天卻下起雨來，適經過一大村落，官兵紛往其各牆簷下避雨，但爲該村落武裝整齊之衛兵喝止，雖說明番號，請求暫准避雨，仍然不准。後得悉該部爲四十五師，由空軍警衛旅改編而成，難怪服裝整齊，武器精良，反觀本部，卻服裝殘破，有便衣、有軍服，武器更係雜湊，大都係得自土共，小部才是在進入廣東省境時補給的。」

胡璉說二十二兵團無實戰能力，但四十五師在十二兵團的部隊眼中「服裝整齊，武器精良」，羨慕得要死。

三五三團三營營長耿將華說：「回憶江西黎川縣徵兵時，我們這些幹部們：一無吃，二無穿，三無糧食，四無械彈。」當時還屬於「破軍」，到了金門打了勝仗，耿將華都難以置信，因爲「沒有訓練的軍隊（新兵），能戰勝強敵，在我國軍建軍史上可謂是一壯舉。」

三五四團也是新兵，胡璉上國防部長函：「三五四團於二十五日黎明時，增援前線之行動中，新兵聞槍聲及子彈掠過，群皆伏地不起，幹部們督之不前，牽之不動，攔此則彼逸，顧彼則此失。營連長無計，乃集合每一連之老兵四十餘人，以短槍及白刃而上，暫時不理此輩新兵。……」

十九軍怎麼樣呢？剛到料羅灣時，十四師下船，沒有軍服，湯恩伯還誤以爲是民伕，認爲「形同乞丐，安可臨陣」。胡璉在上國防部部長俞大維的函中指出十四師四十二團團長李光前團長的殉難：

> 戰後璉查詢其陣亡之原因，其團一班長告璉曰，予等之武器，乃收繳之於福建廣東叛變之保安團隊中，腐舊不堪用。予營只五挺輕機槍，兩挺打不響，三挺不連放，團長見火力不能壓倒敵人，遂決計白刃衝鋒，但兵又新集，伏地不應，團長率先衝上，因而陣亡！

十九軍很多是拉伕的新兵，武器又不好，賠上了李光前將軍的性命，十八軍、十九軍的武器、人員素質如此？二十二兵團是不是比他們更爛？

三、胡璉將軍說國軍經過八年抗戰，形成了若干人事及感情上之集團，並認爲跟清朝曾國藩的湘軍、李鴻章的淮軍相當，根據李劍農《中國近百年政治思想史》的說法，民初的軍閥就是由湘軍、淮軍蛻變而來的，因爲他們只知道有統帥，不知道有國家。胡璉說：「非可以如今日『任何軍官一經任命便可指揮部隊』者可比。」坦言之，就是指揮不動了，這是軍閥思想的餘緒，也是國民黨各自爲戰，失去大陸江山的原因，胡璉卻堂而皇之的說了出來，不自覺其危險性，就是傷人反自傷的所在。

十二兵團對於指揮權，要以胡璉取代湯恩伯，高魁元取代李良榮，胡、高兩人桴鼓相應。高魁元，山東嶧縣人，軍校第四期，是胡璉的同學。

▲李良榮不爭功，留下大樹將軍的典範。

肆、李良榮

老子說：「不爭，故天下莫能與之爭。」古寧頭大捷，李良榮司令官雪落無聲，風淡無痕，始終不言一功字，一勞字，他在這場關鍵性的戰役處於什麼地位呢？

胡璉說：

此外最使璉感動者，厥為李良榮、沈向奎兩將軍之泱泱風度！彼二人雖未負實際指揮責任，但每日均身臨前線，與高魁元及劉雲瀚兩軍長共冒危險，分擔艱苦。戰後不特未稍表功，且曰：「若無十二兵團之增援，則吾人之遭遇，誠有不可想像者。海島作戰，勝則滅敵，敗則被殲，吾人感激之不暇，何功之可爭？」今者兩將軍均已作古，每心儀其風範，輒為之肅然起敬。

李良榮將軍對十二兵團的推崇，不願表功，可以想見器識宏深，心胸開闊。李良榮站在整體作戰，團結禦敵的立場，只要打勝仗，成功不必在我，因此不掛在心上。

然而，胡璉將軍說他未負實際指揮責任，每日身臨前線，與高魁元及劉雲瀚共冒危險，襯托高、劉兩將軍在指揮的主導地位，胡璉站在本位主義立場，有失公允，心胸、格局相形之下不如李良榮。

古寧頭大戰，李良榮將軍是負責實際指揮者，胡璉將軍應就歷史論

古寧頭戰役的實況說明（五十二年
李樹蘭將軍口述　朱義雲筆記
一、戰鬥前我軍的佈署：
在民國三十八年十月二十五日前後，金門
第二十二兵團司令李良榮將軍統一指揮的。
務，分為東西兩個區：東區指揮官是第十八
將軍，軍部位於東部的山外；以所轄的第十
羅灣左右地區，擔任守備。西區指揮官是第
於官澳左右，所轄的第四十師，配置於水頭左
向奎將軍；
二〇一師（欠一團），則配置在古寧頭到壟口
備，機動部隊，配屬戰車一個營，由第十

歡暢飛杯，對香煙更是手不見釋。大約是在廿六、七年間吧，本來參加武
口、三潭、馬當一帶擔任外圍運動戰，經常奔襲、奇襲、突擊日軍，以遲
攻擊，均能予日軍以或大或小的打擊，每次都獲得若干戰果，每次於掃蕩
集結地點靠近營部，將軍必親自找我要戰利品——日軍的香烟和酒，如集
亦必要他的傳令兵前來取拿，從未讓將軍落個空、失過望，今天想來，略

◀李樹蘭將軍受訪的紀錄，塗改處更見深意。

歷史，不宜矯飾，爲了證明胡璉將軍說法不眞，如今就讓史料說話：

古寧頭的戰役實況說明（五十二年三月礁溪李宅）

李樹蘭將軍口述　朱義雲筆記

一、戰鬥前我軍的佈（部）署：

在民國三十八年十月二十五日前後，金門的國軍，是由第二十二兵團司令李良榮將軍統一指揮的。把金門島的防務，分為東西兩個區：東區指揮官是第十八軍軍長高魁元將軍，軍部位於東部的山外；以所轄的第十一師，配置於料羅灣左右地區，擔任守備。西區指揮官是第二十五軍軍長沈向奎，所轄的第四十師，配置於水頭左右，其指揮的二〇一師（欠一團），則配置在古寧頭到壟（嚨）口這一線，擔任守備；機動部隊，配屬戰車一個營，由第十八軍的一一八師……

這裡有幾個問題可以探討：

一、一一八師的師長李樹蘭將軍，是十二兵

團的，隸屬於十八軍，也就是高魁元將軍的直屬部隊，他的證詞應有相當的客觀性。

二、李樹蘭將軍開宗明義就說，古寧頭戰役前後，金門的國軍，都是由二十二兵團司令李良榮將軍統一指揮的。

三、李樹蘭將軍是民國五十二年三月親身受訪，而胡璉將軍是民國六十六年過世，死後部屬才爲他發表泛述古寧頭之戰，掀起指揮權之爭，所以李樹蘭將軍之前的說詞相對的可信。

周書庠說：

> 在戰鬥準備期中，李司令官以勤勞刻苦之精神，日夜奔走於島之週邊，督導防務之設施，碉堡之構築，雖一射孔，一槍座；以及砲兵陣地之選擇，必躬親檢定；我雖係初屬，出必飭隨行，以盡特業幕僚之職；李將軍每於會報中，或談論間，無不表露其剛毅意志，與金門共存亡之決心，因金門在軍事上是一死地，如不以死裡求生，則死無葬身之地矣。

因此，當十七日廈門失守時，金門大有風雨欲來之勢，李良榮將軍於二十四日上午在兵團部召集會議，團長以上幹部，及特種部隊長參加，李司令官主持，湯恩伯列席，會中決定，當日午後演習。

二十五日凌晨，共軍登陸金門，李良榮即刻打電話聯絡周書庠，掌握住狀況；同時要求駐頂堡的戰三連出擊，周名琴連長雖報告戰車沒有夜視設備，但李良榮不予理會，堅持摸黑出擊。

二十五日凌晨三時，李良榮以電話指示第十九軍軍長劉雲瀚，命他與二十五軍軍長沈向奎聯絡，指揮所部由後浦向北挺進，迎擊南竄的共軍；另以二十五軍第四十師的迫擊砲全部配屬十九軍的第十四師，以增強火力，然後由兩軍長協商指揮當面之作戰。同時告知，第十八軍高軍長指揮一一八師由現駐地向古寧頭方向反擊，十九軍之十八師已登陸瓊林之部隊，就近歸高軍長指揮，十八師尚未登陸之第五十三團著即轉航小金門歸第五軍軍長李運成指揮。二十五日清晨，李良榮與湯恩伯總司令到瓊林會見十八軍軍長高魁元，召開作戰會議，回來後又到一三二高地督戰，聽說珠浦鎮長許乃協、金門縣長陳玉堂陪同。

李司令官此時要求周書庠送公文給在瓊林的高魁元軍長，指示作戰事宜。此時的高魁元很謙遜，指著攤在桌上的地圖，告訴周書庠完全符合司令官的企圖。

從共軍登陸到現在，都是李良榮將軍在指揮，十八軍在金東，向觀音亭山進攻，十九軍剛到金門不過幾小時，配合二十五軍窺向一三二高地，兩路進擊，完全在李良榮的指揮與掌握之下。

那麼，胡璉說李司令官沒負責實際指揮，這樣還不算實際指揮，怎樣才算？縱使二十五日早上八時以前屬李良榮將軍指揮，以後屬高魁元實際負責指揮，但總要有證據，不能光憑一句話「授權高魁元軍長統一指揮」就可涵蓋一切，因爲十二兵團的說法，站在歷史的角度，應講求客觀公正。今天想要證明高魁元軍長統一指揮所有金門部隊，但是苦於沒有資料，想臚列一、二事證都不可得，不免教人迷惑。

大抵十二兵團的說法，高魁元指揮前半部，胡璉指揮後半部，金門大捷的功勞全都歸十二兵團。然而，十二兵團的說法、證據又相當薄弱，無形中失去了正當性。

湯恩伯、李良榮戰後都不得志，二十二兵團隨即於十一月十五日結束，而十二兵團的胡璉與高魁元位居要津，聲望日隆，是不是因此想接上古寧頭大捷的功績，不能不令人懷疑。

胡璉剛開始否定李良榮的指揮權，但在上國防部部長俞大維的公函時又說：

> 璉每欽仰李良榮將軍之清高風範。古寧頭之戰，最初彼乃負責指揮者，璉之負責僅為二十六日上午十一時以後，但彼始終不言一功字，亦不提一勞字。人有以金門戰事相詢者，彼則不稱功而讓之於十二兵團。固然當時之軍制，兵團乃最大之行政及戰術單位，各兵團均有其建制之軍師，如第二十五第五兩軍屬二十二兵團，十八、十九兩軍屬十二兵團者然。但在璉未到金門以前，十八、十九兩軍曾均歸彼指揮。夫晉之滅吳，隋之滅陳，當時名將若賀若弼、韓擒虎、王渾、王洞等，猶不免於爭功諉過，甚至於涉訟於朝。獨李良榮將軍則能矯正古人。推功讓名風範，寧可勿留傳千古耶？況俘虜武器均由彼呈繳乎？當時固有一小部軍隊，以其虜獲戰利品直接呈獻於其直屬長官，而又在臺灣大開展覽會，以宣傳其戰功，其量小易盈之態，以與李將軍之高風亮節相較，其差何啻霄壤？世人每以古寧頭之功使十二兵團得享，璉則以為應勿忘李將軍也！

李良榮有功不居，而且推功讓能，胡璉感懷備至，因此：

> 六年前予過馬來怡保，曾赴良榮將軍墓前獻花祭酒，默禱之餘，回憶往事，不禁

脫口而出曰：「忠肝義膽，來格來享」……而其所表現之軍人武德，實不愧古人所謂：「功則相讓，敗則相拯。」

胡璉雅慕大樹將軍的風範，大樹將軍就在他的眼前。

綜觀胡璉的書，說法有矛盾，胡璉起初說「彼二人雖未負實際指揮責任」，但在上國防部部長的書中又推崇李良榮爲「最初彼乃負責指揮者」，這是正式公文書，胡不敢爭功掠美。胡璉既已承認李良榮負責初期指揮責任，那麼授權高魁元統一指揮的說法就不能成立，因爲李良榮不可能負責指揮，又授權統一指揮。

李良榮將軍的風範，胡璉將軍深爲感動，但十二兵團的人，沒能體察李良榮將軍的武德，以及胡璉將軍對李良榮的欽譽，以致後來衍生許多的風波，如果十二兵團的人，也能推功讓名，整個戰役豈不更完美了。

李良榮，福建同安人，民前四年出生，一九二四年十七歲，考入黃埔軍校第一期，是同學中年紀、個子最小的。其時，孫中山先生以大元帥在黃埔閱兵，檢閱到排末最後一人時，中山先生見他器宇不凡，撫摸他額頭說：「小老弟」。從此小老弟之名不脛而走，長官同學見面都稱小老弟而不名。

先生喜歡讀書，雖然戎馬倥傯之際，仍手不釋卷，他自承長處在正直，但短處也在正直，因此上通天文，下通地理，中不通人情，所以有「二通先生」的稱號。

一九五六年，獲准以中將退役，翌年參加第三屆省議員選舉，以最高票當選，後以出國簽證日期即將屆滿，獲准辭去省議員。此後長期旅居馬來西亞經營實業，一九六七年六月二日，自己開車到怡保大石水泥廠，因誤踩油門撞上牆壁，傷重不治，享年六十歲。

李良榮在福建省主席任內，因用人不當，以致部下紛紛叛變，全省淪陷，經古寧頭大捷，李良榮將軍，發揮了旋乾轉坤的力量，開創了歷史新局，已將功補過而有餘，然而英雄無名，抑鬱以終，良深浩嘆。時人有詩讚譽：

金門屹立如鐵堡，令人長憶李將軍。

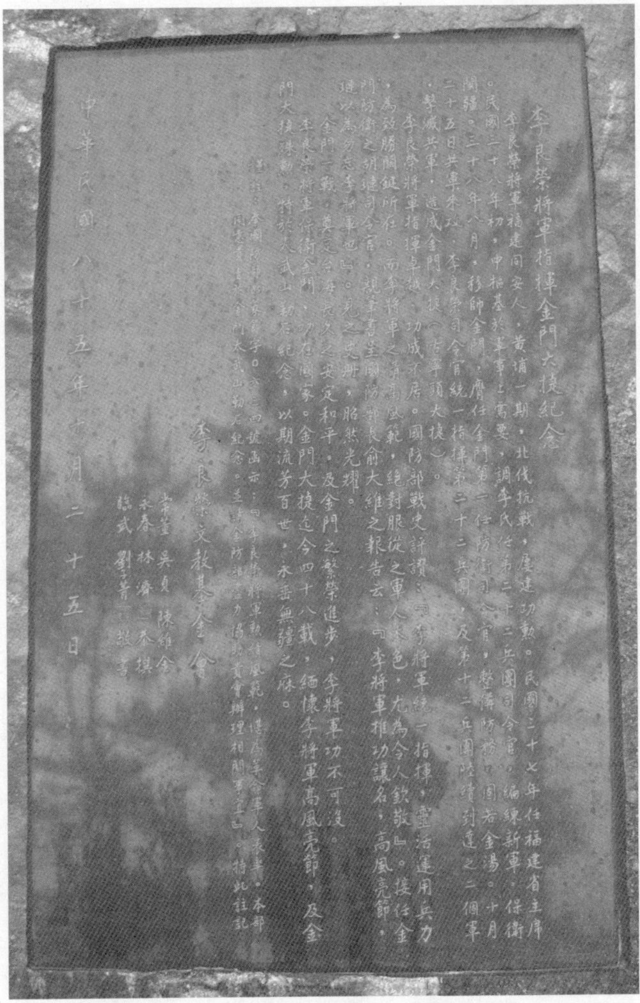

▲太武山上的石壁，嵌刻著李良榮將軍在古寧頭戰役的功績，用心可見一斑。

▼這裡躺著大江南北的好漢，是父母親日夜思念的孩子。

殺伐的年代

第三輯

28 謎一樣的戰役

折戟沉沙鐵未銷，自將磨洗認前朝；
東風不與周郎便，銅雀春深鎖二喬。
〈赤壁〉杜牧

古寧頭戰役是一場很怪異的戰事，國民黨明明知道共產黨要來進攻了，而且趕忙準備，搞得雞飛狗跳，人仰馬翻，但是共軍何時登陸？要在那裡登陸？到現在人言言殊，你說奇怪不奇怪。

蔣介石於一九四九年九月十三日致電福州綏靖公署代理主任湯恩伯將軍等，指示：「閩浙諸匪如要攻我海島根據地，其時期必在每月滿潮之時，即陰曆初十與二十日之十日間，下月即為陰曆八月大潮汛，我軍務須特別加緊準備。」共軍進攻的時間，是農曆九月初三的夜晚、九月初四的凌晨，蔣介石的推斷，雖不中亦不遠矣！

國軍發了潮汐表。

十月二十四日午後舉行步戰協同演習，古寧頭許多村民還在挖戰壕。李泉州，當年只有十五歲，也被捉去挖壕溝；軍方規定每天挖多少，挖

▲戰時李泉州只有十五歲，被抓去構工。

▲共軍先頭登陸部隊所用的三角架。

不完不能回家。李水團也挖戰壕挖到很晚，步戰演習的子彈從頭頂上呼嘯而過，有些打到壕溝的邊坡，軍方認爲危險，放了他回家。七十一歲時受訪的李水團說，如果沒有回家，當晚可能死在戰場。

二十四日下午，大嶝島四周聚集了許多帆船，種種跡象顯示共軍很快要來進攻了，只是不知道會在那裡登陸，不過，湯恩伯研判，應在東西一點紅之間的古寧頭。儘管戰情分析都很正確，爲什麼到現在還掌握不住狀況呢？

楊展的戰車拋錨在海灘，二十五日零時三十分左右，從金門的海岸水際發射出一發信號彈，緊接著又是兩發，瞬間共軍岸砲飛了過來，十幾分鐘後，砲聲停了，楊展就聽到共軍的涉水聲。

依楊展的說法，共軍一時以前大舉登陸；但是沐巨樑又有不同的看法。沐巨樑說，他一夜都沒有闔眼，因此記憶特別深刻：

所以敵登陸的時間可以確定是在二十四日深夜十一時四十分左右。而此時登岸敵軍，極可能是先頭部隊，似利用麻竹捆成的三角架做助浮工具，人鑽在三角架中，兩腋置於竹架上，下半身浮於水中，先於大木船之前，利用人力划過來，這樣目標小，且極為靈活，攜輕裝悄悄上岸，實行摸哨，相機刺殺或控制我第一線守軍。其上岸的方法極可能利用大木船上的機槍集中火力向岸掃射，此時我第一線守軍的反擊火力全被吸引到遠方敵大木船上，以三角架摸灘之敵軍，則利用雙方火網下的死角，或火網左右空隙往裡猛鑽，繼續擴張，岸上守軍注意力集中於較遠處大木船上，對乘黑夜在猛烈槍聲干擾中摸到面前的敵人卻疏於提早發現，等摸哨之敵人逼近時已措手不及了。

這是沐巨樑的推想，爲什麼他有這種推想呢？因爲：

二十五日晨，我車到達敵船擱淺處時，我就看見百多具三角架，散布在敵船擱淺空隙間，有部分中間還捆著一個大木盆，盆中還有部分散子彈，還繫著一條繩子，隨潮水漂蕩流散的，想必也有不少，而這些三角架的運送，也有可能自中途或接近時從木船上放下……

沐巨樑認爲這是敵人的先頭登陸部隊，登陸的時間應該是二十四日深夜十一時四十分左右，他的論點應可採信，因爲楊展發現信號彈的時候已經是二十五日零時三十分左右，共軍已經登陸，向大陸發射信號，岸砲不久飛了來。沐巨樑與楊展的說法有一個小時的差距，但可以接受。

周書庠十二點鐘睡覺，被砲聲驚醒，他也搞不清楚幾點登陸。徐述，東線青年軍第一線的營長，他說二十五日零時許，第五連哨兵龔尙賢與巡邏哨兵，發現共船來犯，鳴槍三響；西線的突擊排長卞立中凌晨一時查哨誤踩地雷，轟然巨響，發現共船登陸。

▲釋惟德上海交通大學畢業，英姿煥發。

釋惟德法師，俗姓周，江蘇南通人，當年參與古寧頭戰役，也是從上海幫蔣經國搬運黃金到臺灣的小組長。

一九四九年二月十日，蔣經國已預見大事不妙，未雨綢繆，在日記寫道：

> 中央銀行金銀之轉運於安全地帶，是一個重要的工作。但以少數金融財政主管當局，最初對此不甚瞭解，故經過種種之接洽、說明與佈置，直至今日，始能將大部份金銀運存臺灣和廈門，上海只留二十萬兩黃金。此種同胞血汗之結晶，如不能負責保存，妥善使用，而供諸無謂浪費，乃至資共，那是一種很大的罪惡。

釋惟德說，蔣經國到上海打老虎，滬上各大學相信三民主義的學生，忠心耿耿，組成一支小組——第十小組，成員一百多人，負責搬運黃金。美國提供二十一架全新C119運輸機，從上海龍華機場起飛，運到臺北松山機場，回條印一蓋帶著回去交差，日夜不停運金塊，運了將近一個月。他說一架飛機載十塊、八塊黃金，人員與駕駛輪流休息，飛機不休息，有時在機上睡覺，也曾超載失事人機與黃金一起墜海。

任務一結束，大陸情勢急速逆轉，他怕曝露身分、招來殺身之禍，趕緊從軍，隸屬青年軍二〇七師；到了臺灣之後，首先駐紮在現今中華路理教公署，日據時代是日

▲蔣介石到太武山海印寺巡視，釋惟德（左二）在傍奉命唯謹。

本人的西北院寺，前面是鐵路，從西寧南路下去可以到淡水河洗澡。淡水河對面的沙灘是妓女寮。

一九四九年第一次到金門，駐守在古寧頭南山村唯一的洋樓，一個排配屬在部隊裡面，負責特種任務——情蒐。中共在大小嶝與蓮河一帶集結船隻，準備大舉進攻金門，臺北的消息是計畫從中蘭登陸，然而二十四日下午六、七點的時候，天氣發生變化，北風起來了。

釋惟德怎麼知道戰事要爆發了呢？他說眞正講，是他們的閃光，共軍利用燈光指揮部隊，他沒有聽到砲聲，然而海面上手電筒太多了，很早就注意了，打電話通知全線戒備。

共軍船團是一波一波出發的，除了帆船之外，還有用木板釘成的三角架過來的，各船團聯繫用燈光打信號，雖然手電筒用布包著，但是晚上星夜無光，一點燈光透出，就是鉅光，他在樓上看得很清楚。釋惟德的說詞，印證大陸洪小夏所著血祭金門：「後面的船跟著前面船的燈光走，輔以包著不同顏色布的手電筒，保持著聯絡和隊形。」可謂所言不差。

戰事爆發，當晚共軍右翼一部已竄底北山洋樓，他們隨著部隊摸黑反擊，甚麼都看不清楚，不辨敵我，然而戰火猛烈，他就把屍體堆疊圍起來掩蔽，躺著睡覺，早上一聽集合號，起身一看遍地都是死屍，趕緊背著槍就去集合。他那一排整個打掉了。他說如果不是東北季風強勁，而讓共軍從中蘭如願登陸，金門就完蛋了。

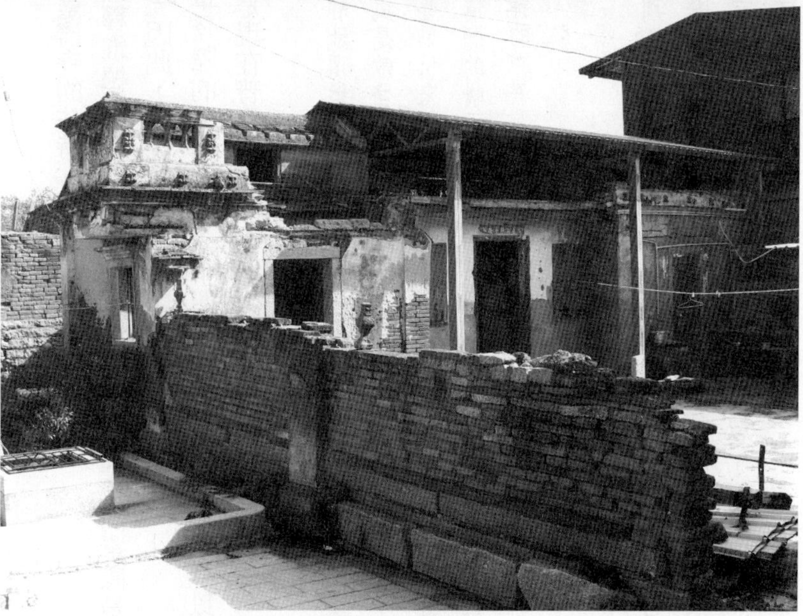

▲南山洋樓駐紮青年軍第八連，有釋惟德的戰爭記憶。
▲南山的甲長就集中在洋樓對面的矮屋待命。

戰爭落幕，現場任務一結束，他馬上歸建，到防衛部報到，資料一交，就立刻回臺灣了。

釋惟德，現在是金門金城靈濟寺的住持。

南山村民李炎陽，當晚與釋惟德駐守同一棟洋樓，他聽到開火，問軍隊是幾點鐘？得到答案：「十一點多。」因此，他說晚上十一點多就登陸。

根據這些資料研判，共軍登陸的時間應是二十四日深夜十一時三十分以後到二十五日凌晨一時之間，絕不是現在普遍認爲的凌晨二時。爲什麼呢？沐巨樑說：

> 如果是以敵人摸到他們的駐地頂堡、安岐、林厝、下堡、南北山等的時間，也許可能正確，如果把這種時間算成是敵登陸的時間，而有關史政單位也來者照錄，那就值得研究了。當然，這樣對某些單位來說，既可邀功，又可諉過——事發時不知為何未能及時支援友軍之過，一廂情願的瞞天過海了。（因為兩個團的守軍就是在那被抹去的時間之內無援而被敵人吃掉的）。

至於主戰場在那裡呢？

從國共雙方的資料加以研判，可能會比較明晰。依大陸的說法：共軍三團登陸金門，左翼二四四團在瓊林、蘭厝間登陸，中路二五一團先頭營在安岐以北、林厝以東順利登陸，右翼二五三團在西北角的古寧頭、林厝間登陸。左翼、右翼登陸都很順利，但中路後續登陸部隊遭到猛烈砲火襲擊，傷亡近三分之一。

三五三團的王文稷連長，懷疑戍守安岐第一線的青年軍沒有開槍，沒有抵抗，證諸大陸的資料，說法恐怕有待商榷。

共軍登陸有三處激戰點：一、觀音亭山一線；二、後沙崗沿岸；及三、林厝墩。但依沐巨樑的看法，主戰場在觀音亭山一帶，因爲左翼共軍遭到戰車部隊的猛擊，傷亡慘重，他說，觀音亭山麓有一個「萬人塚」。張榮強引述當年西浦頭村幹事莊恭朝的話：「左翼共軍登陸，陷入袋形陣地，失去攻擊能力。」認爲這是蔣介石的先機之勝。依據戰一連的戰史評估，不論是胡克華或者沐巨樑均認爲，共軍在觀音亭山被俘被殲不止三千人，共軍的失利可能種因在此，殘存的兵力被趕到古寧頭一帶，最後被聚殲。沐巨樑說：

> 事實上共軍於二十五日凌晨登陸於壟（嚨）口前東西一點紅海灘，被我們戰車衝殺痛殲後，只有少數小股逃竄於南北山及古寧頭村落裡，估計約百餘人，雖憑垣頑抗，但槍聲稀落，幾乎使戰車找不到射擊目標，因此，我們自古寧頭返營途中，雖殘敵已被殲殆盡而放下心，但仍覺得剛才的戰況有如殺雞而用牛刀，勝之不武。而步兵單位，在我們離開陣地之後，已無槍聲、無敵蹤之情況下「堂堂進入古寧頭」清理戰場，勝利品方面離不了槍枝和袁大頭，這就是所謂「古寧頭大捷」的實況。

他說：「古寧頭距敵人登陸之處，及我們與敵人血戰激戰之處還遠著呢！故大戰不在古寧頭，敵人也沒有在古寧頭登陸。」

後來爲什麼變成古寧頭大戰呢？

沐巨樑說，爲了配合胡璉二十六日下午才到金門，（此時血戰、激戰早已過去）

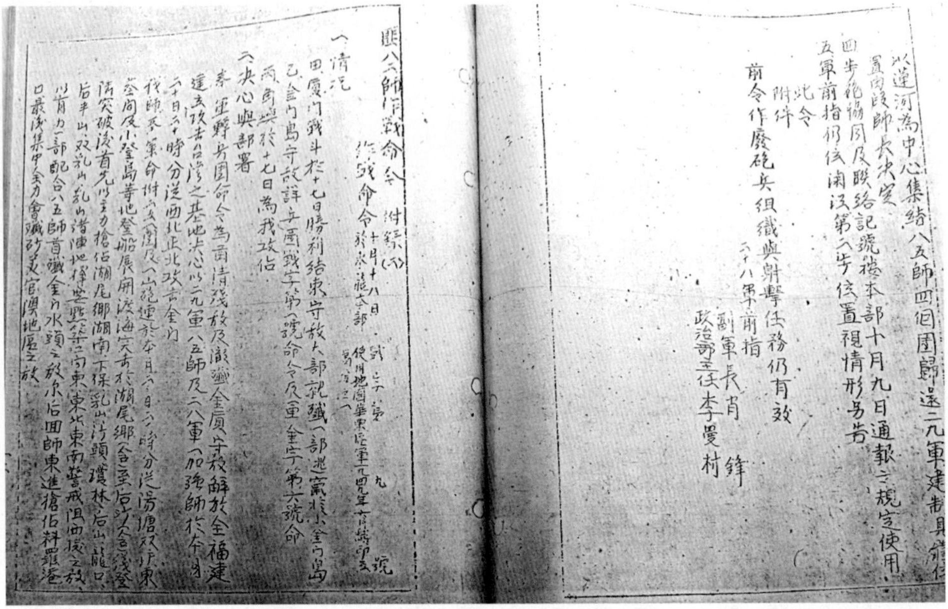
以蓮河為中心集結八五師四個團歸還二九軍建制具體位
置由該師長決定
四、步砲協同及聯絡記號按本部十月九日通報之規定使用
五、軍前指仍位於[illegible]第八步位置視情形另告
此令
附件
前令作廢砲兵組織與射擊任務仍有效
二十八軍前指
副軍長肖鋒
政治部主任李曼村

匪八二師作戰命令 附錄(六)
作戰命令 十月十八日 於[illegible]師部 戰字第九號
使用地圖華東區軍一九四九年[illegible]
一、情況
甲、廈門戰斗於十七日勝利結束守敵大部就殲一部逃竄於小金門島
乙、金門島守敵詳另圖戰字第八號命令及軍全字第六號命令
丙、角嶼於十七日為我攻佔
二、決心與部署
奉軍轉兵團命令為肅清殘敵及殲滅金廈守敵解放全福建
達成攻击台灣之基地決心以二九軍八五師及二八軍八[illegible]加強師於本月
二十日二十[illegible]時分從西北正北攻击金門
我師奉軍命附[illegible]團及八[illegible]連於本月二十日二十時分從[illegible]塘[illegible]東
登陸[illegible]島等地登船展開渡海突击於湖尾鄉(含)至[illegible]線登
陸突破後首先以主力搶佔湖尾鄉湖南下保乱山[illegible]頭瓊林后山龍口
后半山双乳山乱山諸陣地構築[illegible]向東東北東南警戒阻西援之敌
以有力一部配合八五師首殲金門水頭之敌尔后四師東進搶佔料羅港
口最後集中全力會殲[illegible]官澳地區之敵

◀據獲共軍八二師的公文，透露了登陸地點的抉擇。

所以只好將二十七日的「掃蕩戰場」古寧頭頂上去，否則，假戲演不眞了……

沐巨樑一家之言，詞甚憤懣，有無背離史實，可以驗證的。胡璉到達金門的時間，許多人都與之有接觸，戰史也有紀錄，沐巨樑當初也只是一個戰車兵，作戰範圍有限，是否可以知道胡璉將軍抵達金門的時間與活動，不能無疑？

沐巨樑會不會失之於武斷呢？

共軍登陸的地點，也是一個有趣的問題。湯恩伯研判，共軍應會在東西一點紅之間登陸，後來果然驗證了他的話，好像湯恩伯料敵在先，其實這是事後諸葛亮，湯恩伯假如眞的這樣料定，怪不得他常常要打敗仗了。

東西一點紅雖然界面寬闊，便於登陸，但不利進攻，共軍千錯萬錯就在這裡登陸，所以才會慘敗，血染黃沙。根據訪談推定，共軍是要在中蘭與後沙、瓊林的蜂腰處登陸，這裡南北寬僅三公里，從中切斷，把金門撕爲兩半，然而天不從人願。

不過根據擄獲的共軍八二師十月十八日發於水龍本部的作戰命令，問題就更爲明確了：

決心與部署

奉軍轉兵團命令，為肅清殘敵及澈殲金廈守敵，解放全福建，立攻擊臺灣之基地，決心以二九軍八五師及二八軍一加強師於本月二十日二十分從西北、正北攻擊金門。

我師奉軍命附八五一團及一山砲連於本月二十日二十時，分從陽塘、雙沃、東蔡間及小登（嶝）島等地登船，展開渡海突擊，於湖尾鄉（含）至後沙（含）線登陸突擊後，首先以主力搶佔湖尾鄉、湖南、下保、乳山、沙頭、瓊林、后山（沙）、龍（嚨）口、后半山、雙乳山、乳山諸陣地，擇要點築工，向東、東北、東南警戒，阻西援之敵，以有力一部配合八五師首殲金門水頭之敵，爾後回師東進搶佔料羅港口，最後集中全力會殲砂（沙）美官澳之敵。

古寧頭遭受無妄之災。從此作戰命令，共軍八二師原想二十日就登陸，可能徵船不容易，又拖了五天，計畫登陸地點在湖尾與後沙之間，切斷金門，先收拾金西守軍，再回師攻打金東，果眞如此，十八軍的高魁元就被阻絕，整個戰役可能就要改寫了。

其次八五師可能在金門西北的古寧頭北山互南山烏沙頭登陸（看不到資料，只是判斷），經湖下進逼金城之後，與八二師聚殲水頭的國軍，這是湯總部所在地，也就是擒王之術。

至此也證明湯恩伯的料敵是錯的，後來的溢美之詞，完全是往自己臉上貼金。

赤壁之戰，周瑜火燒戰船，曹操敗在東風，奠定三國鼎立的基礎；中共進攻金門，毛澤東也敗在東北季風，把帆船漂流到東西一點紅之間，也造成火燒戰船，讓共軍全軍覆沒，變成兩岸分裂分治的局面。

釋惟德幹情報出身，他說共軍選在中蘭登陸。一般老百姓受訪，也都說要在瓊林登陸，只是被漂流到東西一點紅之間：

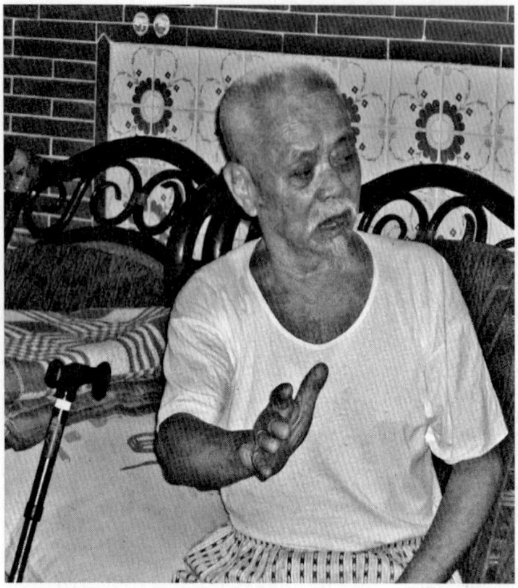

▲李水恭受訪的神態。

父親李錫註說這是天意。

而李水恭，山西村人，戰爭期間，被帶到後沙村附近，一個彈藥營的營長說：「你會講幾句國語，如果抓到俘虜，你來給我們翻譯。」李水恭眼見正在打仗，湖尾觀音亭山一帶，子彈劈哩啪啦的響，就說不去。

營長說：「沒關係，我營長都去了，你坐我的車去。」李水恭只有硬著頭皮跟去。只見抓到一個船伕，約六十歲左右。

李水恭劈頭就問：「你年紀這麼大

▲湖尾西堡村民葉正察。

了，爲什麼幫共軍駛船？」

船伕說：「你不知，我的船行駛廈門，一個月前封船，不准我們出海，那天晚上，所有的兵都下來，所有的船都裝得滿滿滿。」

出海不久，船伕就問說：「要開去那裡？」

「金門。」

金門是敵對的地方，船伕一聽說整個手腳皮皮挫（發抖）。

李水恭轉述船伕的話：「本來要在中蘭村海岸登陸，把金門切半，兩面攻擊，因爲風浪太大，把船吹襲到觀音亭山一帶。」

李水恭跟船伕聊天，安慰他：「你放心，營長跟我說，不會害你，你這麼老了，會讓你回去，不會讓你吃虧。」

葉正察，湖尾西堡人，當年十三歲。他說：共軍打算登陸瓊林、後沙海灘，攻掠太武山，取得制高點，就可以取得金門；共軍船團到瓊林外海，準備登岸，這些艄公平日往來金門作生意，對於金門海象十分清楚。瓊林這一代海域，帆船不能直接登岸，必須繞出來轉彎再進去，每一艘船都已轉彎，共軍壓船指揮官認爲近在咫尺，誤以爲艄公臨陣退卻，都拿出手槍指著艄公的頭，強逼搶灘。

▲翁扶粹的歷史側影。

軍令急於星火，艄公有理說不清，當夜「九降潮」（九月大潮），東北季風特強，遂讓船隻漂流，整個船團因而漂流到東西一點紅之間，隨潮突入卡在岸上，退不出來，無法回去增援。這些船不是二桅，就是三桅，遠遠望去，整個海岸像插香枝一樣，非常壯觀。

翁扶粹，九十四歲，湖尾東堡人，他回憶說：共軍渡海向金門發動猛烈攻擊，這一條金廈海域，本來是貿易之路，現已風雲變色，變成地獄之途了。他不久前才從同安歸鄉，不旋踵戰爭已打到家門口了，那些前幾天還跟他作生意、受雇開船的船伕，不曉得此刻命運如何？

大戰甫過，有一天他到井邊打水，有一個人跟他打招呼：「闊嘴獅！闊嘴獅！」翁扶粹轉頭一看滿屋黑鴉鴉關著人，門口還有軍隊把守，就問：

「你是誰？」

「不認識？」

「不認識。」

「我們在落難中，你當然不認識。」

「說那裡話？沒有這回事，我眞的不認識。」

翁扶粹看他饑寒交迫，冷得直發抖。

「我常常幫你載貨到同安，你忘記了？」

「你怎麼會在這裡？」

「我們的漁船被封在廈門，共軍告訴我們說可以去領船了，一艘船少說也值五百塊白銀。」他繼續說：「沒想到去領船，就被留滯下來攻打金門？」

翁扶粹知道他是船伕，就問：「『矮阿體』、『三捧也』怎麼樣？」

「他們逃走了。」

「爲什麼你不逃？」

船伕說：「廈門一下子就打下來，心想金門也差不多，過來頂不濟抓一隻鴨母或一頭牛回去，誰想到打得這般嚴重。」他繼續說：「午夜十二時以前，船已到金門海域，戇的不死，巧的先死。」

「這話怎麼講？」翁扶粹聽得不明不白。

「船快到金門時，東北季風狂吹，戇的把帆全部張開，全速挺進搶灘；巧的把帆張半開，要人先去送死。岸上第一線守軍發現，猛烈開火射擊，戇的先到，立即撲下臥倒，在沙灘挖洞掩蔽，巧的還在海上搖啊搖，躲無可躲？藏無可藏？登陸之前早就被亂槍亂砲打死了。」

翁扶粹回去之後，煮了一碗地瓜，拿了一件棉襖，就委請要去打水的嬸嬸，把東西放在井欄邊。

29 被俘虜的人生

日本人說，好鳥不毀睡過的巢。

李福井

共軍攻打金門，到底總共多少人？有人說兩萬多，有人說一萬多，根本搞不清楚，依據大陸的資料，連船工、民伕一起算，三個團又一個營共九千零八十人（內船工、民伕等三百五十人），如果共軍能載運兩萬多人登陸金門，說不定就不會失敗。因此，以萬把人的說法較爲可信。

胡璉將軍在金門憶舊裡又說擄了船伕一千人。

但是共軍被俘虜到底多少人呢？莫衷一是。高魁元將軍古寧頭戰役報告書說：「全戰後計俘匪五千八百餘，殲斃匪三千餘。」然而依李一山《金門古寧頭大戰內

▲揚言打下金門城吃早飯，共軍被俘虜，坐在地上準備遣送。

幕大公開》，又說共軍被打死一萬三千多人，七千零四十人被俘。戰後李良榮將軍將俘虜交付莊子卿上校押赴臺灣，經過甄別後實際是五千一百七十五人。七千零四十人與五千一百七十五人，中間相差將近兩千人，莊子卿用甄別兩字，透露了那兩千人可能是國軍被俘的官兵，其中八百餘名是青年軍，先行剔除。

不過，三五四團團長林書嶠說，該團三天就俘虜了三千餘人，並在俘虜中，每營挑選百餘人，補充缺額，其餘二千餘人，解送師部，光是三五四團就挑走了一千名俘虜，這一千名當然不在莊子卿押解的名單中。

▲共軍被俘虜，饑腸轆轆正在吃東西。

被俘的共軍怎麼處置呢？五千餘名俘虜搭乘海黔、啓興兩輪抵達基隆，點交駐軍接收，並在蘭陽地區分設五個新生營，當戰俘用火車運至羅東車站下車，整隊經過中正路市區，排成三縱隊，走了一公里到成功整訓營時，白長川當時站在五福醫院對面路旁，見到此時兩旁百姓駐足靜觀，可以形容鴉雀無聲，看到戰俘，皆是自己同胞，大家表情沉重，近於垂頭喪氣，有的人仍舊血跡染衣、有的傷手用布條套頸半掛，可知戰況的慘烈。

這時是一九五一年元旦過後。

這些共軍進攻金門，上級要求：

一、進攻在前，退卻在後。
二、重傷不哭，輕傷不退。
三、鼓起作戰勇氣，提高勝利信心。
四、爲人民立功。
五、完成戰鬥任務。
六、幫助指戰員掌握部隊。
七、幫助新戰士的戰鬥動作。
八、提高警戒……。
九、加強愛民觀念，遵行鐵的紀律。
十、不發洋財，嚴守戰場紀律。
十一、優待俘虜……。
十二、勝利不驕傲，失敗不灰心。

這是擄獲共軍的「戰時黨員守則」，有少部分已辨識不清，這些共軍，有的葬身金門，魂魄無依；有的被俘虜，其中約兩千人，大多係原先被俘，補入共軍之國軍降兵，表示願留臺；有些則是解放軍，經感化訓練後，留在臺灣換了跑道，改當國民革命軍，掉轉槍口對抗共軍。

東南軍政長官陳誠在戰後檢討明示：「不可以匪俘補充兵額，並須注意考察其身分，……」然而以匪俘補充兵額仍極其普遍。一則六十年不能說的秘密，透過榮光眷影——被俘虜的人生——由女兒爲父親拍攝的人生故事紀錄片，記載了時代的巨變，手足的相殘，人世的悲歡，歷史的荒謬。

陳書言，江蘇人，一九三〇生，一九四三年，懵懂少年十三餘就參加抗日戰爭，打的不是日本兵而是汪精衛的僞軍。抗日戰爭勝利之後，陳書言在南京差一點被國軍拉伕去當兵，後來加入了共產黨，成了解放軍，他很能打，屢次建功領了獎金。

十九歲，他參加徐蚌會戰，開始與國軍纏鬥，隨著勝利的呼嘯，踩著勝利的步伐，一路南下，一九四九年這個熱血的青年，被剛剛建政的中共送到廈門，參加解放金門的戰役，由於彈盡糧絕，沒有退路，只有投降，成爲俘虜的一員，趕緊把共產黨證呑進肚裡，從此改變他人生的命運。

戰俘被送到臺灣本島，他們一夥三百多人搭火車到新竹，窗子都被釘死的，怕他們脫逃，然後送進一間小學，接受思想改造——洗腦。他說「講一句違反的話，根本就沒命」，有人講錯話被活埋，明天就不見了，連子彈都不用，因爲子彈要留著打共匪。

在湖口改造了約有一個月，就換穿草綠色的服裝，由解放軍變成國軍，開始另一場對抗。一九五八年八二三砲戰，陳書言二十八歲，他被安排到金門對大陸心戰喊話，因爲中共的砲兵大部份是江蘇人。

砲戰結束之後他歸建，由於成份的問題，他一直升不了統兵的尉官，這樣又熬了八年，一九六六年三十六歲，陳書言以士官長退伍，然後出賣勞力，到鐵工廠幹粗活，後來結識妻子成了家。妻子說：「我不知道他是共軍。」

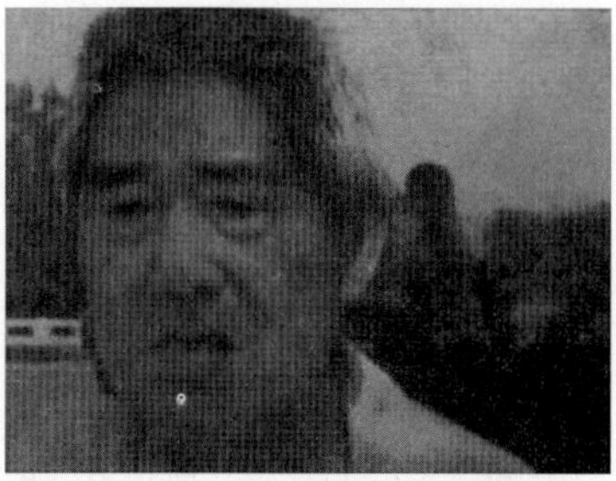

▲共軍被俘化身成國軍，陳書言六十年後揭開身世，翻攝自聯合報。

一九七五年，長女陳心怡出世，三十三年之後揭開了父親人生的秘密。陳心怡，台大政治系畢業，初次陪父親回鄉探親，總覺得怪怪的，好像父親有甚麼事沒有講？

這是陳書言的隱痛，想當年渡海作戰，一心一意要解放金門，然而戰爭的慘酷與猛烈，又來折磨老人的記憶：「一名和我一起出來的，是被國民黨戰車壓死的，履帶壓過他身上，把他整個人壓到沙子裡。」

他回到大陸探親，面對當初同袍家屬的問訊，打聽親人的下落，他根本不敢說實話，也許就是這種氛圍，讓他的女兒讀出了他內心隱微的秘密，以及他對戰爭的恐懼：「我每往前一步，機槍就朝我點放，我只好躺下裝死，機槍轉移目標了，我再起來往前走。」

這是陳書言的人生傷口，除了同爲戰俘的昔日戰友知道之外，連家人他都保守秘密，他不敢講，怕講了人家會瞧不起他，也怕傷了家人。第二次陪父親回去探親，陳心怡以一個媒體人的新聞鼻，隱約嗅出父親在古寧頭可能發生了甚麼事情？因此，有一天直接了當的問：「你是不是共產黨？」

陳書言餘悸猶存，經過苦難的時代，才知道政治對立的可怕，一開始他無法直接說是或不是，那時候的陰影籠罩著他一生，把他的精神俘虜了。他難以面對自己的人生，也無法面對自己的妻女，更飽受返鄉精神的鞭笞，構成了共軍轉爲國軍的人生苦痛。

對於公開他的身世，他還有疑忌，拍攝後期，陳書言希望導演女兒把他是「共匪」兩字拿掉：「我還在，還不能公開，因爲公開了，對我不好，對妳們也不好，妳沒有經過那個時代，妳沒有經過那個痛苦，妳沒有經過那個恐怖，所以妳始終不相信，現在甚麼都公開？那裡公開？」

父女曾經爲此大吵一架，陳心怡說：「難道你以爲現在還有人監視你嗎？」陳書言說：「是，我看不到，但我感覺得到，我聽得到……你沒有經過那個時代。」陳書言的心靈一直被囚禁，所以他無奈的說：「這一生，就是吃了水的虧，沒有這個臺灣海峽，這個水，我，我不可能在臺灣的啦！就是這一道水，擋了我一輩子。」也因爲這一道水，讓他在金門經過驚悚的三天，他臣服在水之下。

陳心怡剪完片子後，她發現自己也同時度過了三十幾年來一直無法面對的人生難題。

陳心怡在親情獲得了解放；陳書言在「共匪」的身分獲得了解放。這是時代的悲劇。（以上根據華視新聞雜誌與聯合報記者李志德報導改寫而成）

被俘的共軍，另有大半約三千餘人，誓死要求返回大陸，並在集中營裡組織秘密組織，反抗國軍管理。政府無奈，又不便久羈，恐怕衍生變故，遂於一九五〇年以後以漁船分批將這三千餘名戰俘漂回大陸，然而誰知道「苦戰三天，受苦三十年」。趙蔚說：

> 不料這批因上級指揮失誤並盡全力抵抗力竭的戰俘，歸返後竟沒有好果子吃，被整訓後一律開除黨籍、軍籍，遣返老家種地，少數人還由於互相「揭發」而被定為叛徒處罰。到了「文革」中，這批戰俘免不了在當地被以「叛徒」、「投降」等罪名批鬥、打擊。在中共平反歷年之「冤、假、錯」案中，此事才被重提，這批人的政策才被恢復，所謂恢復政策，不過是補發一點錢物，恢復黨籍，按復員處理軍籍問題。其

中不少人已由於挨餓、生病及批鬥等原因不在人世了。活著的人都年過七旬，華髮叢生，一生也就這麼毀了。

助攻團教導員陳之文，被俘不屈，在集中營裡組織抗爭，遣返後被定爲叛徒。一九八三年獲得平反，恢復黨籍，但卻興奮過度，一命嗚呼，全村人痛哭：「老陳甚麼苦都吃了，甚麼罪都受了，可甚麼福也沒享過。命薄啊……」

國軍受傷一千九百八十二人，犧牲一千二百六十七人；十二兵團占百分之九十弱，二〇一師占百分之十，其中幹部占大多數。

武器擄獲七五山砲、四二化學迫砲、步兵砲各一門、掃雷器一具、四二重迫砲四門、小鋼砲兩門、八二迫砲九門、八一迫砲十一門、火箭砲三十六門、發射筒二十四具，擲彈筒五十七具、六〇迫砲五十九門、輕重機槍二八五挺、步槍一千八百九十五枝、手槍數十麻袋。

古寧頭戰役大勝，蔣介石特頒十八師（尹俊）、一一八師（李樹蘭）、二〇一師（鄭果）代表最高軍功「虎」字榮譽旗各一面。胡璉後來也頒三五四團「威武團」、戰車營「金門之熊」、三五三團「英雄團」錦旗各一面。

30 世界活起來

一個沒有愛的世界是死世界，而總有一日會厭倦那些監獄，那些工作，以及盡忠職守，那時人所渴望的一切只是一個被愛者的面孔，那含藏愛的心靈的溫暖與奇妙和驚奇。

法國諾貝爾文學獎得主　卡繆

一九四九年十二月八日

總統頒佈命令
政府遷設臺北
西昌大本營統率陸海空三軍
繼續在大陸指揮作戰

蔣經國在十月二十六日搭機到金門，犒賞戰車部隊五千元，當初金門怎麼會有機場呢？

日據金門時代，在安岐始建機場，由金門各地民工輪派興建，但只起降過一次就廢棄。一九四九年三、四月間，國府派空工三營在五里埔構建機場，沙美十一保只負責將石塊搬運到公路旁，由該營自己派車載運回去，但是到了九月下旬，李良榮檢驗過二次都不合格，遂下令營指導員張偉，限期十天完工，否則嚴辦。張偉跑到沙美鄉公所找鄉長張榮強幫忙（當時沙美鄉轄金沙、金湖兩區），張榮強說現在軍方派工很多，臨時召集有困難，唯一的辦法只有召集全鄉的民防隊員。

隔天，張榮強召集十一保五千餘名民防隊員，分別在機場周圍，上自內洋、大地，下至陳坑、下坑等村社拆除廢屋、舊牆，僅下坑（現夏興）拆了五十家最多。不到十日，把機場周圍村社的舊屋幾乎都拆光了，連「相打街」尚餘的二、三尺城牆也夷為平地。拆了幾十萬立方石塊，最後在限期前完工。珠浦鎮長許乃協，也派了二百名民防隊員來襄助。

機場完工不到幾天，就發生古寧頭戰役，二十六日蔣經國就搭飛機到了金門。蔣經國說十一時半到金門上空，降落後就乘吉普車巡赴湯總部，但是沐巨樑說十一時五十分，蔣經國到瓊林戰車指揮所慰勞將士，到底是蔣經國記錯了？還是沐巨樑說錯了？蔣經國不可能同時到湯總部與瓊林，但是他犒賞五千元是不爭的事實。

沐巨樑說，這五千元是什麼錢呢？不是銀圓，也不是袁大頭，而是日本錢明治與大正。這些錢怎麼來的呢？抗戰時，東南沿海被日本佔去，就用日本錢，等到日本投降，政府就把這些錢收回金融機構，但是還來不及處理，共產黨佔領大陸，又把這些錢發給攻打金門的共軍官兵，共軍打輸了，錢又流到國軍手裡。

有人說，十二兵團到了金門，處理俘虜，搜身，分門別類：老幹部、新幹部、政委……共軍從北方打勝仗，一路滾下來，錢很多，金戒指每人身上搜出一大包、一大包，交到兵團部。有人說，十塊錢大概交個二、三塊，蔣經國犒賞的錢，就是從這麼來的。

二十六日傍晚，要塞司令胡克先、陳振威營長與沐巨樑從安岐一帶回抵瓊林，一下車，兵團部就說蔣秘書長犒賞五千元，陳振威直說：「好！好！帶回去」，五千元裝了一個三七砲彈箱，那時天晚，戰一連的人都回沙美了，只有沐巨樑跟另一戰士，搞了一天，又沒吃飯，戰車屁股又高，抬不上去，營長就說：「你們回去，我想辦法弄。」

二十八日，戰一連移防陽翟，老百姓看到蔣經國犒賞的錢，中間凹陷下去，就說這是「窩仔銀」，可以用。戰車營官兵一個人分到三十多元，那時金門一碗恰仔麵一元，一斤豬肉五元，臺灣一錢黃金三十六元，金門一錢七十五元，大家有錢，搶著要。

31 死神踩過大地

下馬古戰場，四顧但茫然。風悲浮雲去，黃葉墜我前。
朽骨穴螻蟻，又為蔓草纏。老弱哭道路，願聞甲兵休。
〈遣興〉杜甫

戰爭，好像一幅擰碎的風景圖畫，人物，已經擠壓變形了，中國歷史上的相斫，古寧頭人終於活生生的見證過了；戰爭，所留下的遺言，卻成爲古寧頭人的歷史傷口。

殘酷的殺戮，手足的相殘，血染古寧頭三社：南山、北山、林厝。漫說是非，漫說公理，漫說正義；戰爭只有存亡，戰爭只有勝負，鮮血染紅古寧頭的大地，村民經歷了一場死亡遊戲，時間雖然過了一甲子了，仍然深深的烙印在古寧頭人的胸口。回憶帶點苦澀，帶點傷感，同時帶點恐怖、惶駭與無奈……

人民是無辜的。

母親說，祖母在廚房裡燒柴火，縫在衣襟裡的兩只金戒子被軍士摸走了。兩人躲在臥房的床鋪底下，一發迫擊砲彈正中牆壁，天搖地動，塵土飛揚，兩人死裡逃生，嚇得魂不附體，趕緊逃到隔壁鄰家。

軍隊來了，用刺刀挑起防空洞口的棉被，嘰哩咕嚕的說了一大堆話，老弱婦孺緊緊相擁在一起，豎起了耳朵，嚇得臉如土色，但是大家都聽不懂，面面相覷，露出驚慌的眼神，沒有人敢答腔，可是又怕他們丟進手榴彈，不得已只有硬推一個十一歲的孩子出面，可憐小孩子牙齒打顫，說話打結，雙唇慘白，兩腿發軟，經過一番比手畫腳，好不容易搞懂軍士要吃飯，大家才鬆了一口氣，就趕緊上來，殺雞宰鴨，淘米煮飯，還煮了一鍋地瓜湯，容器不足，還刷洗了婦人的尿桶裝飯。母親說，她還偷偷的盛了一碗留給哥哥吃。

國軍反攻到南山了，保長李清芽說，軍隊在他家搬吃一空，夜晚拿了四、五十只布袋睡在巷子口；南山交戰並不猛烈，南山人偷偷爬上屋頂，只見北山硝煙瀰漫，夜晚彈如星雨，北山正經歷一場空前慘烈的戰鬥。北山村民李雨宙與民國同庚，敘說了他的親身經歷。

李雨宙挖了一座防空洞，上覆蚵殼，幾乎與屋頂同高，戰爭初起，他趕緊叫了三十幾位村民進去躲藏，可是兩名青年軍砲兵走避不及，他即刻收容，請他倆卸下軍裝，壓在防空洞石頭底下，然後脫下衣服，讓他們換上。躲了三天三夜，不曾闔眼，大家又餓又渴，只有掬洞裡的泉水解渴，有些高亢地區的居民，不得不喝自己的尿。

李雨宙一位鄰居，七十多歲了，耐不住饑餓，起來煮地瓜湯吃，他曾到廈門算命，相士洪朝元說，他今年大限到了，可是老翁身體向來硬朗，拍拍胸脯，相士之言，他是不信的。當他吃飯的時候，鄰近中了一發砲彈，破片穿過門板，射進下腹，立即喪命。

家人聽了相士之言，壽衣、壽板早已備好，但都逃到埔下親戚家，老翁一死，侄兒李清風趕緊跑到埔下拿壽衣，草草收殮。李雨宙四人冒著戰火，抬棺木到山上，只

▲南山村民李怡來。

見遍地屍體，東倒西歪，沒有一個落腳處，大家餓了三天，腳酸手軟，不得已，隨便挖了幾把泥土覆蓋，事後才去掩埋。

國軍反攻到了北山，兩名青年軍起來歸建，臨行時羅拜於地，感謝李雨宙救命之恩。

國軍反攻到林厝，村民都沒有經過戰爭，楊誠坡一家眼見戰事猛烈，六個人頂著一張草席逃命，子彈呼嘯而過，軍隊見到了大驚，急叫他們趕快躲回去。用草席擋子彈，七十六歲的楊誠坡回憶起來，不免啞然失笑，覺得太土了。

他說，國軍展開掃蕩，丟進了一顆手榴彈，他父親說時遲，那時快，立即用棉被一蓋，手榴彈爆炸捲著棉花，逃過了一劫，但是有一名青年，額頭中彈，卻死在另一個防空洞裡。

軍士到了李友朝家，吃了地瓜、芋頭，臨走時還在甕裡大便，拿走了一件毛衣，那時有一件毛衣是不容易的。

李怡來說，西浦頭東土區與沙埒外，滿佈浮屍，漲潮的時候，屍體隨波盪漾，在太陽光的照射下，遠遠望去，好像翻白的魚屍。

國軍開始清理戰場，但是壯丁幾乎都逃光了，找不到人，連婦人也拉去扛屍體，掩埋屍體。西浦頭上坡的路邊，原有一排糞坑，屍體就地丟入掩埋，經過日頭曝曬，墳土鼓脹龜裂，蒼蠅成群飛舞，令人掩鼻；林厝三奇的宗祠，聽說是狗穴，門前有一堆糞坑，屍體也丟入掩埋；沙崗平野，水井密佈，老百姓把屍體丟入井裡，所有的井都塡滿了，「屍骸相撐住」。

沙崗北側臨海赤土山，戰車馳逐掃蕩，共軍負嵎頑抗，死傷最慘，屍體埋在田裡，至今不能耕作，「君不見青海頭，至今白骨無人收，新鬼煩怨舊鬼哭，天陰雨濕聲啾啾。」

戰爭無情，歷史無義。戰死沙場，無名無姓，連一座墳墓都沒有。這些中華兒女，到底爲誰而戰？爲何而戰？北山李炎萍，恐怕最能了解這種心情了。

炎萍經過九死一生，脫險回來，不過一年的光景，戰爭已經打到家門口來了，炎萍又看到那種同樣哀憐的眼光——渴望著、乞求著，在彰武縣，他自顧不暇，無法伸出援手；現在，他仍然感到心有餘而力不足，他忍受內心的煎熬與苦痛，違背了自己的良心，一坏坏的黃土還是蓋了下去，物傷其類，眼淚不自覺的掉了下來，不同的時空，同樣的場景，只覺造化弄人。

古寧頭人逃的逃，躲的躲，扛抬傷兵，要送到陳坑臨時軍醫院，來回要走兩三個小時，村民建議救死扶傷，但是人手不足，只要你肯抬，軍方自然不反對。然而，這是戰亂的時代，自身難保。

戰後，母親隻身逃回娘家昔果山，路過沙崗的時候，陰風怒號，放眼四野，躺滿了屍體，都埋個大光頭，有些軍士掩埋時還猛搖手。因此有人事後發現，屍體的雙腳露了出來。母親返回娘家昔果山，見到老母抱頭放聲痛哭。戰爭過去了，然而苦難還沒有結束。

▲楊金墩細說戰事，背景就是共軍登陸的海灘。

戰後金門兵如插棘，金門幾乎家家戶戶都駐有軍隊，軍種複雜，進行整編。這些軍隊除了槍砲以外，大概什麼都沒有了。老子說：「大軍之後，必有凶年」，戰後天花流行，死傷頗慘，加以兩岸隔斷，物資匱乏，民生困頓，一包白蘭地香菸賣到八塊大洋，麒麟牌紅煙絲有錢也買不到，老百姓經歷浩劫，民不聊生，南山村民還得每天三甲輪流供應軍隊伙食。

新戰之後，爲了防止中共興兵再犯，時局仍然十分緊張，國軍又拉壯丁，大舉構築防禦工事，連蒸籠都拿出來挑石頭，北山新興臨海，築起圍牆，上留槍眼，門口建了碉堡，軍隊駐守民宅。

而湖尾三堡觀音亭山地瓜田，滿佈死屍，時日一久發脹，蒼蠅縈繞，漫天飛舞。許文涵，八十四歲，湖尾東堡人，他說只見有些屍身手指頭見骨。

楊金墩，湖尾中堡人，一九三三年生，他說戰爭結束了，觀音亭山、湖尾山（觀音山）至海邊一帶屍橫遍野，埋不勝埋，居民與死屍共存不知幾日，下海拿海蚵，只見很多屍體還掛在鐵絲網，屁股露出來，曬的紅赤赤，有的在蚵田邊，有的在海水裡隨著海浪飄浮、潮汐進退，都沒有腐爛。

楊金墩說，他照拿海蚵，跟他們無冤無仇，心中不怕。拿回去的海蚵，吃起來有死屍味，居民羅掘俱窮，想活命也只有吃。葉正察中堡人，比楊金墩大一歲，他說煙癮發作，從屍體衣袋裡掏出香煙，雖然沾染血跡，他照捲著煙絲抽。他說田野裡的屍體也沒腐爛。這一點跟古寧頭人與西堡有些人說法不同，他們都說屍體發脹。

楊金墩說，一九四八年發狗瘟，狗幾乎死光光，否則野狗一定會去啃屍體。

其時，翁扶粹家駐了一位青年軍班長，平素知道他走同安作生意，就告訴他說：

「我們到海灘看死人好不好？」

翁扶粹不敢，後來勉強跟他一起去，想看看以前幫他開船的有無倖存者。他到海邊一瞧，遍地死屍，腳都跨不過去；有的中彈，只剩一條大腿，有的死在船舷，癱倒一堆。看到這樣子，他覺得作人很沒有價值。

他說戰爭結束了，壯丁被抓去埋死屍，剛開始挖坑埋，後來覺得屍體太多了，有堀就埋堀，不然就從高處往低處拖，像醃蘿蔔乾一樣，就地埋在一起。平均每個人一天約埋五十人，埋了五天，埋到有屍臭味。

莊恭欽，七十五歲，住西堡，他

▲共軍搶灘中砲慘死，橫腰留下的殘肢。

▲共軍受鐵絲網阻絕，中槍斃命陳屍在海灘。

說，共軍指揮官下令，聽到三聲砲響就進攻，勇敢的不會死。當天東北風，適逢九月大潮，砲聲一響，共軍有早到的，也有晚到的，紛紛跳海游泳搶攻，有些人溺死，有些被射殺，而帆船突入泊岸上，退潮時回不去。莊恭欽說，戰後四、五天下海拿海蚵，只見到有些共軍鐵絲網沒剪斷，掛死其上。而蚵田邊死屍遍佈，東一堆，西一堆，隨波蕩漾，來不及掩埋。

戰後滿山的人民幣隨風飄揚，草叢裡隨處可見；子彈到處都是，小孩子把它收集堆一堆用火燒，遠遠的躲著聽嗶嗶啵啵的聲響，以此取樂；手榴彈也撿起來互相投擲嬉戲，中堡「華通」因此被炸傷。

莊恭欽說：「軍隊搶，馬、羊捉去殺，連煮飯的釜都搬走，家裡搬得精光，花生種子用地瓜簽厚厚的蓋了一層，也被識破拿走了。」

林水土說：「青年軍是好部隊，最後來的國軍，也打仗，也搶劫。現在說胡璉將軍是恩主公，那是後方的人沒吃過虧，我們這一帶受害最嚴重。」

「軍隊怎麼搶？」

「說起來見笑，馬抓去刣，甚麼東西都搶。」莊恭欽說：「我穿了一件毛背心，那是八月份左右，向空衛買的，國軍見了教我脫下，拿了去穿，我向他索回遭拒，還被打了一個耳光。」他繼續說：「國軍一個晚上殺了我一匹馬跟別人一隻騾，後來發現騾皮與馬皮，軍隊肉吃不完，還曬乾。」

不僅如此，阿兵哥見到阿嫂漂亮要強姦，婦女怕得要死。

「有沒有強？」

「男人出聲喝止，被抓去扛傷兵。」

戰後屍體草草掩埋，經過時間一久，有人無意中發現首飾，國軍就挖屍體找金子。

東堡的楊天賜說，二十五日晚上，青年軍說要撤退，因爲古寧頭的國軍已被打垮，他轉身再

▲莊恭欽談起往事，有很多辛酸。

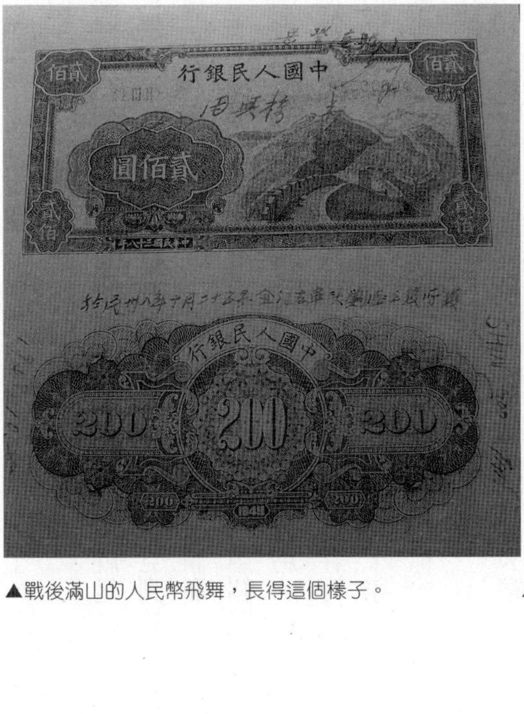

▲戰後滿山的人民幣飛舞，長得這個樣子。

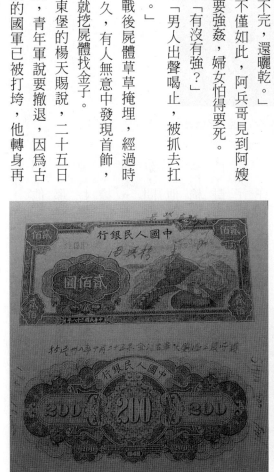

▲湖尾東堡許文涵，見證太多歷史。

出來，果見家中青年軍收拾得乾乾淨淨，不見影蹤了，那年他已十八、九歲，在大人的眼裡還是小孩子。

那時逢人就抓，不是抓去扛子彈送到觀音山，就是要去扛傷兵，他躲到山上，母親在家裡一天沒有見到他，擔心他的安危，吃都吃不下。等到夜深了，他偷溜回來，手上抓著一把地瓜藤，半路上碰到三個軍中糾察，問他幹甚麼？他揚揚手上的地瓜藤，說要去餵馬。

他臨近村莊，只見西堡兩人扛著傷兵，士官長在旁邊用槍押著，血從擔架上滴瀝瀝的流下。他閃身進了家門，駐軍就說：「小孩啊！你跑到那裡？你母親找你一整天了！」

許文涵家的菜園中了一發迫擊砲，他開後門去察看，才知戰爭已經爆發。

當年他家駐有青年軍無線電台，台長告訴他不可以出去，如果外面要來抓人，他門口的衛兵會攔阻。

許文涵躲在閣樓上，突然跑到家門外的糞坑大解，被國軍捉去抬傷兵；一面打仗一面抬傷兵，台長派人找，才在附近把他找回來。

「不是教你不要出去，怎麼偏偏不聽？」台長責備他。

▲民衆用門板抬著傷兵。

「我想大便忍不住，實在沒辦法。」許文涵說，戰後用門板扛傷兵，沒繩索，用肩扛，三個人同行可替換，一個兵押著，結成一隊，一路走一地交過另一地，有的扛到半山，有的陳坑，有的到新頭。

「死亡的記憶太痛。」第一次世界大戰終戰八十周年之際，英國訪問了一百二十五位從未公開討論大戰經驗的老兵，受訪的平均年齡一〇一歲，他們訴說的，「不是戰勝的光榮喜悅，而是幻滅與沈痛的經驗。」

唯有經過戰爭的人，才知道戰爭的無情與殘酷。北山有一村民被拉去掩埋屍體，但是有一位戰士受傷沒斷氣，他哀號著、乞求著不要把他丟進井裡，但是押隊的軍士用刺刀逼著，這位村民無奈，只好硬生生的把他丟進井裡，回去之後，聽說膽囊破裂死亡。

除了老百姓，軍隊也要掩埋死屍，一個排挖一個四四方方的大坑。

國軍戰死的戰士，後來都撿骨到太武山公墓，成爲三大塚。撿骨的那一年，南山臨

▲歷史停格，國軍部隊後送傷患實況。

近村落的十幾具都已撿了，但是還有一些零星、較遠的地方，不知撿了沒有，這時南山的洋樓住了衛生連，李清泉就告訴連長，山堀裡還有一具屍體，問連長撿了沒？連長說撿了。

李清泉說：「他有金子，撿了沒？」

「你怎麼知道他有金子。」

「他住我家的房子，平常我看他在賭博，腰帶的暗扣裡裝了很多金戒子，怎會不知道？」

連長說：「走！走！走！帶我去。」就要李清泉帶他到山堀，果然還沒有撿骨。李清泉清理了屍衣，連長問：「有沒有？」李清泉把屍衣丟出去，把死者的腰帶也丟出，連長果然在腰帶裡找到了一只金戒子，另外有一只金手鐲。這只手鐲李清泉不曾看過。

這位死亡的戰士是伙伕班長，名叫李吉火。

戰爭結束，軍士也對村落展開掃蕩。村民平常看到穿老虎皮的人就害怕，此時，國軍挨家挨戶清查，有些人躲在床舖底下，軍隊叫他們出來，他們聽不懂國語，也不會講，不敢出來。軍隊看他們不聽話，越叫越大聲，他們就越聽越害怕，手榴彈適時就丟了進來，有些人就這樣誤傷，聽說古寧頭死了十八個之多呢？

不過，南山有一件確實很冤枉。十來個村民躲在井裡，古時的井到了井底向四周深挖，可以儲較多的水，這時井已枯了，從上面看不到井裡的人。軍隊命令村民上來，大家爬著樓梯魚貫上來了，但是輪到一位老太婆，纏著小腳，頭披著一件黑衣服，有人說頂著一條棉被，顫巍巍的爬了上來，軍隊不由分說，手榴彈就丟了下去，三人不幸犧牲了。

戰爭，留給村民一頁慘痛的歷史記憶。

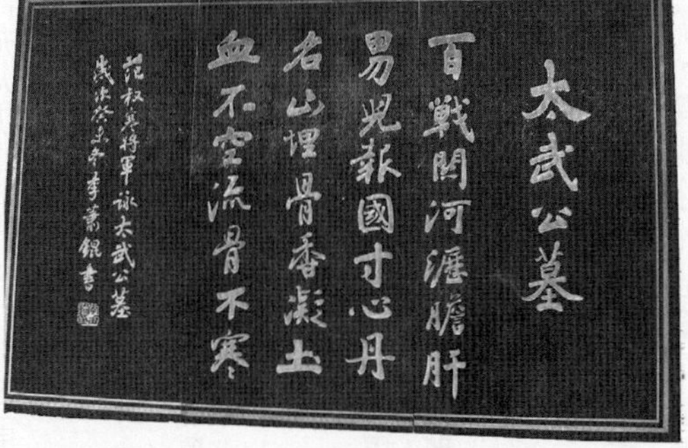

▲酣戰彤雲湛碧血，太武山國軍公墓紀念碑。
▲太武山公墓題詠。

3
2

國軍生活狀況

將軍百戰聲名裂，向河梁，回頭萬里，故人長訣。易水蕭蕭西風冷，滿座衣冠似雪，正壯士悲歌未徹。

〈賀新郎〉辛棄疾

▲蔣夫人戰後飛抵金門，慰問國軍官兵。

戰役過後蔣夫人訪問金門，胡璉將軍說：

民國三十八年十二月，蔣夫人勞軍金門，親臨戰場。時值隆冬，狂風怒吼，寒砭肌骨，因之再三叮嚀，金門必須造林。

三十九年二月六日，蔣夫人又率勞軍團訪金，蔣經國與黃仁霖將軍夫人等隨行。那時金門國軍的生活情況如何呢？

蔣夫人發現一個士兵在刮抽萬年青的樹葉，夫人站住了，問他在作甚麼？這個士兵說：前線軍士沒有鞋襪，只得把萬年青的葉子浸濕了，抽出纖維來編草鞋，給大家穿。

中央日報記者王洪鈞一九五〇年二月七日報導

廈門一失守，金門民生物資來源就斷絕，民衆生活陷入困境。金門，都是看天田，雨水充足，都難以養活一家老小，如遇乾旱歉收，鬻子賣女就時有所聞。因此，金門的土地養不活在地人口，青壯漢子只好紛紛拎著一只麵粉袋，帶幾塊銀元，打道廈門到南洋討生活。

如今，一下子湧進這麼多軍隊，民困兵餓，臺灣的物資又沒過來，青黃不接，物價踊貴，一根香菸賣到五毛錢，而且有錢買不到。吳棣萬廣東大埔縣潮寮村人，三五三團，他說一兵一個月三元帆船銀，一塊帆船銀等於三元新臺幣。鍾世勳，十二兵團的老兵，江西尋烏縣人，他說一兵一個月一元光洋。

◀帆船銀正反面的照片。

吳棣萬，當時住在榜林村，一天雖然吃三餐，但不夠吃，就以白米換地瓜，然而地瓜飯又甜又好吃，大家打衝鋒，飯還是不夠吃。鍾世勳是十八師，二十四日深夜到了小徑，吃了兩碗稀飯就參加戰役，打了三天，沒有飯吃，採著地瓜葉充飢。

吳應安，一一八師，二十五日凌晨正在吃蚵仔麵線，從盤山到安岐支援作戰，打了三天三夜沒吃飯，打完了才知道餓。

他說那時臺灣接濟不上，規定每兵每天要繳二十斤柴火，金門當時沒樹木，連菅芒草也很少，不得已就拆民房、廟宇的大門，有時連木主也拿回去燒。

古人說：「燒其宗廟，毀其木主」，問題是很嚴重的。

那時他們一天只吃兩餐，一連一百六十多人，一天只有一斤半的食油。

然而老百姓的感受如何呢？楊金墩說，戰後沒有東西吃，田地裡的蘿蔔剛發出嫩芽，就被軍隊摘光；島東未受戰火波及，農民種植蔬菜一斤賣一銀元。那時都用銀元。

他說，一九四八年湖尾三堡家家戶戶住滿軍隊，民眾住廂房，軍隊住廳堂，砌起

▲老兵吳棣萬，廣東大埔縣湖寮村人。

▲鍾世勳不後悔被拉伕。

矮磚牆，中間只留下一條小走道，兩旁躺滿了軍隊，牆壁釘掛槍枝與配備都已千瘡百孔。

軍民就這樣住一起，各自煮飯過生活，那時沒柴火，樹木砍完之後，山上田埂的菅芒也已除光，只剩下「滿草根」（一種草名），民衆就拿九耙去挖，整個山頭幾乎已寸草不留。北風一吹，從海邊飛來沙塵，籠罩著整個湖尾村，屋瓦上積得厚厚的一層沙土，家中到處也是灰塵，人要包頭巾，否則滿頭滿臉都是沙。

戰前金門的狀況，胡璉將軍敘述：「本來缺少樹木，現在又要構築工事，準備打仗，軍民便爭割田陌上的防風草，草盡便又刨根，……」戰後又說：「我軍進駐時，大陸柴木來路已絕，居民本以勁草防風護禾者，至此又以之割爲燃料，且有軍民爭取情事。」

莊恭欽家裡住了一排青年軍，午夜過後戰爭爆發，慘烈戰鬥持續進行著，天快亮之時，伙伕對他說：「可能沒有兵回來吃飯了，這一鍋飯給你。」他端著飯鍋，怔怔的望著出神，雙手微微的顫抖，怎麼也吃不下。

他想平常青年軍住在家中，一天吃兩餐，既要勒緊褲腰帶構工，又沒有菜吃，有時吃「豬母菜」灑鹽巴，天天吃不飽，每每把飯桶踢得滿地打滾，而今有飯卻等不到人吃了。

青年軍西堡一連守在現今靶場一帶，伙房設在民家。他說，先是軍隊到山上構工，晚上搭帳蓬睡覺，伙伕通常把糙米飯煮熟秤好，然後送到第一線，一班固定幾斤，現在戰爭打得這麼激烈，死的死，傷的傷，伙夫預感情勢不妙。這一排後來打掉了十八人，傷亡殆盡。

▲蔣夫人蒞臨金門勞軍，對戰士精神講話。

許文涵說，戰前國軍駐紮民居，有些部隊長連妻子也帶過來，沒地方睡，就跟老百姓宿一起。軍隊住牛舍，牛糞先清除掉，上舖沙子與芒草。許文涵說：「胡璉將軍從汕頭撤到金門，軍人良莠不齊，有些鴉片兵。東堡宮前菜園裡的田埂上，有一個兵側臥著，點蠟燭，紙捻單，正在吸鴉片，很香。」

他說國軍剛到金門穿草鞋，衣服很薄像蚊帳；戰後軍隊吃糙米，那年金門地瓜大豐收，也吃老百姓的地瓜，沒有蔬菜吃，只配「菜花甲」、高麗菜葉、「菜頭帳」（蘿蔔葉），沒油沒鹽，生活很苦。

戰車營，似乎幸運一點。

蔣夫人到金門慰問將士，也看了戰車部隊。蔣夫人講講話，打打氣。夫人就問：「你們有什麼需要我幫忙的啊！」技術員戴安臣，四川人，很滑稽，就說：「報告夫人，我們沒有菜吃，想去臺灣買東西，港口出不去，也進不來，可不可以給我們一張通行證，我們就好辦。」

「可以啊，沒問題。你們怎麼有船？」

「我們有船。」

戰車營怎麼有船呢？古寧頭戰役之前，福建沿海淪陷，有閩南、原子輪、王象三艘船避難到了金門，載重均在五、六十噸。這些船燒柴油，戰車部隊有的是柴油，用來擦洗槍砲、引擎，這下可以派上用場。

蔣夫人給了通行證之後，戰車營每連派二、三人到臺灣買菜，通常到高雄港居多。沐巨樑就拿了三十元託連附張月買東西，張月買回刮鬍刀、搪瓷缸、兩打牙膏、三、四打香皂、兩打大瓶辣椒醬……買了不少東西，沐巨樑放在陽翟住處的小閣樓。

沙美的商人，每次船來都知道，消息很靈通。有一天沐巨樑吃完午飯回來，一個老百姓挑了籮筐就跑來問：「你那裡擺的什麼東西？」

「沒什麼東西！」

「行軍床下擺的什麼東西？」

「辣椒醬。」

老百姓堅要他賣一點，沐巨樑就是不肯賣，兩人扯了半天，商人一定要他讓一點。這時還沒算帳，沐巨樑不知行情，商人也不知行情。

沐巨樑：「你一瓶給多少錢？」

「五十元好不好。」

那時在臺灣一錢黃金只有三十六元，沐巨樑說：「不賣。」

「差不多吔！」商人說：「那你要多少？」

「八十塊。」沐巨樑當時膽子好大：「給你五瓶。」

「五瓶太少了。」

「先給你五瓶，合適了再說。」

老百姓挑了五瓶辣椒醬，從陽翟穿過田地，直到沙美。過了半個多小時，只見商人滿頭大汗跑回來，見面就問：「你還有啊！你還有啊！」

「不行，我要留著吃！」沐巨樑覺得奇怪：「你怎麼這麼快就賣掉？」

「好賣得很呢！」

「怎麼賣的？」

商人說，三五四團駐沙美，正在開飯，清湯配鹽水，沒有菜吃，他拿了一根調羹，五塊錢平平一調羹。軍士清掃戰場之後有的是錢，就是沒有東西，辣椒醬拌飯吃，一下子就幹光了。

沐巨樑說：「剩下的那五瓶你再拿走，不要再打我的主意了。」隔天天不亮，商人又跑來了，香皂、牙膏，見到的東西都要，沐巨樑堅持不賣。沐巨樑賣了東西，一口袋都是錢；不知怎麼辦？翌日，胡克華連長就帶他到金城臺銀分行，寄回臺灣託人買金塊，買九九的金塊，一兩一塊，買了一百一十多塊。

沐巨樑的說法，可以從胡璉將軍憶述接任之初獲得佐證：

金門乃是一個蕞爾小島，驟然增加近十萬的軍隊，物資需求，倍感浩繁。時值初冬，臺灣海峽，白浪滔天，船隻到了海岸，因為沒有碼頭設備，三五天無法駁卸上岸，乃是常事，倘若載有豬、羊、雞、鴨，最易暈死，祇有拋棄海中，岸上十分需要，卻真望洋興嘆！學會了囤積居奇的商民，趁此機會，抬高物價，一包新樂園香煙，賣一塊大洋錢，已經成了司空見慣，其他貨品，大都類此。加上各師團隊因為物資缺乏，各自向後方採買，彼此價格不同，引起上下猜忌，控訴案件，時有所聞。

胡璉將軍說，到了一九五四年中美共同防禦條約簽定，美元與國款源源到來，金門的窘境，才大幅獲得改善。

33

戰爭的傷痕

我有意使這本書，儘可能不是一種控訴，
亦不是一種辯白，而且小心翼翼地不做自己的判斷。
法國文學家　紀德

戰爭，是殘酷的權力遊戲。人民，只是可悲的戲角，所有當政者的貪慾、腐化所造成的不幸，都要由人民概括承受。

戰爭的傷痕，今天仍然深深烙印在這塊土地，以及這塊受鞭笞土地的父老的心版上。

南山青年軍第八連連長，有一天跟李清泉說，要他幫忙買一隻雞加菜，但是並沒有拿錢給他，李清泉就先跟他侄兒抓了一隻雞。翌日，他大嫂抱怨：「雞抓去了，怎麼沒有把米拿來。」那時與軍方交易都是換米。

李清泉去找連長，連長說：「現在戰爭都快爆發了，命都不曉得在那裡？還要什麼米？」李清泉辯說那隻雞不是他的，假如是他的，奉送都可以，因此跟連長相罵。

那時的老百姓生命賤如螻蟻，只能聽命與受命，沒有道理可說。軍方叫去割茅草清理射界，只有去割茅草清理射界；叫去挖戰壕，只有去挖戰壕，心裡要是不爽，或者受不了，只有逃鄉。

民衆每家耕種一些旱地，生活原本就很窮苦，連煮飯的茅草都不足，現在戰雲密佈，又來了這麼多軍隊，住到家戶裡來。這些軍隊缺吃少穿，看到什麼東西都要，用米換雞還比較文明，只是也沒有兌現而已。

軍隊要什麼呢？門板拆去作工事，這已不用說了，桌椅拿去用，掛鐘卸走了，雞鴨牛羊捉去宰殺，衣服拿去穿，連老人家穿一件比較像樣的毛衣，也強令脫下。兵來如剃，百姓噤若寒蟬。

後來戰爭勝利了，時局依舊緊張，爲了防範共軍再度進犯，只有加緊構築防禦工事，只有大拆房子，古寧頭、安岐與湖尾受害最慘。

古寧頭三村被拆了一百多間房子，連廟宇、宗祠及新建的學校都拆走了。祠堂被拆的有：興房祖厝、三奇祖厝、四公祖厝後堂及兩廡；宮廟被拆的有：林厝玄天上帝宮、婆姊媽宮（又名保嬰寺）、龍宮、觀音寺、北山鎮東宮、南山大道宮、清水寺。古寧頭僑資興建甫一年的一所學校，中間兩層，上爲教職員宿舍及辦公室，下爲大禮堂，可容納千人，兩旁各有三間教室，高敞堂皇，美輪美奐，當年在金門首屈一指，也被拆得精光，最爲父老痛惜。其次，古寧頭三村都種殖海蚵，林厝蚵田在沙地，全被拔光，斬斷了三百多年來的生業。

安岐也被拆了一、兩百間房子。日據時代，農民種植鴉片，這時距離日軍撤退，也不過四年的光景，許多農民還留有不少鴉片，一兩鴉片，一兩黃金。軍隊大拆安岐的房子，用釘耙把瓦片爬梳下來。有人說，除了拆房子要磚塊，一方面也是找鴉片。

楊金墩說，一九四九年國軍開始拆房子作防禦工事，他牽著騾載著磚塊或木頭到湖尾山、觀音亭山的海邊，給青年軍修築碉堡。戰後國軍在古寧頭與安岐都拆了很多房子，然而在安岐村尤其大有斬獲，國軍在屋瓦上找到了黑金——鴉片，另外也發現白銀。因此拆得更起勁。

湖尾房子被拆得很多，楊金墩與葉正察就認為受到安岐的影響。

莊恭欽說，戰前青年軍，在海岸線挖散兵坑，拿門板作工事，專拆沒人住的屋子；戰後胡璉將軍所部，壞的房子拆，好的也拆，有人居住的不拆，但人一逃走，房子就被拆走了，西堡拆了四十幾間房子，拆得門板一塊都不剩。蚵石在硬地，好拔，也拔光。

莊瀑說，西浦頭房子被拆的比較少，但是戰後軍隊每天換防，軍隊沒有菜吃，西浦頭村前水田種了一大片水芋，在金門頗負盛名，被軍隊挖光了，吃不完就帶走。

此外，家中的桌盤碗筷、鋤頭等一應雜物都不見了，家當被搬的精光，跟出生的嬰兒一樣，一無所有。「盼中央，想中央，中央來時一掃光」。

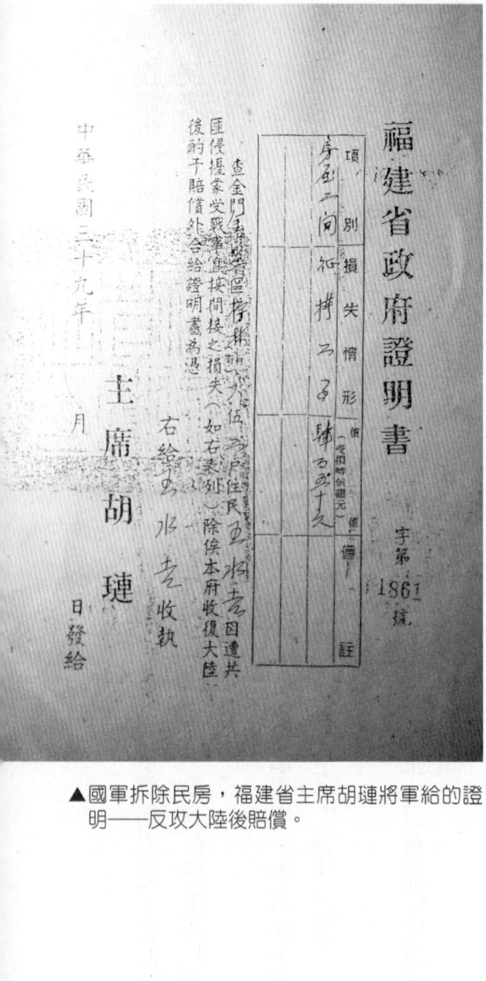
福建省政府證明書

字第1861號

項別	損失情形	價值（以損失時銀元）	備註
房屋二間	被拆不存	肆百五十元	

查金門縣[illegible]區[illegible]住民[illegible]因遭共匪侵擾蒙受戰事直接間接之損失（如右表列）除俟本府收復大陸後酌予賠償外合給證明書為憑

右給[illegible]收執

主席　胡璉

中華民國三十九年　月　日發給

▲國軍拆除民房，福建省主席胡璉將軍給的證明——反攻大陸後賠償。

▲西浦頭村民莊瀑，對戰爭記憶深刻。

國軍拆房子，金門行政公署賠償安岐一百多包白米，古寧頭十八包。已經分配停當了，李智中發現，認爲不公去爭論。

國軍到了金門，還吃空缺、拉伕，北山村民李水足被抓去當兵了，穿著軍裝，首先在湖尾這個鄉社被人識出，在樸實的農村自然引起極大的震撼。李水足出生後，母親就過世，父親到南洋另娶了番婆，從小由祖母一手撫養長大，因此，李水足被拉伕，生死難卜，祖母痛入骨髓，茶不思，飯不想，責成次子李智中去訪尋，才把他營救了出來。

軍方大拆房子，第一期給收據，言明反攻大陸以後由福建省政府賠償，第二期沒給收據，也就亂拆了，到底被拆了多少房子，至今未見確切的統計。

一九八三年，國防部每棟賠償四、五萬元，但是長年戰亂，許多人的借據早已不見了。安岐被拆了三間宗祠，吳國理十年前說現在蓋一間要一千多萬。

這些都是歷史，歷史就是歷史，雖然不中聽，但畢竟是事實，絕不可以塗脂抹粉。金門長年的犧牲，沒有獲得公平的對待。一九九九年六月二十九日，連戰接見金門村里長：「如今國人應該飲水思源，感恩圖報，全力協助金門建設發展，將來使金門金光閃閃，成爲海上公園」。同日，陳水扁在金門強調：「金馬外島應定位爲北、高兩院轄市相同位階的『特別行政區』地位，未來才可能有足夠人力、經費支援發展。」

這些話聽起來讓人飄飄然，然而十年過去了，金門今天怎麼樣了呢？政府如果有誠意，應落實對金門戰役的補償，讓人感覺我們確實是同一國的。

34 李光前將軍與軍人魂

古寧碧血英雄淚，太武英靈志未酬。

佚名

古寧頭戰役，滾滾黃沙，彤雲酣戰，大江南北中華兒女埋骨金門，塵歸塵，土歸土，有的沒名沒姓，但是他們的精魄，英靈不爽，守護斯土斯民，俎豆馨香，血食千秋。不論是國軍與共軍，不論成敗，只論英雄，千載以往，當歷史長河向前滾進，也許只有這些鬼雄，成為戰役的點綴，民俗的「王爺」。

李光前團長，「奮勇成仁存正氣，竭忠殉職作明神」，可以作為代表人物，現在就把鏡頭拉回當年的歷史現場。

十月二十四日下午三時，第十九軍第十四師航抵料羅灣。由於海上顛簸，暈船嘔吐，兩日兩夜沒有進食，官兵都很勞累，行軍的速度緩慢，到了晚上七、八點鐘，才陸續到達舊金城、歐厝、吳厝附近宿營，多數官兵晚飯沒吃，就和衣睡倒。二十五日凌晨二時，戰爭已經爆發，第十四師第四十二團團長李光前奉令作戰，將部隊開赴後浦集結，隨後向一三二高地挺進。

午後一時，第一線攻擊部隊到達西浦頭與林厝之間，因地勢平坦，敵人側射砲火猛烈，前進困難，戰況陷入膠著。高魁元在一三二高地指揮作戰，嫌四十二團進展太慢，三五三團團長楊書田——李光前團長的同學——在《古寧頭憶往》中，曾有清楚的交代：

四十二團團長李光前，到西浦頭，我正在一條土埂後喫紅薯稀飯，我倆有一年多未曾會面，忽然相逢於戰場，當然高興萬分。他也跑餓了，我給他盛了一碗，正在喝著，聊著，我的電話鈴響了，拿起一聽，是軍長高魁元將軍搖來的，我馬上報名「楊書田」。軍長說：我現一三二高地北，你看到李光前沒有？（楊）他現在正在我這裡。（高）要他聽電話。（李）「是，是」兩聲，便放下了。我問他高先生（第十八軍幹部對高級長官尊稱）說什麼？（李）嫌我的部隊進展太慢，我去看看。他跨過土埂向前走去，胸前掛著望遠鏡，後面跟了五六個傳令、號兵等，通過一段很長平坦紅薯地，他只停了一次，接近部隊不久，就看到他的部隊向林厝發起攻擊，不到二十分鐘，覃文忠（當時為團主任）電話告我，光前陣亡了！我楞了很久。戰鬥結束後，我為他與陳敦書（三五三團第二營營長於攻擊西浦頭陣亡）及本團陣亡官兵，在頂堡村頭築墓豎碑，以便晨昏憑弔，後來太武公墓建好，才把他們遷移過去。

▲戰後蔣介石親臨太武山公墓，向陣亡將士致祭。

▶遙想當年，李光前將軍英姿煥發。

李光前團長爲什麼會陣亡呢？

共軍占據林厝數座高碉堡，這些碉堡爲堅固的水泥工事，共軍火力壓制了前往林厝的通路，三五三團第二營營長陳敦書雖然陣亡了，該營仍然繼續苦戰，李光前適時抵達，接續指揮作戰，時間約下午三時左右，馬上催促部隊攻擊前進，五點鐘前一定要攻佔林厝。李光前兩袖捲起，肩掛望遠鏡，跑向步兵第一線督戰，在敵人熾盛的火力封鎖下，那些穿便衣的新兵，頭抬都不敢抬起來，臥在地上好像睡著了，李光前命令機槍發揚火力，不但沒人理會，機槍也不聽指揮，有的打不響，有的不連發。

這時右翼友軍三五二團，發起攻擊，有一步兵連非常勇敢，在戰車引導下，進展很快，李光前令號兵吹衝鋒號，身先士卒，一躍而起，舉起手槍，高喊前進！前進！攻擊前進中，敵人機槍一陣掃射，李光前團長中彈應聲倒地，血染征袍，陣亡時間是午後四時左右，到金門還不滿一天。

熊政福，江西宜黃人，一九三〇年生，當兵時多報了五歲，隸屬於第十九軍十四師四十二團，是李光前將軍的麾下，從廣東汕頭上船，一九四九年十月二十四日下午到金門，下船時已經天快黑了。

他說幾天沒吃飯，許多人餓死在船上，到了金門時接駁上岸，身上背著槍枝、彈藥、水壺以及米袋，已經餓的七葷八素，手腳酸軟無力，爬下繩梯之時，很多人掉到海裡淹死了。

他們一路行軍，乍看金門，都是土路，羊腸小徑，沒有樹木，也沒有茅草，一片荒涼悽清的景象。經過陳坑（成功），凌晨到了瓊林，已經聽

▶熊政福當年參戰的英姿。

到子彈亂飛的聲音，然後到了現在金門高中的中正堂，那時都是墳堆，部隊不按隊形，就地散處墳墓之間休息，伙夫到路邊打井水洗米煮飯。

這時師長羅錫疇來了，就集合隊伍精神講話，說共軍已經在古寧頭登陸，一一八師與二〇一師正在跟共軍打仗，就問大家：「怕不怕？」

軍士大聲回答說：「不怕。」

師長就勉勵大家要勇敢，打一次漂亮的勝仗；現在的情勢，只有打，不能跑，金門是一座孤島，四邊都是海，逃也逃不了，只有勇敢打，才有生路。然後發佈攻擊行進路線：四十二團在中間，四十團在左，四十一團在右，還有一個預備隊，向古寧頭方向進發。

四十二團從湖下，無法涉水到古寧頭，右折到了一三二高地。天一亮只見四部小小的戰車在馳突掃蕩，飛機在海邊投彈，炸毀帆船。這時共軍據守在林厝路口一座碉堡頑強抵抗，四周有槍眼向外猛烈射擊，國軍久攻不下。

熊政福說：「十八軍軍長高魁元，打電話給李光前團長，告訴他只要把這個碉堡拿下，到臺灣要甚麼官就有甚麼官。」李光前團長接到命令，懍於自己職責之所在，就率了警衛排二十五、六人，只有衝鋒槍與卡賓槍，沒有重武器掩護，就衝了上去，因此中彈殉國，掛死在林厝一間茅廁房的鐵絲網上。熊政福說，這是他親眼目擊的。

團長陣亡，第四班的通信兵萬蘭成報告班長，班長就報告連長，連長說不能洩露出去，誰講了就槍斃誰。然後一級一級往上報，就拿了老百姓一副棺木裝殮，老阿嬤痛哭流涕，說那是她身後要用的，李團長的副官就丟了幾

▲熊政福獲頒的勳章，左為忠勤勳章，右為寶星勳章。

塊光洋給她。熊政福說他親自抬團長入棺，只見胸部濕濕的，沒有打開衣襟看，不知那裡中槍。

當下在林厝設了靈堂，熊政福在門口守衛，十八師師長尹俊與十四師副師長夏超不時過來，告訴他要時常添油添香。這時靈堂外的馬路上，俘虜斷手斷腳的在地上爬來爬去。有一個俘虜問：「裡面死了甚麼人？」熊政福沒有二話衝鋒槍就拉起了槍機，要他閉嘴。

四十二團從江西一路轉進廣東，在梅縣落腳，李光前住在山腰上一戶老百姓家，熊政福是通信兵，去幫團長拉電線，裝好之後他試機，已有響鈴；團長桌上放了幾塊光洋，李光前就問他要不要拿幾塊去。一塊光洋那時可以換二百二十個銅板。李光前團長看他鞋子破了，腳趾頭露出來，就問說：「你沒有鞋子穿？」

熊政福說：「沒有關係，還可以穿，假如不能穿再丟掉，打赤腳。」

李光前馬上就打電話給補給士，要他送兩雙鞋子過來。

如今李光前團長爲國犧牲，熊政福想到這些前

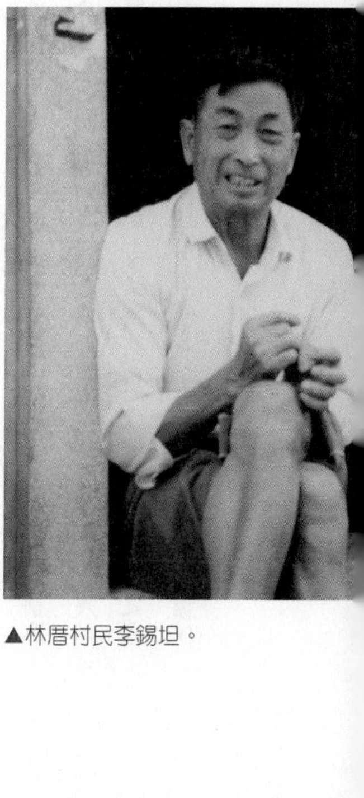
▲林厝村民李錫坦。

塵往事，以及與團長的革命感情，不免悲從中來。胡璉將軍推許李光前團長愛護士兵，態度熱誠親切，溫慰備至，與熊政福通信兵的身感膚受，可以後先輝映。

戰後幾天，一個班去搜索碉堡，熊政福只見共軍屍體臉都黑了，嘴角的血水也是黑色，整個碉堡裡各種槍枝很多，他只拿了四把手槍，拿到連部這個也要、那個也要，最後上繳到軍部，高魁元將軍獎他四塊光洋，還有一枚獎章。戰後選他到山外十八軍軍部當衛兵。

民間傳說，李光前團長背部中彈，現在證明不確的，應該澄清眞相，還國軍一個清白。沐巨樑說，李光前團長是他們戰車部隊打死的。他說，國軍與共軍混在一起，砲彈不長眼睛。另有一說，李光前透過靈媒自陳鼠蹊部中彈，經包紮之後爬回西浦頭，死在路邊。印證熊政福的說法，眞相就比較明晰了。

戰後，林厝村民李錫坦等四人以門板把他抬回村內，用楊忠海祖母自備的福杉棺木裝殮。李錫坦說李光前臉部發黑。

李光前，字帆夫，湖南平江人，民國六年生，軍校十六期畢業，死後追晉爲少將，胡璉將軍曾爲文祭悼：

金門戰役中，我十四師四十二團團長李光前，也和我們許多成仁取義的官兵一樣，為黨國盡了大節！凡是識與不識的人，都非常惋惜，匪焰方張，良將遽喪，予身為主帥，哀情尤甚！

民國三十一年秋涼九月，我軍戍守宜昌三斗坪，予任十一師師長，一日薄暮，兩個英俊少年，攜介書謁予，得悉原在空軍警衛團任連長，由昆明來鄂投效，一為金少石，一為李光前，當詢以何故捨繁華就艱苦，答謂：「少年久逸不祥，願得一嚴整而富正氣的革命軍隊，冀能上進，免染時習，刻苦耐勞衝鋒陷陣，乃男兒事業，固樂為之。」予聆其言，深感季世猶有賢者，令金去三十三團任七連連長，留李任師部上尉參謀，此李光前來歸之始，動機的純潔，胸懷磊落，在予的腦海中留下深刻記憶。

血性男兒，坦直丈夫，在人類生活中，確實是無價之寶，任何人都會對他發生愛護和崇敬，李光前便是這一型人物。八年冗長歲月，他的職務雖多更變，可是無論上官同僚部曲對他的評論，異口同聲都是稱讚，因此在軍隊中起了模範作用。上進的人有了準繩，差池的人有了警惕，這種道德向心力和道義裁判力的形成，使我軍永持著一股正氣和朝氣。現在李光前戰死沙場，固然他的精神仍然照耀我將校們的心靈，但是模範主流的喪失，使人不能不有哲人日已遠之感念！

在予治軍的經驗中，總覺青年將校的威嚴太甚，溫情太少，使部曲每受軍營冰冷生活之痛，屢經告誡，收效極微，常以為憾！三十六年七月南麻大戰之後，李光前和予不期而遇於傷患醫院，其時他任營長，予目睹彼對其傷患官兵溫慰備至，而態度的熱誠親切，尤為難能可貴，予念青年將校而能如此，異日必為名將，予固欣幸予之部曲中能有名將之產生。今者李團長殺身殉國，天吝名將，不會長留人間，予至悲愴，然予又知其部曲悲愴過予十百倍也。

徐蚌之敗，我將校陷敵者眾，四月之後，李光前脫險歸來，沉默寡言，不怨不尤，其知恥圖雪之情，與劉次傑段昌義等相同。予固知其內心之痛苦與積忿，將奔放於疆場相見之時，擢為團長，所以順其情使其勢，初不料其勇難勒，竟至身殉也！壯士臨陣，以死搏勝，成仁成功，都在意中，戰死馬前不足介，然一念及英雄之年，綽約之材，與氣吞四海之志，終不見大漢旌旗重返故鄉，予實不能自已而淒然淚落！

▲西浦頭村郊的李光前將軍廟，廟貌雄偉。

國民革命事業，乃一偉大莊嚴的神聖事業，其成就的基礎，本是建築在碧血丹忱之上，沒有奮身捨命的志士，就難有輝耀燦爛的成績。參加國民革命工作的人們，原也是以死難為歸宿，以犧牲為志事，因此予對李光前團長的壯烈成仁，在公誼固認為求仁得仁應無憾，然以私情則八年袍澤，情同骨肉，魂歸地府，相見無日，回首前塵，都成煙霧，人非木石，殊難免嗚咽悲哽臨風飲泣也！

今當李光前團長死國二週月之際，除為文如上外，謹以虔誠默禱之曰：「孔曰成仁，孟曰取義，惟其仁至，所以義盡，讀聖賢書，所學何事，而今而後，庶幾無愧。」

戰後，一九五二、五三年左右，夜深人靜，西浦頭常會出現皮鞋聲與口令聲，長老覺得很奇怪，依民俗只有去問乩童，乩童就特定農曆九月初八，全村各家戶都以五牲菜碗到村外，祭拜「軍府萬興公」。一九五四年九三砲戰，乩童到了臺灣，西浦頭

▲李光前團長殉國紀念碑石。

▲李光前將軍廟前的塑像，英風颯颯。

沒有乩童了，村民仍依例每年九月初八祭拜。

一九七〇年左右，西浦頭又找了乩童，這位乩童平日不識秤花，但是起乩後還會幫人看風水。這時村中又不靖，乩童說李光前要來興宮，村民說這是好事，都很贊同。這時廟宇非常矮小與簡陋。有一天，一位營長坐車經過，一頂軍帽被風吹走，一直滾滾滾，滾過了雷區，才在廟前停了下來，營長爲撿這一頂帽子，繞了一大圈，才到了廟前。一看，鏡框裡寫了軍府萬興公，列了一百多人的名字，李光前領銜，另外還有兩位營長。

這位營長覺得有些怪異，放眼四周放養了許多雞隻，滿地雞糞，環境非常髒亂，因此他就建議縣府整理美化。縣府果然派了一組人馬前往整頓，工作人員看到很多答謝的錦旗，就起哄，要帶班的人員乞香灰與一面錦旗回去供奉，以保平安。他也不排斥，就照做了。到了晚上，說也奇怪，他家就聽到口令聲與敬禮聲。他去問乩童，乩童說，李光前派了一營前去鎮守。因此，他也幫李光前立了廟，名曰「復國寺」，如今還在昔果山村莊的馬路邊。

李光前將軍生而爲英，死而爲靈，威靈顯赫，有求必應，尤其金門開放觀光以後，專程前去拜拜的善男信女很多，光是答謝的金牌十年前就已經有一萬多面。現今每年農曆九月初七、初八，西浦頭村民都會做醮致祭，香火鼎盛。

除了李光前將軍，古寧頭一帶還有許多八路軍與青年軍來興宮立廟，有的稱爲「愛國將軍」，有的稱爲「忠烈祠」，成爲地方上一大特色。北山村民李和火與許漁治夫婦親身經歷，還賠了一個女兒寶貴的生命，感受最爲深刻。

▲青年軍一班死在北山這個大門口，班長的頭顱噴到三、四十公尺外，現已建廟的地點。

出不入兮往不返，平原忽兮路迢遠。
帶長劍兮挾秦弓，首身離兮心不懲。
誠既勇兮又以武，終剛強兮不可凌。
身既死兮神以靈，魂魄毅兮為鬼雄。

〈國殤〉屈原

兩千多年前，屈原這篇國殤，令人悲愴感悼，戰爭的慘烈，軍士的犧牲，忠魂義魄，靈爽不昧，古今如出一轍，然而一般有道之士都說「子不語」。

古寧頭戰役，就是屈原國殤的最佳寫照。

許漁治，後沙人，古寧頭大戰之時，她還沒有出嫁，仍在家裡養豬種菜，不過戰爭的陰影籠罩著，國軍大舉轉進，她眼見汕頭人一家三代被抓夫，爺爺當伙夫，孫子當勤務兵，兒子當兵，三個人同在機槍連。

她回憶說，她正在煮飯，伙夫爺爺來借釜煮「菜頭帳」（蘿蔔葉），撈起來放

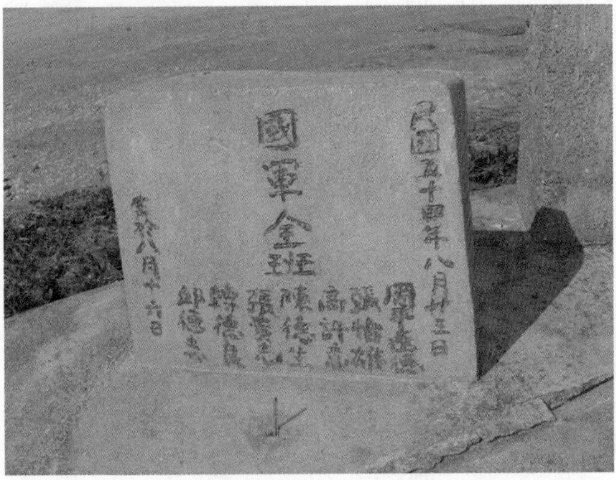

▲這塊牌子寫了殉國者的名諱，不讓拆。

▲北山村民李和火恭建的忠烈祠。

在洗臉的木盆裡，撒一把鹽，和勻，就當菜吃，有時也摘野菜，煮地瓜葉，軍隊都吃糙米。她說生活非常的苦。

戰爭結束三年之後，十七歲時嫁到古寧頭，丈夫李和火十八歲。戰爭雖然已經過去，但是軍魂英靈不遠，一九四九年之後，一直困擾著李家。李和火、許漁治夫婦一面剝海蚵，一面說故事，沒有怨，沒有恨，只有無奈——因爲遇到了。她說打仗時軍隊苦，老百姓也苦，這些大陸軍人葬身在古寧頭，魂魄無依，不論國軍或共軍，回不了家，心有不甘。

許漁治說，一班通信青年軍，七個人：周平遠德、張怡雄、高許意、陳德生、張貴志、韓德良與邱德志，戰役時在北山村口的車路墘全都壯烈犧牲。班長周姓，二十六歲，安徽人，一顆頭顱噴到三、四十公尺之外的田裡。李和火十九歲之時，拿畚箕到田頭挖消防砂，不小心碰到了，從此來捉弄他，捉弄了整整三十八年之久，讓他每天喋喋不休，有時講閩南語，有時國語，甚至於是英語，好像是瘋子一樣。

許漁治說被捉弄得很離譜、很悽慘，一言難盡。軍魂一直要求蓋廟，但是起先境主神明不准，不看日子，十七歲的女兒因此身殉，被捉去抵押，這是二十三年前的事了。然而透過靈界的溝通，要李和火到田裡找頭顱，可是一坵田那麼大，怎麼找呢？

結果眞的挖出來了，戰役經過二十年之後，頭顱還在。

李家在一九八七年花了五十八萬元，蓋了一間忠烈祠，把頭顱供奉在後殿，每年農曆十一月初八日作醮，祠聯「黃花岡上英風在，青草墳前浩氣生」，窗欞上左右寫著「艱期報國，務在安民」。如今神龕還有他女兒的一張照片，軍魂應允留給她一個位置。

晉朝范縝的神滅論：「神之於質，猶利之於刃；形之於用，猶刃之於利。利之名非刃，刃之名非利。然捨利無刃，捨刃無利。未聞刃沒而利存，豈容形亡而神在？」雖然講得頭頭是道，沒人可以屈他，可是靈魂不滅之事，自古就信者恆信，不信者恆

▲許漁治一面剝海蚵一面說故事的神情。
▲李和火一個不小心，讓自己受苦幾十年。

不信，只是靈界渺茫不可說。許漁治已做了十八年軍魂的乩身，每天爲人排難解紛，非常的忙碌。她說共軍沒人祭拜，沒有錢，死者跑來哭訴，她也跟著哭，後來燒了金紙讓他去發餉。

古寧頭戰役只是局部性的決戰，但是共軍在北山村負嵎頑抗，國軍採壓迫式攻擊，雙方死亡枕藉，老百姓說屍體有如曬地瓜簽，隨地掩埋。許漁治說三十年前，軍魂反上陽間，沙崗的赤土塚山的駐軍，常常看到異象，衛兵找連長去看又不見了；南山村的砲兵，每到下午五點，就有人丟石頭，因此軍方找上村公所，要求小孩不能去丟石頭，否則打死不負責。

▲安岐村郊的將軍廟。

▲安岐將軍廟後的萬人塚，插國旗的前方。

晚上十時宵禁，凌晨二時就聽到吹哨子集合的聲音，老百姓聽到，軍隊也聽到，民眾反映，軍隊也反映，司令官才下令祭拜，大燒金紙，冥陽兩安。因此，古寧頭人每年農曆七月還有路祭。

湖尾西堡的林水土，七十四歲，他說湖尾戰事二十五日中午以前就結束，青年軍一連一夜全部陣亡，然而卻沒有功勞，去年農曆七月中午在海上，耳邊聽到非常嘈雜的人聲，但是卻看不到人影。他說絕不是海浪聲。

蔡天從，七十七歲，安岐人，二十五日凌晨共軍登陸之時，他躲在家裡，徹夜聽到機關槍嘀嘀噠噠的響，軍隊跑進巷子裡，走投無路，猛踢門板叫開門。大家瑟縮著，怕他衝進來，任憑叫喊動都不敢動。

打了三晝夜，他粒米未進，只喝了一點水。他說死傷非常慘烈，青年軍受到夾擊，一連死剩兩個人，滿山遍野都是死屍，草草掩埋了事，最近有人在田裡蓋房子，還挖出駭骨。

軍魂不死，他說一九六〇年代左右，傳出晚上去換衛兵，長官查哨一看，怎麼不見人影，只剩下一枝槍，回去責問：「你爲什麼不站衛兵？」可是衛兵說：「有啊！剛才明明有人來換啊！」

雨淋白骨血染草，
月冷黃昏鬼守屍。

這些無依的軍魂，在四野裡飄蕩，就透過安岐神明來報姓名、籍貫，有國軍、共軍

▲安岐將軍廟奉祀的軍魂。

▲安岐將軍廟後面的大塚，寫著萬軍營三個字，村民歲時祭享。

及日據金門死亡的日軍。他說李光前將軍也首先來此報姓名，後來西浦頭再來引火。

安岐人後來辦理超度法會，糊上紙船，寫上姓名與住址，把他們一一送回去。現在安岐還有一間將軍廟，每年祭拜好幾次，盈聯寫著：「正氣昭天地一身肝膽生無敵，精忠報國家百戰威名歿有神。」廟後有一墳塚「萬軍營」，就是埋葬這些亡故的軍魂。

金門縣長李炷烽為超度亡魂，已經舉辦過兩次水陸大法會，逢古寧頭戰役六十周年，舉辦第三次大法會，希望死者安之、生者樂之。

3 5 古寧頭戰役的影響

天陰聞鬼哭，碧血古寧頭。散卒心猶赤，哀軍淚不收。萬方飄墮葉，一戰轉狂流。吾土吾民在，男兒志未酬。

趙家驤

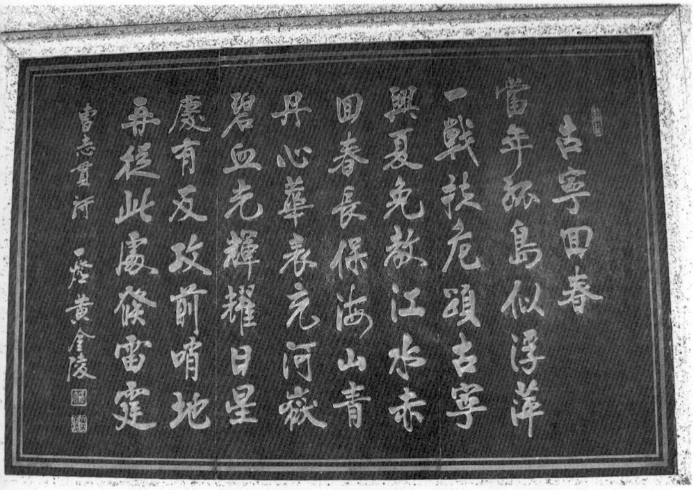

▲歌詠古寧頭戰功的七律。

一九四九年，赤焰狂潮，席捲了半壁江山，時局動盪，危如累卵，人情悚懼，惶駭不安，中共準備攻下金門，再進窺臺灣，國府面臨退此一步，即無死所。因此，古寧頭大戰，是國共一場生死決鬥，中華民國存亡絕續的一戰；古寧頭以一嶼之地，負起旋乾轉坤的歷史重任，砥柱中流，影響了時局的發展與國家的命運。

古寧頭之役，國民黨大獲全勝，打破了共軍不敗的神話，士氣復振，穩住了陣腳，從此開展了新局。

趙家驤說一戰轉狂流，詮釋的最爲貼切。

縱觀臺灣當時的內外環境：

美國發表對華白皮書，落井下石，更增加國府處境的艱難。因此，士無鬥志，社會人心動搖，不知何去何從？大家不知道臺灣守不守得住？不知道還有沒有明天？

一九四九年十月十八日

臺灣地位謠詠
毫無事實根據

（本報訊）東南軍事長官公署發言人昨以書面答覆本市記者的詢問。

問：關於臺灣地位問題，外間謠傳極盛，並謂臺灣將由美國託管，當局作何解釋？

答：臺灣為中國領土之一部，主權既屬中國，任何國家當然無權託管，盛傳所謂，毫無事實根據。

問：外傳臺灣防務將由美國陸海空軍協助聯防，是否確實？

答：未有所聞，亦無所知。

臺灣外有友邦的遺棄，內有強敵的逼臨，想決死戰的人少，想投降與落跑的人多，俗話說：「牆倒衆人推。」只要臺灣戰事一爆發，恐怕那些逃難的人都會把自己嚇死。

此時此際，臺灣的民心士氣可不可靠？軍事武力又怎樣呢？能不能擋得住共軍的攻擊呢？胡璉說：

> 臺北第六軍之二〇七師雖已成立，但三三九師卻尚人員不足，一六三師由原臺灣警備旅兩團所改編。臺南之第八十軍，二〇一師戍守金門，二〇六師尚稱完整，三四〇師則正在編練之中。外此則由上海撤退而來之五十二軍及五十四軍，實力如何，國防部當有資料，此處暫不論及。偌大臺澎，僅此兵力，金門不守，臺澎如何，可想而知。賈誼所云「禍患之來，不在土崩，而在瓦解」。鑑於爾後成（成都）、渝（重慶）變化，益感金門戰勝之重大價值。

臺灣當時的兵力，依胡璉的資料推估可能不會超過五、六萬人，那時部隊編制不足，只有六成，在金門是如此，在臺灣恐怕也差不多，而且裝備殘缺，已成摧枯拉朽之勢，有些部隊無法應戰。聖嚴法師在他的自傳「雪中足跡」，敘述從軍來臺時的景況，他們全體一百多人，只有兩支步槍，還不能開火，「我們沒有衣服穿，夏天時通常只穿條短褲。」訓練課程實施所謂光頭、光腳、光身子（上身）的三光政策。一天只吃兩餐，每人每天配給二十七兩米，「大家圍成圓圈，當中放碗水，水中有點鹽巴和幾片蔬菜葉子，大家分著那碗『湯』，配著米飯吃」。

郭驥說：

> ……軍事方面，當時所謂『官比兵多，槍比人多』，雖然未免過甚其詞，但臺灣

▲蔣介石在山外洋樓校閱將士點名的神情，左後為胡璉將軍。

兵力非常單薄，不足以抵抗敵人渡海進攻，則是事實。

臺灣守不住，大家看法都是悲觀的。因此，國民黨面臨了生死存亡的關頭。那時國軍有一部在西南，一部在海南島，一部在舟山群島，臺灣後方空虛。有人說，如果毛澤東在福建造船，揮軍直攻臺灣，再來收拾上述那些地區，或許整個情勢改觀，歷史改寫。但是，毛澤東是一位大陸戰略專家，他可以在陸地上把蔣介石一手建立的革命武力摧毀殆盡，卻在古寧頭之役，吃了水的虧，敗給了蔣介石。

這一役，讓國民黨有如吃了還魂丹，重新振作了起來，蔣介石事後檢討：

此次金門保衛戰的結果，對於來犯之匪萬餘人，予以徹底的殲滅，不使有一人脫逃漏網，這是我們剿匪以來最大的一次勝利。

蔣經國更進一步說：

▲戰後蔣介石親臨前線，校閱勝利之師。

……金門登陸匪軍之殲滅，為年來第一次勝利，此真轉敗為勝，反攻復國之轉捩點也。

東南行政長官陳誠在作戰檢討會也說：

這次金門勝利，為年來戡亂軍事的一大勝利，可以扭轉國內外整個局勢，為今後轉敗為勝的轉捩點，讓大家知道國軍仍可以戰勝匪軍，……在金門勝利以前，軍人失敗的心理，不是想上山，就是想跳海，或者投降偷生，以圖自保，金門大捷後，證明了只要肯拼（拚），能協同一致，就可以打敗敵人，就可以打回大陸。

古寧頭大捷、大陸稱爲金門戰役的最大意義，就是陳誠說的「給國人一個失敗心理的改變。」

二〇〇四年六月十八日，香港商報刊載中共太子黨、空軍副政委劉亞洲發表「金門戰役檢討」一文，開宗明義也指出：「金門戰役奠定國民黨經營臺灣的心理基礎。」

▶戰後蔣介石校閱部隊，軍容壯盛。

▶蔣介石校閱「金門之熊」。

▲蔣介石這樣親切，溫慰戰士的畫面極少。

古寧頭戰役，把國民黨穩住了，穩住了人心，穩住了士氣，穩住了局面。

而對共軍來說，古寧頭之役的慘敗，深切體認進攻海島，缺乏兩棲戰力，沒有空軍的掩護，是難免要失敗的。進攻金門，共軍史無前例被殲，氣燄頓時消了下來，對於進攻臺灣，重新冷靜的評估，使臺灣得以拖到隔年韓戰爆發，共軍把兵力北調，美國又介入臺海，臺灣鹹魚翻生，又變成一尾活龍。

因此，有人把金門之役，比喻為歷史上的「赤壁之戰」或「淝水之戰」，在某些意義上是有些近似的。因為此役：

一、是扭轉我們軍事上的逆勢。

二、是重振我們的反共的聲勢。

三、是開創了復興基地金馬臺澎安定進步的契機。

四、是我們國民革命轉敗為勝的開始。

而最最根本的就是：古寧頭戰役，是由中國中華民國，過渡到臺灣中華民國的一次重要戰役。

36 五〇年代臺海危機

一代又一代的兵荒馬亂構成了中國人心中的歷史。既然歷史的最初輪廓由暴力來書寫，那麼暴力也就具有了最普及的合理性。

〈關於善良〉余秋雨

進攻臺灣，必先打下金門，然而，一九四九年秋天，共軍進攻金門受到了挫折。進攻金門，木帆船只需要兩個小時，機帆船只要不到一個小時，共軍船隻不足，第一梯次登陸，船隻無法回航，又沒有空軍掩護，因此全軍覆沒。

如果進攻臺灣，臺灣海峽海寬浪闊，共軍缺乏船艦，空軍又不足，無法掌握制空權，根本無法橫越臺灣海峽，因此，進攻臺灣的計畫一改再改。

一九四九年秋天，中共制定的臺灣戰役計畫是投入八個軍的主力，其中以第九兵團的四個軍（第廿、第廿三、第廿六、第廿七軍）爲第一梯隊，一九四九年末，華東野戰軍首長決定主力十二個軍全部攻臺。中共中央軍委同意了這個意見。這時，美國公開表現出和國府當局的疏離，因此，一般估計共軍攻臺時美軍不會介入。粟裕說：「直接參戰在政策上、軍事上都是對美帝不利的，所以美帝只能間接參戰，如動員日本的『志願兵』去幫助蔣匪。」

一九五〇年三月十一日，中共新任海軍司令員肖勁光與粟裕會商了攻臺的準備工作。中央軍委同意粟、肖會商的意見，設想投入五十萬部隊用於渡海攻臺，分兩梯次運送。華東野戰軍準備在舟山戰役結束後，以第七、第九兵團擔任攻臺的第一梯隊，第十兵團和入閩的另外三個軍擔任第二梯隊。這樣，華東野戰軍的十二個軍連同後勤支援人員，投入臺灣的總兵力將達五十萬人。

當時，要實現這一登陸作戰的構想，最大的困難還是缺乏渡海船隻和空軍掩護。早在一九四九年夏天，毛澤東就預見渡海的困難。七月十日，毛致函周恩來，提出了渡海和建立空軍的構想：

我們必須準備攻臺灣的條件，除海軍外主要靠……空軍。二者有一，即可成功，二者俱全，把握更大。我空軍要壓倒敵人空軍，短期內（例如一年）是不可能的。但仍可以考慮選派三四百人去遠方學習六至八個月，同時購買飛機一百架左右，連同現在飛機，組成一支攻擊部隊……

因此，中共加速建設空軍，並與蘇聯簽訂購買飛機，希望在一九五〇年年末以前能培養出九百名左右的飛行員，裝備作戰飛機四百架。屆時，共軍的作戰飛機在質量上同國民黨空軍的飛機將不相上下，而且在數量上還略占優勢。

海軍方面，一九五〇年四月，中共共有戰鬥艦五十一艘，登陸艇五十二艘，輔助船三十艘（共四·三噸），共軍的海軍噸數還不如國民黨的海軍總噸數（共十萬餘噸位）。一九五〇年二月，在「中蘇友好同盟互助條約」下，毛、周訪蘇，加緊向蘇聯購買海軍裝備，要求在一九五〇年夏天，至遲一九五一年春天前交貨。

共軍還透過關係，向英國商人訂購了兩艘排水量達七千噸的巡洋艦、五艘護航驅逐艦、四艘掃雷艇（這些訂貨在韓戰爆發後被英國政府取消）。共軍當年如能較快取得這些裝備，將比國民黨海軍具有明顯的優勢。

一九五〇年六月，中共在北京召開七屆三中全會，粟裕請求由中央軍委直接組織指揮臺灣戰役，毛澤東則決定此一戰役仍由粟裕指揮。

保安部代表會今將通過提案

任何人不許跑

萬一臺灣發生戰事

一九五〇年六月七日

共軍攻占海南島、舟山群島之後，華東軍區準備進攻臺灣，但進攻臺灣，必先攻下金門、馬祖兩島。

福建是進攻臺灣的前沿陣地，部隊和船隻在此集結；馬祖，封鎖福州港的出海口，金門，扼住廈門港的咽喉。蔣經國說：「金、馬是我們攻擊（反攻大陸）時的兩個拳頭，也是我們防禦（鞏固臺、澎）時的兩把鎖。」共軍想要進攻臺灣，必先攻占金、馬，掃除船隊集結和出海的障礙。

共軍占領舟山後，華東軍區主力可以無顧慮地南移。根據中共中央軍委命令，華東軍區以第二十四軍、第二十五軍和砲兵第三師為入閩增援部隊，奉命向福建開動，集中在浙東沿海的船隻也準備向福建轉運。因此，第十兵團等待增援的砲兵、船隻到達後，就再進攻金門。

共軍通過攻擊廈門、金門、舟山、海南島和東山島所累積的實戰經驗，認爲再攻金門並不困難，只要船隻足夠並有占優勢的砲火掩護，就有把握。

當時進攻金門的問題，主要是島小，國軍派有重兵防守，工事較以往堅固，進攻一方兵多擺不開，兵少又難以解決戰鬥，所以需要精心組織籌劃才能發起攻擊。

海南島和舟山的問題解決以後，再攻金門已不再是中共中央軍委、華東軍區主要擔心的問題，如何渡過臺灣海峽、進攻臺灣，已成爲戰術研究的重點。

一九五〇年春夏之交，臺灣的局勢非常緊張，自五月海南島淪陷、舟山撤守後，許多人預感下一個目標就是臺灣。

當時臺灣的情勢怎樣呢？促成國民黨在大陸撤守的通貨膨脹，在臺灣獲得了緩解，臺灣的市場能夠勉強保證物資供應，來臺的五十多萬官兵和近百萬文職人員、軍政人員家屬的基本生活還有保障，對於中國以往的軍隊來說，能夠發足薪餉歷來就是關係部隊生死存亡的大事，北洋軍閥時期的兵變，大多由於欠餉造成。蔣介石的嫡系軍隊向來極少譁變，關鍵在於蔣介石基本上能發出薪餉。

當時，國民黨的陸軍只剩三十多萬人，其中只有從舟山撤回的幾個軍和孫立人訓練的兩個新軍還算完整，其餘均殘破不堪；海軍已損失了七十餘艘艦隻，只剩下五十餘艘軍艦，總計不足十萬噸；空軍只剩二百多架戰機，依照中共空軍發展速度，不出一年就會被共軍趕上。

國民黨所處的時代情境如此險惡，國際環境又起了變化。一九四九年毛澤東訪蘇，美國爲防中共倒向蘇聯，表示了一些「不干涉」臺灣的姿態。一九五〇年一月五日，杜魯門總統發表聲明，宣布：「美國目前無意在臺灣獲取特別權利或特權，或建立軍事基地」、「不擬使用武裝部隊干涉其現在局勢」。一月十二日，美國國務卿艾奇遜發表「白皮書」，承認在中國發生的事是一場眞正的革命，蔣介石並不是爲軍事優勢所擊敗，而是爲中國人民所拋棄。他還聲稱美國在西太平洋安全防線是從阿留申群島，經日本到菲律賓。在這條防線中既未提臺灣，也未提韓國。

杜魯門、艾奇遜的聲明和講話，曾使臺灣一時陷入被拋棄的驚恐之中。

但是自一九五〇年二月以後，形勢就迅速起了變化。美國國內麥卡錫主義興起，仇視共產主義氣氛轉濃，國會內也掀起「誰丟失了中國」的責任追究，而軍方也反對杜魯門總統一月五日的聲明。四月間，美國參謀長聯席會議提出支援國民黨軍以保住臺灣的看法。五月十六日，美國國務院特別顧問杜勒斯寫成「臺灣中立化」備忘錄送給國務院，得到了支持。五月二十九日和六月十四日，麥克阿瑟先後向參謀長聯席會議和陸軍部提交備忘錄，認爲：「掌握在共產黨手中的臺灣就好比一艘不沉的航空母艦。」

六月二十五日韓戰爆發。

一九五〇年六月二十六日

韓國戰事爆發

北韓昨公然向南韓宣戰

分兵五萬向十一處進攻

六月二十七日杜魯門宣布，派第七艦隊駛向臺灣，防止中共攻擊，臺灣的形勢馬上改觀。

六月卅日，中共中央軍委副主席周恩來向海軍司令員肖勁光傳達了中央新的戰略方針：「形勢的變化給我們打臺灣增添了麻煩，因為美國在臺灣擋著。」八月十一日中共中央軍委致電華東區司令員陳毅，同意陳毅的意見並指示：臺灣決定一九五一年不打，待一九五二看情況再作決定，金門可決定在一九五一年四月以前不打，四月以後待命再打。

一九五〇年九月初，中共預料韓國局勢即將惡化，於九月九日命令原擬作為攻臺主力的第九兵團（轄第廿、第廿六、第廿七軍，第廿三軍留華東）北上，準備作為進入韓戰的第二梯隊。九月十五日美軍在仁川登陸，同日中共中央軍委正式下令推遲進攻金門。

古寧頭之役失利，共軍一直想復仇雪恥，一九五一年五月十二日中央軍委再次通告華東軍區：我在朝鮮戰爭未取得決定性勝利的優勢之前，暫不舉行攻奪金門戰役，以免力量不集中。

一九五三年十月陳毅向中央軍委提出：利用我在朝鮮戰場勝利形勢，準備用五個軍的兵力解放金門。並要求趕緊修建福建幾個機場和鷹廈、福州鐵路、廈門海堤。毛澤東批准，但很快又改變了主意，要求暫緩進攻金門，先解決浙江沿海島嶼。毛澤東之所以改變決定，主要是韓戰之後國際形勢已不適合組織大規模渡海作戰，同時考慮當時大陸內部狀況以及共軍的渡海作戰能力。

另外，金門已構築了要塞式的防禦工事，國軍有六萬把守，遠非一九四九年可比，如果要二度進攻金門，沒有強大的砲兵和空軍力量掩護，結果還是會失敗的。而要大量砲兵和空軍掩護，首先必須解決機場和運輸的問題，當時福建省境內既無一寸鐵路，也沒有一座可供戰鬥機起降的機場，正如葉飛後來所說的：「不修鷹廈鐵路不行，否則根本無法解決金門問題，空軍也無法進駐福建前線。」而要在崎嶇的福建山區修築鐵路，建成戰鬥機混凝土跑道機場，以中共的能力暫時還辦不到，還需要一點時間。但時間已經不等它了，中共失去了第一次攻下金門的機會，準備第二次的進攻又相當的困難，但是沒有攻下金門，就沒有辦法進攻臺灣，因此古寧頭戰役，國民黨的勝利，無形中就突出了它的重要性，金門保衛戰，等於捍衛了臺灣。

37 無法解放的島嶼

如果一直為現在和過去糾纏不休，可能失去未來。
前英國首相　邱吉爾

一九四九年，共軍兵敗古寧頭，片甲不留；一九五〇年七月二十七日，共軍以敢死營五百人攻打大二擔，血染灘頭；一九五八年八月二十三，共軍以火砲砲擊金門四十四天，打了四十七萬多發，無法得逞。這三次戰役，金門都挺住了，變成了共軍無法解放的島嶼。

胡璉將軍說：毛共自徐蚌倖勝，飛渡長江，南越五嶺，馳驅川康，陳兵蒙藏，狂驕之氣，不可一世，且介入韓戰，支援越共，何其悍也。但對金門之存在，三戰三北，如芒在背，數易其帥，終乃望而卻步，毛澤東親擬停火命令，何其頹也。

金門屹立如鐵堡，作出了犧牲，捍衛了臺灣的安全，導引了爾後歷史的發展局面。

一九五〇年三月一日

總統決定復行視事
繼續行使總統職權
定今日上午十時蒞臨總統府
將正式文告昭告中外

（中央社訊）蔣總統決定於三月一日復行視事，行使總統職權。自去年十一月李代總統抱病出國，中樞大計，無所秉承，各級民意機關及各方人事，希望蔣總統重新領導政府，統率三軍。

新近史毛偽約公佈，國勢世局，為之激變。蔣總統鑑於時局之艱危，輿情之迫切，至今日始作此決定。

一九五〇年三月十三日，蔣介石在「陽明山莊」講：「復職的使命與目的」，指出：「我們的中華民國到去年年終就隨大陸淪陷而已經滅亡了！我們今天都已成了亡國之民，而還不自覺，豈不可痛。」他又傷心慘痛的說：「但是今天到臺灣來的人，無論文武幹部，好像並無亡國之痛的感覺，無論心理上和態度上還是和過去在大陸一樣，大多數人還是只知個人的權利，不顧黨國的前途。如果長此下去，連最後的基地——臺灣，亦都不能確保了！」

蔣介石這段秘密談話，痛陳亡國之慘與大多數官員的壞。蔣介石的痛，南明的永曆帝最知道，他說：「天下之壞，不壞於敵而壞於兵，不壞於兵而壞於官，殊可痛！」是的，中華民國的情況，就如永曆帝講的一般，簡直是歷史的翻版，但是蔣介石有沒有永曆帝的體認呢？一九四九年三月十三日午後，立法院四十九位立法委員臨時緊急動議，向宋子文、孔祥熙、張家璈三氏籌借十億美元，藉以拯救危機，戡平匪亂。立委這樣的舉動，代表甚麼含意呢？當國者難道不知？

抗戰勝利之後，蔣介石於一九四八年五月二十日就任總統，同年十二月二十日下野，只就任短短七個月，就已風雲變色。有人說如果抗戰勝利，他選擇功成身退、飄然遠引，歷史地位將何等崇隆。然而貪夫殉財，烈士殉名，夸者死權，蔣介石掙不脫名韁利鎖，以致客死臺灣。

綜觀歷史軌跡，蔣介石與毛澤東的相爭，跟劉邦、項羽的相爭，竟有幾分的相似，都出身華中的長江流域，蔣介石浙江，毛澤東湖南；劉邦江蘇，項羽湖南，這是宿命的交鋒？歷史的輪迴？人事的倒錯？

問蒼茫大地，誰主浮沉？

當項羽宰割天下，分裂河山的時候，封劉邦於漢中，劉邦明燒棧道，以示不還之心，等到山東有變，立即回師吞併三秦（項羽所封秦三降將），也就是關中，現在的陝西。可說劉邦崛起於陝西。當蔣介石北伐成功，掌控局面，權勢熏天，毛澤東一再被追勦，共軍從江西井崗山兩萬五千里大逃亡，一路逃到陝北延安，發生了張學良、楊虎城主導的西安事變，救了共軍一命，從此坐大，毛澤東同樣崛起於陝西。項羽的鴻門宴，蔣毛的重慶會談，歷史的場景竟如此相似，只是項伯變成了美國大使赫爾利；然而，誰是蔣介石的范曾呢！

劉、項打得難分難解之際，雙方談和劃鴻溝爲界，以西屬劉邦，以東屬項羽，劉邦背信，乘項羽東歸的時候，合兵圍擊，兵臨垓下。徐蚌會戰之後，長江以北屬共軍，以南屬國軍，國共在北京和談，共產黨藉口和談破裂，渡江追擊，這跟劉項也有幾分神似。

劉邦合兵垓下，項羽四面楚歌，自知大勢已去，江東得王，但是英雄不是偏安主，自刎烏江。垓下，就是現在的徐州。國共徐蚌會戰，國軍損失慘重，蔣介石也是四面楚歌，被逼下野。徐蚌會戰，是蔣介石的垓下，那麼誰是霸王不離不棄的虞姬呢？

至於人物也有幾分蛛絲馬跡可循。劉邦是一個好說大話的無賴漢，最瞧不起讀書人，時常把讀書人的儒冠拿下來尿尿。毛澤東是一個梟雄，也瞧不起讀書人，罵讀書人爲臭老九，九儒只比十丐高一點。

論出身，劉邦是泗上亭長，專司捕盜，約等於現在分駐所所長。毛澤東，則是北京大學圖書館的管理員，月薪八塊銀元，兩個人旗鼓相當。

劉邦的老婆呂后，貪權狠毒，有篡謀天下之心；毛澤東的老婆江青，飛揚跋扈，厚植黨羽，機心與呂后相去不遠。

劉邦的大將韓信，攻城略地，素有戰神之稱，下趙破齊，三分天下而有其一，幫助劉邦，劉邦勝；幫助項羽，項羽贏，佔有舉足輕重的地位。及至天下已定，恥與絳灌爲伍，而有叛亂之心，以至身死長樂鐘室。

毛澤東的大將林彪，是戰爭魔鬼。林彪，湖北人，抗戰勝利後，任共軍「東北聯軍司令」，從東北一路打到廣東，幾乎戰無不克，跟韓信一樣有舉足輕重的地位，是毛澤東法定的接班人，及至天下大定，也因謀反，咸信死在蒙古逃亡的墜機上。功高震主，兔死狗烹，下場跟韓信一模一樣。

劉邦的宰相蕭何，江蘇沛縣人，出身小吏，因緣際會，在歷史上位望崇隆，是一位賢相，是劉邦治國的左右手，兩人有始有終。毛澤東的總理周恩來，江蘇淮安人，是南開學校畢業的窮學生，先後留學日本與歐洲，中共建政之後，是毛澤東得力的左右手，位望與能力不輸給蕭何，跟毛澤東也有始有終，實在有些雷同。

中國的歷史，又來到一個關鍵時刻，這是歷史的迷信？還是天意的徵顯呢？

蔣介石待從頭收拾舊山河，但是一個被自己人民拋棄的人，已經種下反攻無望的種子。所以在國家、責任、榮譽之上，以主義作投槍，以領袖爲盾牌，作爲兩岸對抗的武器，掀起腥風血雨的仇殺、報復與鬥爭。

一九七五年四月五日午夜十一時五十分，蔣介石告別權力的舞台，也告別人生的舞台。他在臺灣又做了二十五年的總統。然而隨著蔣氏父子在臺灣的殞落，政治生態的不變：

英雄志．薪火滅．歌聲絕

中山已崩志未酬

中正已殂恨難滅

蔣氏父子，生不能歸故鄉，死不能葬故土，耿耿此心，魂魄何依？老兵等是有家歸未得，面臨鄉土的剝離，祖國的幻滅，失根的困窘，只有集體在臺灣精神殉葬。

因著時間的遞嬗，可以照見政治光譜的變遷，那顆在黃埔江畔竄起的新星，卻在淡水河畔倏然墜落，嘗到失國的苦痛，無異是命運的捉弄。當領袖殞落的時候，主義也跟著殞落，那支他所辛苦建立的革命武力，在臺灣漸行漸遠漸無聲。黃埔已無革命志，衆軍只拜孫中山，失根的黃埔軍魂，已葬身在臺灣海峽，掩映在湛藍的波光中。

臺獨聲起，臺灣的政情已悄然起了根本的變化，那些老兵突然警覺：

啊！漂泊，我們跟著中華民國一起漂泊

啊！流落，我們隨著中華民國一起流落

啊！死亡，我們擁抱中華民國一起死亡

因此覺得以前的鬥爭、殺戮、流離，只不過爲了兩座銅像在拚場而已，自己只不過是銅像旁邊的泡沫。

歷史之夜，如此迷茫；革命之舟，如行怒海；星斗無光，指針失衡。在這個動蕩的大時代裡，寄蜉蝣於天地。生，是我幸；死，是我命。

這個時代，只有鬥爭，只有殺伐；這個時代，只有流血，只有革命；這個時代，只有存亡，只有死生；這個時代，只有成敗，只有榮辱。

沒有新天，何以代雄？漫說是非，漫說戰役，漫說功勞，老兵就像歷史的浮沫，要到那裡去找他的兩岸？

▲告別對峙，告別仇恨，告別肅殺，金門開放小三通，重新接上兩岸感情的臍帶，凸顯往日爭戰的荒謬性。

和平的曙光

第四輯

38 和平之旅

一棟分裂的房子，是永遠無法站起來的。
美國總統　林肯

蔣介石以前堅持「漢賊不兩立，王業不偏安」，然而時光流逝，驀然回首賊在那裡？漢又在那裡呢？這是歷史的弔詭之處；兩岸鬥爭的理念改變了，臺獨變成兩岸戰爭的引信，國民黨忽然發現失掉了兩岸。

當李登輝主政，發表「特殊的國與國關係」的時候；當民進黨的陳水扁主政，主張臺灣與大陸「一邊一國」的時候，臺海危機四伏，幾乎兵戎相見。後來國民黨拋棄了主義與領袖的包袱，要去尋找它的兩岸，也許像林肯總統說的：「我可以不成功，但不能違背自己的良心；我可以不獲勝，但不能做錯。」國民黨黨主席連戰在第二次敗選之後，毅然率團訪問中國大陸：

二〇〇五年 四月二十七日
睽違六十年 連戰抵南京
感慨兩岸有著辛酸的歷史　呼籲互惠互助、共榮雙贏　陳雲林接機

羅如蘭、王銘義、高興宇／南京——臺北連線報導

暌違六十年之久，國民黨主席連戰二十六日終於在南京踏上中國大陸的土地。中共中央臺辦兼國臺辦主任陳雲林親自登機歡迎連戰等人的到來，連戰在演說中以感性的口吻說，他上次離開是五十九年前的事。兩岸不是距離問題，亦非千山阻隔，而是因為我們有著辛酸的歷史。兩岸應該掌握此一契機，向互惠互助、共榮雙贏的道路邁進。

六十年轉眼過去了，連戰鼓起了勇氣，回到南京這塊國民政府的傷心地，回頭來看這段辛酸的歷史，國民黨倉皇辭廟，眞是百感交集，豈是一語可以道盡的呢？

連戰今天受到盛大的歡迎，可謂歷史的錯簡，想當年共產黨怎麼對待國民黨的？眞是時空倒置，不堪回首。一九四九年四月十七日，共產黨提出四項渡江要求，長江風雲告緊，二十一日認爲和談破裂，重新發動攻勢，二十三日國軍就撤離首都，共軍進入南京：

機場晝夜忙碌
二十餘架疏散機飛臺
撤退中樞首要立監委員
翁文灝孫連仲多人同來
閻錫山撤眷機四架抵臺

從三月下旬何應欽在南京組和平內閣，「努力進行全面和談」；到六月上旬閻錫山在廣州組戰鬥內閣，「決與匪黨作戰到底」；短短三兩個月，因為和平不成，戰鬥不力，國民黨陣腳大亂已時不我予了，面臨亡黨亡國的危機，風雨飄搖，不知明日是何日？逃亡與退卻，好像還在眼簾：

（本報南京二十二日下午十時三十分專電）

今日南京，陰雲密佈，砲聲隆隆，低沉的氣壓籠罩石頭城，飛機場、火車站，一片訴說離情聲——臨去一揮手「再會罷！」這聲音壓得南京，透不過氣息來。

這是當年撤退的情景，傷心慘目，是忠貞國民黨黨員心中永遠的痛，連戰要以甚麼心情與態度，面對這一段辛酸的歷史呢？邱吉爾說：「如果一直為現在和過去糾纏不休，可能失去未來。」

連戰勇敢走出過去的陰影，努力向前，希望共創共榮與雙贏的未來，國民黨即使輸掉江山，但希望能贏回歷史。因為「對政治家而言，謀求和平需要智慧和勇氣，謀求共識更能體現責任和善意。」（中共江蘇省委書記李源潮迎連之語）中國需要有政治家，不要謀略家、武夫與政客，連戰可以稱得上政治家嗎？他輸掉了總統大位，可望贏回了尊嚴。

孫中山選擇定鼎南京，就已經決定中華民國的命運。巍巍鍾山，龍盤虎踞，只是諸葛孔明風水之言、告訴吳大帝的美麗地理詞藻而已，不能反映歷史現實，「金陵王氣黯然收」，詩人的讖語是它千古揭不去的魔咒。

我來弔古，上危樓贏得、閒愁千斛。虎踞龍蟠何處是？只有興亡滿目。

辛棄疾　念奴嬌

這就是南京的歷史眞相。

中國歷史上強盛的帝國，沒有一個是定都南京的，從六朝開始，衰亡、流離與敗亂，就已跟南京的名號結合在一起。明朝的朱元璋，選擇定都南京，不旋踵叔姪爭權就發生靖難之變，朱棣趕跑了惠帝，也把李氏的先祖逼到了古寧頭。

朱棣把國都遷到北京，是爲明成祖，維繫有明二百多年的政權；然而明朝以南京始，以南京終，南明又跑到南京寫下它敗亡的最後一章，給了朱元璋一個具體交代。秦淮煙花，二十四橋明月夜，名士風流，盡是喪亂帝國的寫照。

中華民國定都南京，國勢阽危，沒有一天安寧，終於走向衰亡的命運。

中華民國，
弱以開國，
貪以治國，
亂以覆國。

以強勢開國者，以壯盛興；以弱勢開國者，以衰敗亡。這是中國的歷史定律。中華民國，不幸的以弱勢開國。孫中山先生「有功革命，無功建國」，首創共和，但是他並沒有改變中國的命運。辛亥革命，民國肇造，只換了旗號，並沒有換腦袋，蔡鍔說「環顧中原誰是主？」

封建勢力，軍人武夫，土紳劣豪，失意士子，要在新建的、脆弱的民國裡爭權與弄兵。孫中山先生有異於中國以往歷朝的開國革命，他沒有優勢的武力，掌握全局的能力，只有選擇退讓與妥協。

回顧這一段歷史，連戰背負著中華民國的十字架：「對國民黨來說，南京是個有歷史聯結和感情聯結的地方。南京曾是國民黨政府所在地，到此來向中山先生致敬，是國民黨大家共同的心聲。」悽愴感慨。連戰重履南京，標舉了中華民國辛亥革命的歷史意義：

一場不完全的革命，
締造不完全的國家，
實施不完全的民主，
度過不完全的人生。

二〇〇五年四月三十日中國時報報導

連胡發布和平願景

國共新聞公報堅持九二共識　反對臺獨　指兩黨將共同促進五項工作　謀求兩岸人民福祉

王銘義、羅如蘭、邱慧君／北京二十九日電

中國國民黨主席連戰與中共中央總書記胡錦濤昨天在北京人民大會堂舉行歷史性的「連胡會談」，兩黨並於會後發表「新聞公報」，共同發布「兩岸和平發展共同願景」指出，堅持「九二共識」，反對「臺獨」，謀求臺海和平穩定，促進兩岸關係發展，維護兩岸同胞利益，是兩黨的共同主張。

國民黨主席連戰，突破了六十年的樊籬，繼蔣介石與毛澤東重慶會談之後，二零零五年四月二十九日，國共兩黨領導人又在北京展開歷史性的會晤，只是時移勢易，主客易位。

國共兩黨鬥爭幾十年，血染河山，千萬顆人頭落地，現在忽然找到他們共同的目標與願景，這是歷史的弔詭之處。蔣介石一心一意要消滅的敵人，現在卻變成連戰念茲在茲要拉攏的「朋友」。鬥爭改變了顏色，藍紅對決，演成紅綠對決，藍綠對抗，試問歷史的主流在那裡？

那些昔日在戰場上殺得你死我活的人，今日卻成爲座上賓，茫茫天地，誰主浮沉？天地轉，光陰迫，一萬年太久，只爭朝夕？

親民黨主席宋楚瑜緊接著演出了「搭橋之旅」，希望搭起兩岸和解、和談、和平之橋。和平是兩岸人民的願景，國民黨昔日錯估了長江天塹的情勢，民進黨今天會不會也錯估了臺灣海峽天塹的情勢？

在戰爭中，堅決。

在失敗中，不屈。

在前瞻中，器識。

在和平中，善意。

這是邱翁的名言，他的教誨，正可以檢視我們今天的處境。戰爭，要有決心，和平，要有善意。我們已經揮別了戰爭中的堅決，失敗中的不屈，如今考驗雙方在前瞻中的器識，以及如何展現和平的善意？

39 誰挽天河洗甲兵？

殺人盈野復盈城，誰挽天河洗甲兵？
而今舉國皆沉醉，何處千秋翰墨林？
陳寅恪

兩岸今天的局勢，將來的命運，要從中國歷史上去找答案。

中國人一部二十四史，有人說只是一部相斫書，每一頁都充滿民族的血淚，每一頁都是人民的烽火流離。

中國人是一個歷史學非常發達的國家，中國人也常喜歡說記取歷史的教訓，但是正如黑格爾的名言：「人類從歷史上得到的教訓，就是永遠不會從歷史得到教訓。」因此，司馬光一部資治通鑑，並沒有爲帝王發揮治平之術，反而成爲後世鑽研鬥爭、奪權的寶鑑。職是之故，歷史學家陳寅恪也不禁喟然而嘆：「誰挽天河洗甲兵」。天河不能挽，甲兵就不能洗，戰爭就構成了中國人生生世世的命運。

中國人是不是一個愛好和平的民族？先儒說「勝殘去殺」，孟子說：「不嗜殺人者能一之。」但是冷靜觀察中國的歷史，那一個朝代不是由殺人如麻而統一的？

「凡是古來成功的帝王，欲維持幾百年的威力，不定得殘害幾萬幾十萬無辜的人，方才能博得一時的懾服。」魯迅引銖堂先生語。

晚近國共兩黨鬥爭，更是中國歷史的經典之作，「不嗜殺人者能一之」，也不過是徒託空言而已。

孔仁孟義成為中國文化的精髓，也是行為規範的指針，然而，儒家的教化，二千多年來有沒有深入人心，得到身體力行，有時不免令人懷疑。儒家思想如能深入人心，而不只是仕宦的登龍術，為世世代代的人所奉行，中國人理應受到薰陶，能夠勝殘去殺，可是不然，剝皮揎草，何代無之？死亡之慘，鬥爭之烈，令人不寒而慄。

所以中國文化是充滿矛盾的文化，是由殺人所形成的文化堡壘，中國人如不尊重人權，就不能去殺，就不惜死，中國人就不能安定，就不能進化。這種說法也許太武斷、太悲觀，但是又有什麼理由可以解釋？可以讓人信守與信服？

蔡鍔說：「環顧中原誰是主」，這種爭天下的思想，就是英雄革命，成為中華文化的致命傷，許多人都想做中國的拿破崙，而不想做中國的華盛頓，因此戰亂頻仍無代無之。

今天兩岸的關係，就是由中國的歷史哲學所構成，如果從大歷史的角度來看，可以從鴉片戰爭談起。中國的天朝思想受到了英國強權的挑戰，打破了舊有的思維，中國人從背誦之學去取得功名利祿，終於被創造發明的西洋奇技淫巧所打敗，無法應付新的外患、新的挑戰，從而認識了自己的軟弱與無能，中國從不接受到接受到屈服，就構成了中國人的近代歷史命運。

中國國弱民困，遭受外侮，驕傲與不屈的意志仍在血液裡流竄，每抵抗一次就失敗一次，每失敗一次，不平等的條約、喪權辱國、割地賠款就多一次。中國從一個驕傲的民族，被打到沒有自信，到後來只能喝酒、吃狗肉、罵中醫，宣洩心中的不滿而已。

中國面臨了瓜分的命運，每一個有血性的中華兒女，無不憂心忡忡，不知道爲何會演變至此——一敗塗地。因此，詩人從肝腸之中吐出民族的哀音：

九州生氣恃風雷，
萬馬齊喑究可哀；
我勸天公重抖擻，
不拘一格降人才。
〈己亥雜詩〉龔自珍

詩人向上天懇求不拘一格降人才，結果上天聽到了，降生了一個不世出的梟雄毛澤東下來，指點江山，激揚文字。

中國人面對歷史變局，展開一連串救亡圖存的舉動，到了孫中山先生建立民國，由於勢單力孤，由於心胸格局，遂採行聯俄、聯共與聯合農工的政策；國民黨是右派，以蔣介石爲代表，共產黨是國民黨內的左派，以毛澤東爲代表。

蔣介石看到了政治問題，想用軍事力量解決；毛澤東看到社會問題，想用革命手段解決。辛亥革命換湯不換藥，中國的病症並沒有因此而減輕，反而暴露封建殘餘的弊端與軍人武夫的割據弄兵。

蔣介石一方面想削平群雄，走上孫總理的歐美化；毛澤東想取而代之，從俄國十月革命得到了靈感，想走上蘇維埃化，以致歐美化與蘇化兩股勢力相互激盪，儒家化與反儒家化的決戰。

毛澤東是反儒家化的典型人物，蔣介石是儒家化的代表，從後來國共的鬥爭過程中，證明儒家化的蔣介石，在權力鬥爭中吃了反儒家化的大虧。毛澤東早年在「中國社會各階級的分析」，認識中國的病灶在農村，農村的問題在土地，因此劃分農村八種成份的人口：

大地主、小地主、自耕農、半自耕農、半貧農、貧農、僱農及鄉村手工業者、游民，這八種人分成八個階級，其經濟地位各不同，其生活狀況各不同，因而影響於其心理，即其對於革命的觀念也不同。

後來標舉分田分地的大纛，利用人性貪欲的弱點，用百分之九十五的人去鬥百分之五的人。

只要堅強的謊言，就能比貧弱的真理更能博得群眾歡喜。

法・羅曼羅蘭

中國從此改變了歷史的渠道，然而血腥的鬥爭仍持續不斷。

蔣介石也是人傑，既生瑜，何生亮，避難來臺，厲行威權統治，經過時間的演化，時代的更替，臺灣的儒家化思想，漸漸與歐美的民主化接軌，也是孫中山先生國民革命漸漸趨近理想與成熟；然而，大陸的蘇化，經過了六十年的鬥爭，也發展出一股沛然莫之能禦的力量，擺在眼前的這兩條平行道，看起來短時間也沒有融合的可能。

一九四九年，是國共鬥爭的一個關鍵年，而古寧頭之役，卻是關鍵年的關鍵戰役。國民政府播遷到臺灣，美國不僅作壁上觀，而且落井下石，共產黨不能一鼓作氣，解決統一的問題，事實上已坐失了先機。翌年韓戰爆發，國府獲得了喘息，美國介入臺海，防衛臺灣，西太平洋的形勢徹底的改變，追源溯本，李登輝的「兩國論」也就在這種背景下形成。

兩岸之爭，已從意識形態之爭，演變成臺獨與反臺獨之爭。古寧頭戰役最大意義，除了挽救國府的危亡，就是留下一個臺灣問題，成爲中美對抗的籌碼。

臺獨已經不是臺灣的問題，而是美國與中國的問題。二〇〇九年三月十四日中國時報報導，中共外交部長楊潔篪在會見歐巴馬之前，發表一場演說，強調雖然近期兩岸關係改善，但北京不會就臺灣問題向美國讓步。

金門是臺灣海峽的門戶；臺灣是太平洋的門戶。美國劃了一道防線，從阿留申群島——韓國——日本——臺灣——菲律賓，以前是防止赤化，現在是壓制中國的崛起。中國一旦統一，勢力進入了太平洋，是對美國世界領導地位的挑戰，有如芒刺在背，華盛頓晚上都睡不著。

西方的基督教文明，具有強烈的排他性，基督教文明想主導世界，正如美國想主導世界一樣。因此，臺灣問題，是東西文化較量的舞台，國力的競技場，以及東西兩國國力分水嶺的驗證。

中國人以往用「以夷制夷」，美國人現在用「以華制華」。自鴉片戰爭之後，中國一直無法擺脫世界強權的宰制，流毒至今。以往列強的侵略，英國、日本眞槍實彈，俄國人兵不血刃，美國人如今卻更高明，讓中國人像蟋蟀一樣纏鬥，坐收漁利。一個分裂的中國，是美國最大的利益，他可以這邊添柴，那邊加火，讓他們自己去內鬥與內耗，到時候骨肉相殘，血流成河，又重新演繹一遍悲歡離合的命運，那正符合中國的歷史劇情——向外開拓的英雄少，內鬥的梟雄多，用同胞的鮮血膏吻，登上權力的舞台。

因此，中國人今天面臨怎樣的對手呢？

一五八八年，英國摧毀西班牙的無敵艦隊；一八一五年，威靈頓公爵擊敗橫行歐陸的拿破崙；十九世紀中葉，義律打開了中國的門戶；一九四五年，邱吉爾打敗希特勒，美國降伏了日本。盎格魯撒克遜民族五個世紀以來，在歷次重大戰役，從來沒有敗過；再加以產業革命與民主制度的發軔，使其他民族只有成爲追隨者或模仿者。這些證明了盎格魯撒克遜民族在世界舞臺的優越性與主導性，中國人一時恐怕還無法與之抗衡。

然而過去十幾二十年，有些本土派人士，想利用鷸蚌相爭達到臺獨的目的，因此搞的臺海風波迭起，幾乎兵戎相見。

解決臺灣問題，中共仍認爲必先解決金門問題，劉亞洲在「金門戰役檢討」一文指出：

金門在敵手中，進可封鎖內陸，退可屏障臺灣。金門若在我手中，臺灣海峽的交通線便面臨極大威脅。臺灣頓失前敵。大軍渡海，朝發夕至。就是到今天，欲解決臺灣問題，仍首先要解決金門問題。

因此，古寧頭登陸戰，共軍血染沙場，共軍記取教訓，劉亞洲認爲：

金門戰役解放軍是以陸地為基地，渡過一個海峽，到一個島嶼登陸作戰。金門之戰是一次兩棲登陸與反登陸作戰，與解放軍將來解放臺灣的戰爭模式是一樣的。臺灣是放大的金門。廿八軍是縮小的解放軍。金門之戰是一面鏡子，唯有認真吸取金門之戰的教訓，才能在未來的臺海決戰中穩操左券。

臺獨，是兩岸戰爭的引信。劉亞洲斷言，一旦臺海爆發戰爭，美國必然參戰。他認爲，廿一世紀美國已經把遏制中共的崛起當作首要目標；其次，臺灣具有美國和日本不可不看重的地緣和政治條件；再加上美國對臺灣安全的承諾，都讓美國絕對會介入臺海戰爭。

能戰，才能和，兩岸今天能戰嗎?中國時報社論：

兩岸只能和，不能戰。如果兩岸當局持續堅持各自立場，持續錯估形勢，則軍事衝突的後果恐難避免。而海峽兩岸一旦兵戎相見，雙方所付出的代價將難以估計，尤其臺灣首當其衝，當國之士與社會大眾不能不察其後果，聯繫兩岸民族的感情將化為烏有，半世紀來辛勤締造的建設成果亦同遭摧毀，這是任何人都不願見到的局面。

中國自從鴉片戰爭一百多年以來，犧牲了無數的同胞，歷經數代的血汗經營，如果不幸開戰，都將煙消雲散，中國人想奮發圖強，迎頭趕上的理想都將幻滅，一切都得從頭開始，中國人仍將站不起來，還得仰人鼻息。

半世紀以來，臺灣一直依恃美國的撐腰而生存。露骨地說，美國等於是臺灣的保護國，沒有美國過去大量的軍經援助，以及今天的軍售與臺灣關係法，臺灣不可能有今天。

這是中國時報一九九九年七月十七日的社論。臺灣的生存依靠美國的支持，從一九五〇年以來都是如此，也是古寧頭戰役後所演變的結果。

40 新時代的開端

度盡劫波兄弟在，相逢一笑泯恩仇。

魯迅

時間是治療創傷的靈藥，兩岸從以往的水火不容，演變到今天的往來互動，從戰爭邁向和解與和平，在我們一生都親歷過，歷歷在目。

蔣介石與毛澤東的過世，使兩岸的仇恨感漸漸降低。大陸鄧小平的改革開放，走向了市場經濟，先讓一部份中國人富起來，使共產主義的鐵板一塊有了改變；臺灣蔣經國的銳意建設，開放大陸人道探親，使得和解露出了端倪。

如果沒有鄧小平的市場經濟，就不會有臺商到大陸經商、投資與居住；如果沒有臺灣的開放與接納，就不可能有大陸兒媳婦，成為臺灣社會的一員，這一步的接觸與融合，使兩岸有了相互了解的機會。

兩岸的一小步，是歷史的一大步，不曉得犧牲了多少人的性命換來的。

兩岸逐步開放，交流的勢潮已經擋不住。二〇〇一年一月二日，金門開放小三通，扮演領頭燕的角色，金門從戰爭的前沿陣地，銳化成和平交流的試點，金門再次擔當了歷史角色。

臺灣內部的藍綠對抗，一直在內鬥與內耗，演成民主空轉，斲傷了臺灣的利基、生機與優勢，臺灣的藍綠之鬥好似又走向當年國共內鬥一樣，讓人看得眼花撩亂、目不暇給，鬥爭的輪迴，本質不變，只是換了一個題目而已。

然而不管誰執政？兩岸交流與接觸的浪潮已沛然莫之能禦。

國民黨既已拋棄仇恨，黨主席連戰勇敢面對歷史的辛酸，更加大了兩岸交流的腳步。國民黨的馬英九重新執政之後，開放大陸人民到臺灣觀光、旅遊，開啓兩岸交流的新頁，並於二〇〇八年十二月十五日開放兩岸大三通——通郵、通航、通商，演出了驚世傳奇。

這是難得的歷史機遇。兩岸從當年誓不兩立，鬥得你死我活，到現在發現和平才是硬道理，只有和平，才能繁榮發展；只有和平，才能快樂幸福；只有和平，才能一家團員；只有和平，才能社會安康；只有和平，才能國族昌盛。

因此，今日重新檢視古寧頭戰役，沒有戰勝者，只有倖存者，紀念古寧頭戰役六十周年，理應哀矜而勿喜，對於戰死沙場的國共兩軍官兵，應該抱持悲憫與同情，揮淚祭悼，並警惕後人。因此，金門縣長李炷烽在古寧頭戰場建立「古寧頭戰役和平紀念廣場」，將鏤刻兩岸國殤名單，上海師範大學法政學院教授洪小夏，由媒體報導得知消息，親筆寫信給李縣長表示樂觀其成，且願提供他手頭擁有一份當年解放軍陣亡者的名籍等資料，以貢獻己力，盼藉此讓大陸很多死者親屬也能在戰後六十週年親臨金門祭拜掃墓與追思悼念親人。希望牢牢記取戰爭血祭的教訓，千萬不要重蹈覆轍。

胡璉將軍與葉飛將軍，當年在古寧頭戰役與八二三砲戰，天命的遭遇，兩度隔著金廈海域對壘，相互較量過了，昔日的死敵，都埋葬在金廈的海域，每日見到兩岸小三通經過金廈的人潮，人來人往，眞是匪夷所思。砲火不見了，勝負不論了，只有見到後人相逢一笑泯恩仇，應該可以告慰於九泉之下。

葉飛胡璉之女二〇〇九年二月十二日在廈門首次相聚：
兩位將門虎女
跨海含笑相擁

廈門日報報導：

葉飛和胡璉，這對在金門砲戰等戰役中數次生死較量的老對手，昨晚一定在天堂相視而笑，他們生前估計沒有料到，各自的女兒會在當年的砲戰前線廈門喜極相擁，但這一幕想必又是他們最願意看到的。

一九五八年，當葉飛負責指揮金門砲戰時，胡璉正作為『金門防衛部司令官』率兵駐守。那年，葉飛女兒葉小楠十六歲，胡鏈女兒胡之潔九歲。五十一年後的昨晚，白

▲胡璉將軍的女兒胡之潔（左）與葉飛的女兒葉小楠，在廈門相逢一笑泯恩仇，互相交換禮物。　（周浯斌提供）

髮已漸次爬上髮梢的她們，有生以來第一次握手，並發出了感歎：「我們神交許多年了！」

金門高粱酒、鼓浪嶼鋼琴模型

一、兩人見面禮

「這是葉飛將軍的大女兒！」當人們向她介紹葉小楠時，胡之潔伸出右手，含笑說：「當年，我的父親在金門……」葉小楠感到，時光倏地回到了上世紀五六十年代。

胡之潔送給葉小楠的見面禮是一瓶金門高粱酒。葉小楠接過酒的那一刻，看到了胡璉的人頭像就印在酒盒上，父親的老對手正威而不怒地注視著她。這瓶酒是金門酒廠於二〇〇五年為紀念胡璉將軍百年冥誕而釀造的。胡璉生命中的重要時光是在金門度過的，作為「金門防衛司令部司令」，他除了負責軍事外，還帶領金門民眾建起金門高粱酒廠，築造了公路的主要幹道。

葉小楠送給胡之潔的見面禮同樣別出心裁——一架鼓浪嶼鋼琴模型。父親葉飛時任福州軍區第一政委等要職，兩岸對峙時，他多次親臨廈門前線視察，兩岸交流時，他又鼓勵女兒從北京來到廈門，參與特區的經濟建設，葉小楠曾任廈門市計畫委主任、海滄臺商投資區管委會副主任。胡之潔對葉小楠送的「鋼琴」愛不釋手，吟誦道：「這是海上的鼓浪嶼啊！」

見葉小楠之前，胡之潔去了廈大和南普陀，這是她第一次到廈門——許多年前因父親的命令常常砲彈紛飛的地方，而昨日走在廈大校園，不時有臺灣學子興沖沖地從她身邊走過。

葉小楠還沒到過金門，這是她神往已久的地方。胡之潔建議她一定要去走走，「很近的，坐船隻需一個小時。」來時，她坐「小三通」，從東渡碼頭上岸，回時，她計畫從五通碼頭走，因為人們告訴她這條廈金航線只需花二十幾分鐘，更快。

二、兩位「幕後功臣」

金門縣長、廈門台辦主任

與葉小楠相會，是胡之潔到金門祭拜父親延伸出來的意外之喜。

胡之潔十幾歲離開臺灣，到美國念書，並定居下來。前天，從美國回臺灣的胡之潔專程到金門祭拜父親。但縣長李炷烽等人聞到風聲立刻趕到她的身邊。他們一起踏著胡璉的足跡走過金門不少地方。有人建議胡之潔到了金門就一定要到廈門看看，「就這麼近」，而李炷烽的建議更進一步：「到了廈門，一定要與葉飛將軍的後代相會！」胡之潔一聽，心動了。

幾乎同時，廈門市台辦主任吳明哲的手機響起了，他聽到了電話那頭的李炷烽興奮地喊到：「我們來幫兩位將軍的後代牽線搭橋吧！她們應該相會了！」

吳明哲掛斷李炷烽的手機後，馬上撥通了葉小楠的手機。葉小楠並不在廈門，但她一聽說胡之潔將到廈門時，就說一定要趕回來。去年十二月，葉小楠的妹妹在美國遇到了胡家親戚，那親戚一聽說面前站著的是葉飛女兒，便提議葉胡兩家人應該會會面。而當胡之潔真的出現在廈門時，葉小楠又怎能錯過這期待已久的會面呢？昨晚，葉小楠從福州回到了廈門，一刻不停地趕到酒店見胡之潔，她本想把弟妹都帶來，但他們出差了。

吳明哲以「一道吃飯」這一中國人通常的會友方式把胡之潔和葉小楠請到了一起。圓桌上，兩人都不忌諱談論八二三砲戰前前後後的那些年。葉小楠說那時她正讀中學，聽到砲聲是常有的，但出生於戰爭年代的她並不害怕。而那時的胡之潔比葉小楠還小，又住在遠離金門的臺北，現場感受幾乎沒有，但她安靜地聽葉小楠回憶往事，時而微笑，時而點頭。

兩人的飲食喜好可看出生活地域之別，葉小楠愛喝青瓜汁，胡之潔卻向服務生要白開水，而當她就著白開水把整塊南瓜餅都吃了後，葉小楠卻一口也沒咬。但這些差異並沒有影響她們回顧父輩打的那些戰爭的一致感受：「我們知道歷史，但我們沒有負擔。」

三、兩個人的父親

從沒在兒女面前談論過對手

作為多年的老對手，葉飛會怎麼對女兒說胡璉，胡璉又曾當著女兒的面如何評價葉飛呢？許多年後，當他們的後代坐到一起時，這個問題並沒有因時光流逝而降低勾人好奇的程度。

答案竟是一模一樣：「父親從來沒在我們面前談論過他的對手。」

葉小楠是家中老大，下有五個弟妹。她把父親的時間分為三部分，一部分在省裏開會，一部分在中央開會，一部分赴前線下基層。只有在省裏開會時，父親才可能住到福州的家中，而回到家裏，父親從來不談論戰爭，除為了保守軍事機密外，還因為父親是寡言的人。不要說兩岸對峙時父親沒在家裏談過軍事，即便到晚年回憶一個個戰役，他也沒有評論過對手一句話。「但可以感覺到，父親對對手是很尊重的。」葉小楠回憶道。

胡之潔能與父親相處的時間也是少之又少，她在家中排行老六，包括她在內共有八個兄弟姐妹。父親長年駐紮金門，極少回臺北的家中，真想念時，胡之潔就和兄弟姐妹一道坐飛機到金門看他。十幾歲出國後，胡之潔的大部分生活都在紐約度過，直到現在。初到美國時，她偶然讀到了一套歷史書，裏面好多處寫到父親，還特別提到了那段駐守金門的歲月。在書中，她也讀到了不少人對父親的評價，其中毛澤東說的那六個字評語令她過目不忘：「狡如狐、猛如虎」。那時，她才知道父親原來是個名人。

與葉飛一樣，胡璉也沒在兒女面前評價過對手，不過，胡之潔的感覺與葉小楠驚人相似，「父親對對手是尊重的。」

四、兩個家庭的緣份

葉飛胡璉遺願都是兩岸和平統一

如果父親還在世，多好啊！昨晚，葉小楠和胡之潔不約而同地感歎到。如果她們的父親還在，今年幾歲呢？葉飛九十五歲，胡璉一〇二歲。這是他們的女兒不假思索就給的答案。

葉小楠還記得一九九九年父親病危時對她的叮囑：「我死後葬在廈門。」葉飛的祖籍是南安，按葉落歸根的傳統，他理應回歸南安，可他偏偏想要長眠廈門。葉小楠答應了，她掂量出了父親對海峽對岸那沉甸甸的感情。父親晚年最大的心願是祖國和平統一，而在廈門，他最能近距離地聆聽到和平的步伐正一步步地邁開。

而對手胡璉比他早走了二十二年。一九七七年，胡璉因病去世。病危時，他同樣對兒女交代，死後骨灰灑向金門周邊的海域。也只有在金門，祖籍陝西的胡璉才能最近距離地遙望故鄉。

可以肯定地說，這兩位生死較量無數回的對手，生前並沒有相約死後相望，但冥冥之中，他們分別選擇了能距對方最近的地方安息，這樣的默契連他們的兒女都為之稱奇。

更奇的是，胡之潔就是在祭拜父親的時候，邁出了到對岸廈門與葉飛後代相會的腳步，難道，她聽到了父親的召喚？

胡之潔把這歸之為緣份。這「緣」字，就是「五緣」的緣。

廈門日報對葉飛兵敗古寧頭諱莫如深，是被蒙蔽不知？還是故意略而不談？可見古寧頭之敗，至今都是中共心中的痛。

雖然兩岸第一代的仇怨，到了第二代獲得了釋放，相逢、相見、相敘，雲淡風輕，似無罣礙；然而敵手改變了，那些新產生的糾結的錯綜複雜的問題，終究還沒有解決，還在醞釀一種兇險或者和平？可能只有等待時間老人與智慧先生來印證或化解了。

胡錦濤釋放了信息。

二〇〇九年一月一日聯合報報導

胡錦濤在除夕提出兩岸和平六點主張：

一、恪守一個中國，增進政治互信：世界上只有一個中國，中國主權和領土完整不容分割。

二、兩岸簽定綜合性經濟合作協議，探討兩岸經濟共同發展與亞太區域經濟合作機制相銜接的可行途徑。

三、臺灣文化豐富了中華文化的內涵，臺灣同胞愛鄉愛土的臺灣意識，不等於臺獨意識。

四、希望民進黨停止臺獨分裂活動：只要民進黨改變臺獨分裂立場，大陸願正面回應。

五、臺灣參與國際組織活動問題，在不造成兩個中國、一中一台的前提下，通過兩岸務實協商，作出合情合理安排。

六、兩岸就軍事問題接觸交流，探討建立軍事安全互信機制：在「一中」原則基礎上，協商正式結束敵對狀態，達成和平協議。

孫中山先生說：「和平、奮鬥、救中國。」孫先生的政治遺囑，證明了他的卓識與遠見，然而八十多年來追求的仍不脫這一句話。戰爭無情，和平無價，但是和平向來不是廉價的。一九四九年國民黨已吃過一次大虧，對於和平雖然大家都嚮往，但共產黨的辨證法思維，也讓人戒愼恐懼。如何落實上述「胡六點」和平主張，爭議不少，紛歧仍多，恐怕還有一段漫漫長路要走。

4 1 滄桑古寧頭

寂寞天寶後，園廬但蒿藜。我里百餘家，世亂各東西。〈無家別〉杜甫

小時候，常常聽說紅軍的故事。每當吃完晚飯，在煤油燈底下，傾聽母親講述她的經歷，這些故事我已經聽過好幾遍了，構成了我兒時的記憶。她那時一定懷著我，我雖然不知道，但我相信我跟她共同面對這一場戰役，我接受了她驚懼的信息。因此，她的經歷，也就成爲我生命的一部分。

我對母親的遭遇，感受是有一些遲鈍的，因爲她的故事，距離我有一些遙遠。直到一九五八年八二三砲戰的時候，我的生命故事，開始跟她有了重疊的部分。

那時，我們躲到鄰居的防空洞裡，每當砲火暫歇，母親就一個人跑回一百公尺開外的家裡煮飯，然後送來給我們吃，當時燒茅草，必須時時送火，滿村靜寂無聲，雞犬不聞，連一根針掉在地上都聽得到；母親一面煮飯，一面要留意共軍的砲火，她那時所受的痛苦與委屈，我是越大越能體會。母親現已仙去了，我沒能一日奉養過她，我的愧疚，變成對她的思念與疼惜，而且日久日深。

每一個人都有母親。

母親經過戰亂，顛沛流離，到底有多少人可以體會？戰爭，已經讓我們變成冷酷

▲古寧頭南山村八二三砲戰受砲擊，滿目瘡痍。

而缺乏同情心，中國人一代一代的戰亂，使情感痲痺了，如果不能感同身受，推己及人，中國的不幸還會代代延續。

小時候上山下海，走過的土地，每一吋都有戰爭的痕跡。古寧頭人從一九四九年到一九五八年，短短十年之間，經過兩次戰火的洗禮，至今村舍爲墟，村民流徙無所歸依。因此，兩岸的分裂，災難在金門，金門的災難在古寧頭，古寧頭的災難在南山——應祥公的發祥地。

古寧頭的人口大量外移了，如今十室九空，已經不是以前繁盛的景象了，有時回去，空蕩蕩的杳無人煙，使我想起陶淵明〈還舊居〉的詩：

> 阡陌不移舊，邑屋或時非，履歷周故居，鄰老罕復遺。

古寧頭現今不僅鄰老罕復遺，而且阡陌雜草叢生，不辨路徑，滿山的荒田，記錄了時代的滄桑，比陶潛還舊居，更加蒼涼、悲冷的了。

古寧頭人煙稀少了，連小學都開不成班，這跟以前萬人社的時代，簡直不可同日而語了；過年過節的氣氛已經淡了，廟會也沒有以前熱鬧了，古寧頭只留下一些老人，看守祖宗的基業，兒童捉蟋蟀、打陀螺也不見了，我回不到童年了，也回不到以前的故鄉了。

古寧頭的開發，歲月不居，已經超過六百個年頭了，歷經戰亂與遷徙，蕭條異代不同時，明清兩朝，屢仆屢起，只能從父老口耳相傳中，去緬懷那一頁顛沛流離的歲月，民國以來的變亂，有些是我親歷的，我只感覺古寧頭日漸的零落，也許李子落地

▲古寧頭南山村至今荒落，廬舍為墟。

再萌芽、發榮、滋長，說不定就是古寧頭李氏繁衍、分枝的歷史宿命，正像先祖一樣寫下的傳奇。

每一個時代，都有每一個時代戰爭的理由，戰爭都帶著一種面具，戰死的人，已經無法言語，活著的人，又感到無力。古寧頭的不幸遭遇，只不過是歷史的縮影，母親這一代人的離亂，局外人是很難領會的，古寧頭人的辛酸，自然也就無法引起共鳴。所以歷史上的殺伐鼎革，也就缺乏同體大悲的說服力，因此，禍亂相循，也就不以爲異。

中國地大物博，山川壯麗，氣候溫煦，但是戰爭不斷，和平渺不可期，中國人實在對不起這塊土地。英、法、德、日四國的面積，只不過中國的一個行省而已，卻創造出高度的文明，在世界上舉足輕重，難道不值得我們反省、學習？

孫中山先生似乎說過，講打就是野蠻。今天面對兩岸的變局，必須要有新思維，不能落入歷史的窠臼，才能浴火重生，因此，當國者應放遠眼光，以生民爲念，爲國家民族的生存發展而努力，如果再訴諸武力，勢必生靈塗炭，臺灣海峽將成爲最好的墳場，中國人也就不値得憐惜。

古寧頭之役，轉眼間已過去六十個年頭了，參與戰役的老兵，許多人都還健在，今天重新尋繹這段歷史，希望可以提供警惕。

42 江山哪有許與人

滾滾長江東逝水，浪花淘盡英雄，是非成敗轉頭空，青山依舊在，幾度夕陽紅。白髮漁樵江渚上，慣看秋月春風，一壺濁酒喜相逢，古今多少事，盡付笑談中。

〈臨江仙〉明・楊慎

母親說，和平時代南船載運南北貨到古寧頭，經羅星港可以泊靠我們家附近的魚池邊，尤其逢年過節，船舶往來頻繁更見熱鬧；她說：「內地運來的暹尖米、香菇、木耳都很好吃，而紅棗、黑棗又圓又大，品質很好。」每次都聽的讓我口水直流，不免悠然神往，悵然若失，自嘆余生也晚。

父親則說他年輕時，常到漳州、石碼買小豬，買牛或者買馬，從烏沙頭海域搖船經十八羅漢礁到廈門半屏山；回程若碰到逆風，就須彎靠烈嶼再折返金門，一趟得花很長的時間。母親偶而會到鼓浪嶼找姨婆，鄰居常喜歡告訴我，母親年輕時穿洋裝很漂亮、很時髦。畢竟她是見過世面的。

古寧頭大戰之後，這一切都改變了，沒有南

▲鼓浪嶼不再是地理名詞，登臨攬勝，但是到哪裡去找昔日的姨婆呢？

船來了，沒有內地的香菇木耳與暹尖米；也不能搖船經十八羅漢礁或從後浦搭電船到廈門、鼓浪嶼，姨婆兩字深深印在我腦海中，但已經成爲歷史名詞了。

小時在煤油燈下，母親總愛講述古寧頭大戰的經歷。她說，戰後走經沙崗回娘家昔果山，看見死屍遍佈都理個大光頭，有些掩埋時還猛搖手；我當初年紀小，無法體會母親驚怖的心情，也無法體會那些軍士臨死時的無奈與無助，更無法體會他的妻兒父母如果看到這一幕景象，心情的感受又會如何？

我們習慣於用自己的觀點去看事情，論成敗、定是非，站高山上看馬相踢，如果換一個角度，就會有多一點同理心，少一點分別心，就會懂的去愛人；對於戰爭，大家也是一樣，多被驅策去作一種主觀的選擇，意識的包裝，有些人根本缺少信仰與信念，到底爲何而戰，爲誰而戰？有時恐怕也說不清楚，尤其古寧頭戰役至今已然六十周年了，兩岸時空的變化，如果能起戰死的魂靈於地下，問他們今生是否有恨、有悔？如果可以重新選擇，他們會有甚麼看法、意念、決定？可能也是一個有意義的問題。

小時上山工作或下海拿海蚵，舉目遙望大陸河山，咫尺天涯，它們距離那麼近，感覺又那麼遙遠，兩岸對峙氣氛很是肅殺，我們又被人家教育去仇去殺，上一代的失策、失敗，竟要下一代的人去付出代價，而且還不容懷疑，我們只是人家的一顆棋子，身不由己；但是我對於大陸河山衷心有些嚮往，因此當我第一次出國旅遊的時候，執意選擇到大陸，妻子很奇怪，無法理解我的心情，或許受了母親的影響，南船風帆的景慕，或是遙望廈門半屏山所種下的情愫，我一時也說不清楚。

其實我們對大陸同胞哪有甚麼仇恨，只是受了政治力及意識形態的影響，彼此產生隔閡，造成誤解罷了，金門與大陸一衣帶水，屬於同一個生活圈，老一輩的人緬懷和平時代跟大陸舟楫往來，心情是開闊而愉快的，後來遭遇政治因素阻絕，彼此不通，只能從回憶中去咀嚼過往的情境，他們的心情也影響戰後的一代，感情的傳承如山之泉、水之源，自然的湧出。

時間是一切創傷的靈藥。經過歷史的沉澱，回頭來看古寧頭戰役，一切就比較透晰了，不僅對歷史看得比較清楚，我們的心也比較澄澈，對人對事的看法就比較冷靜；「度盡劫波兄弟在，相逢一笑泯恩仇」，這需要有歷史的高度、情感的厚度，理智的寬度，才能俯仰古今盡付笑談中。因此，只要相互尊重、包容、理解，就可以找出一個最大公約數，共同向前找出民族的出路。

自從鴉片戰爭，我們訂下了屈辱的南京條約之後，一連串的災難、戰火接踵而至，幾代人都生活在水深火熱之中，許許多多的豪傑、志士、仁人都在爲民族找出路，左衝右突，一路到了古寧頭大戰，在歷史上劃了一道深深的傷痕，影響了兩岸人民的感情；以前在爲民族找出路，現在則爲統合找出路，英國的船堅砲利已經把我們的線頭打棼了，整個民族一直在找線頭，自以爲是，互相殘殺，而那個打亂線頭的人，卻在一邊竊笑，好整以暇，靜看兩隻蟋蟀搏鬥，得勝的一方驕傲自恣，鼓翅鳴叫，殊不知後面還有玩弄蟋蟀的人。

外侮，點燃民族的悲劇，我們一時無法面對、處理與解決，演成民族內部矛盾的擴大與激化，以致外鬥無力，內鬥轉烈。

百幾十年來，我們都在犧牲自己的人民，去填補歷史的黑洞以及權力欲望的溝壑，除非我們真正體悟到勝殘去殺、以和爲貴、以人爲本，才能找出作爲一個中國人的尊嚴、驕傲與價值，否則都是一些虛幻的願景，即使強盛了又怎麼樣？伯夷、叔齊兩兄弟，義不食周粟，餓死在首陽山，他們反對戰爭，反對以暴制暴，是中國歷史上最早具有反戰思想的人，但是這種思想在歷代一直出不來，大家把伯夷、叔齊兩兄弟讓國、切諫周武王不要伐紂，定位在高人奇士，忽視了他們反戰的思想、仁愛的胸襟、以身殉道的精神。因此，中國歷史上禍亂相循，只重定鼎、只重成敗、只重公侯將相，缺乏以民爲本的觀念與踐履，一切唯武是尙，爭權力、爭榮辱，走上戰爭決定論。

中國有它的輝煌歷史，但中國人也有他的悲劇性格，假如不能重新思考，改弦更張，尊重、實踐伯夷叔齊的思想，多一點仁道，少一點霸道，多尊重個人，少箝制思想，否則中國的悲劇還會重演。

二○○一年金馬率先實施小三通，大陸同胞來到我們的蚵田邊，呼吸與共，聲氣相聞，內地的貨物又來到金門了，緬懷昔日南船的風帆，接上了情感的臍帶；而今已雙向有了善意的往返，大陸同胞已可直接到金門與臺灣觀光、訪問、交流，每天人來人往，絡繹不絕，跟以往綁架全民的對抗、鬥爭與仇殺，簡直有天壤之別。忘記過去，瞻望未來，只有民族的興隆、同胞的幸福、子孫的發展、國族的強盛，才是眞正的勝利，因此，不看一時，要看千秋。

我們置身在歷史洪流之中，個人的力量微小，感到無力與無奈，南船的傳述已經老去，取而代之的是小三通，在這歷史的交替過程中，我們還能跟子孫述說甚麼歷史風景呢？

少年子弟江湖老，我是戰後的一代，用一輩子的時間，咀嚼老一輩強悍、堅韌的

▲小三通開啓兩岸的新時代，見證兩岸的歷史變化。

烽火情感況味，這成爲我生命的負擔，但是我也在歷史的夾縫中，受到擠壓與痛苦，我們希望和平的到來，但眞正落實和平似乎還很遙遠，有時不免懷疑，我還能把兩代揉合的感情傳遞下去嗎？古寧頭戰役，死者無言，生者受苦；那些爲民族捐軀的英靈，不論是國軍或紅軍，他們多已在這塊土地安息了，他們已不分彼此，老百姓也一體對待，只要靈爽不昧，建廟立祠，馨香禱祝，顯示庶民文化的寬和與博大，這是歷史的主流，中華民族源遠流長，興替相繼，靠的就是這股庶民文化的力量。

是非成敗轉頭空，江山依舊在，幾度夕陽紅，到底能喚醒多少人的迷夢？歲月悠悠，逝水無情，歷史是我們思想的牢籠，我們長期陷入其中而無法自拔，省視古寧頭戰役，面對兩岸今日的情勢，應以宏觀的、長遠的以及國族的興替、人民的幸福來考量。

金廈海峽海水滔滔，潮起潮落，不論是承平或是戰時，朝曦升起，夕陽又下，江山無言，景物不語；大地無私，無所不包，只是有些人在那裡你爭我奪，俱往矣，古今多少風流人物，何必以江山如此多嬌，風流自況呢？其實江山那有許與人，人搶不走，也帶不走？那麼我們何不停下腳步，欣賞江山如畫、無私無我的境界呢？

附錄

參考書目

《危急存亡之秋》　蔣經國　正中書局出版
《泛述古寧頭之戰》　胡璉　國防部印刷廠
《金門憶舊》　胡璉　黎明文化出版公司
《李良榮與金門保衛戰》　李良榮文教基金會籌備處
《古寧頭大捷卅週年紀念特刊》　國防部史政編譯局
《古寧頭大捷四十週年紀念文集》　國防部史政編譯局
《金門大捷戰鬥經過寫眞》　沐巨樑　自行出版
《金門隨筆》　陳臻超　金門文化局出版
《明恥教戰（並述民國卅八年金門古寧頭戰役史實）》　鄭果　一九七八年寫，無出版社
《金門同鄉鄉訊第十三期》　同鄉會出版
《共和國之戰》　大陸金城出版社　陸其明
《金門之戰》　中國廣播電視出版社　徐煥
《雪中足跡——聖嚴法師自傳》　三采文化出版
《毛澤東全傳》　辛子陵著　書華出版
《浯州古龍頭鄉土志》　李國偉主編
《金門古寧頭、舟山登步島之戰史料》　國史館
《血祭金門》　洪小夏著　新大陸出版社

參考篇目

〈二十二兵團司令官李檢討會致詞〉　李良榮　古寧頭戰史館
〈古寧頭戰役十八軍長報告書〉　高魁元　古寧頭戰史館
〈金門作戰檢討會訓詞〉　陳誠　古寧頭戰史館
〈李樹蘭將軍在礁溪家中受訪實錄〉　古寧頭戰史館
〈擄獲共軍二十八軍公文與資料〉　古寧頭戰史館
〈追憶古寧頭大捷〉　李志鵬　《掃蕩》　一九六期
〈金門大捷說袁林〉　曹之冠　《青年戰士報》　一九八〇、十、廿六
〈天意與用命——古寧頭大捷三十九週年感言〉　章鐵華　《臺灣日報》
一九八七、十、廿四
〈你淮海，我徐蚌〉　李敖　《世界論壇報》　一九八九、一、十
〈將軍白髮征夫淚〉　李敖　《世界論壇報》　一九八九、一、十一
〈黃維・一直未屈服？〉　李敖　《世界論壇報》　一九八九、三、廿三
〈師克在和——古寧頭大捷三十二週年〉　白天霖　《青年戰士報》
一九八一、十、廿五
〈新中國初期人民解放軍未能遂行臺灣戰役計畫原因初探〉　周軍　《臺灣日報》轉載
改題爲〈金門登步大捷粉碎中共犯臺迷夢！〉一九九一、三、卅一
〈古寧頭大捷紀略〉　林君長　《中央日報》　一九七九、十、十六

〈這是你的戰爭——「古寧頭大戰」觀後感〉　劉克敵　《自立晚報》　一九八〇、八、廿
〈古寧頭大戰的回憶〉　張月　《青年戰士報》　一九八〇、八、十
〈古寧頭風雲〉　楊樹清　《青年戰士報》一九七九、十、廿七
〈古寧頭大戰——紙上談兵〉　歌中　《民意之聲》　一九八六、十二、廿
〈當年金門大捷保住臺灣，青年軍二〇一師功不可沒〉　王宗榘《公論》　一九八六、十一、六
〈金門大捷戰史與反登陸戰〉　王宗榘《公論》　一九八六、十、六
〈西線戰事——金門古寧頭大戰的功與過〉　王文稜　《民意》之聲　十二至十四期
〈西線戰爭——金門古寧頭大戰的功與過〉　耿將華　《民意之聲》十一、十七期
〈對「我對古寧頭大捷的體認」的檢討〉　秦維藩　《自由談》　卅二卷二期
〈金門古寧頭大戰內幕大公開〉　李玉山　《民主政治》　第八期
〈金門古寧頭之役——還歷史的本來面目〉　趙蔚　香港《明報月刊》一九九〇年四月號
〈金門保衛戰之回顧——明恥教戰的驗證〉　高魁元　《閩園雜誌》　十七期
一九九〇、一、廿
〈訪金門古寧頭戰場〉　白長川　《閩園》　第十七期
〈爲湯恩伯辯誣——金門大捷眞相〉　鄭達釗　《中外雜誌》　四十卷第三期至第四期
〈湯恩伯贏得古寧頭大捷〉　邵德潤　《中外雜誌》　四十卷四期
〈古寧頭大捷的結論〉　王禹廷　《新萬象》　第四十九期

〈金門古寧頭大捷採訪追紀〉 卜幼夫 《閩園》 第十七期
〈奇蹟──古寧頭大捷四十週年的回憶〉 章鐵華 《臺灣日報》一九八九、十、廿三
〈古寧頭戰役四十週年紀念獻辭〉 勞聲寰 《青年日報》一九八九、十、廿四
〈雷震秘藏書信選〉 傅正／選註 摘自自版報源
〈雷震致湯恩伯〉 《自立晚報》 一九九〇、九、一
〈不宜錯估形勢・動搖兩岸基本定位〉 《中國時報・社論》 一九九九、七、十二
〈正視美國對「兩國論」的負面反應〉 《中國時報・社論》 一九九九、七、十七
〈古寧碧血・浩氣長存──李光前團長殉國事略〉 歐陽禮
中央日報一九四九年至五〇年
中央日報一九七五、四、五日
中國時報二〇〇五、四、廿七日及四、三十
聯合報二〇〇九、一、一及二〇〇九、二、十五
華視新聞雜誌 被俘虜的人生（影片）
廈門日報二〇〇九、二、十二
〈金門縣志〉 金門縣政府出版
金門日報二〇〇九、二、十六
〈哀愍同胞公墓──戰後一甲子請為古寧頭埋戰骨〉 吳鼎仁 金門日報二〇〇九、四三

訪談對象一

軍士及地點

沐巨樑　臺中大雅
吳棣萬　臺北新店
鍾世勳　金門古寧頭
吳應安　臺北永和（電話訪問）
田澤中　臺北新店
潘有斗　臺北新店
釋惟德法師　金門金城
熊政福　臺灣高雄（電話訪問）

訪談對象二

民衆及地點

父親李錫註　金門古寧頭南山及台北土城
母親李吳賢　金門古寧頭南山
李清泉　臺北市民生西路
李怡來　臺北新店
李智中　臺北中和
李炎陽　金門古寧頭南山
莊　翠　金門古寧頭南山
李炎萍　金門古寧頭北山
李金良　金門古寧頭北山
李雨宙　金門古寧頭北山
李泉州　金門西浦頭
李水團　金門古寧頭北山
李友朝　金門古寧頭林厝
李清芽　臺北市嘉興街
李　友　金門古寧頭林厝
李海詳　臺北三重工寮
李錫坦　金門古寧頭林厝
楊誠坡　金門古寧頭林厝
李和火　金門古寧頭北山
許漁治　金門古寧頭北山
李水恭　金門沙美街
李金昌　印尼泗水（引用）
李金水　金門金城
吳五全　金門安岐
吳煥彩　金門安岐
蔡天從　金門安岐
吳國理　金門安岐
楊金墩　金門湖尾東堡
葉正察　金門湖尾西堡
莊恭欽　金門湖尾西堡
林水土　金門湖尾西堡
楊天賜　金門湖尾東堡

許水涵　金門湖尾東堡
翁扶粹　金門大同之家
莊　瀑　金門西浦頭
吳金元　金門嚨口
張榮強　臺北永和
蔡廷策　金門瓊林

國家圖書館出版品預行編目資料

一九四九古寧頭戰紀——影響臺海兩岸一場關鍵性的戰役 / 李福井作. -- 三版. --臺北市：五南, 2014.03

面；　公分

ISBN 978-957-11-7509-6 (平裝)

1.戰史 2.中華民國

592.9286　　103001095

台灣書房　13

8V13　一九四九古寧頭戰紀——
影響臺海兩岸一場關鍵性的戰役

作　　者　李福井（86.5）
發 行 人　楊榮川
總 編 輯　王翠華
副 總 編　蘇美嬌
責任編輯　邱紫綾
封面設計　王璽安

發 行 人　楊榮川
出 版 者　五南圖書出版股份有限公司
地　　址　台北市和平東路２段３３９號４樓
電　　話　０２－２７０５５０６６
傳　　真　０２－２７０５６１００
郵政劃撥　０１０６８９５３
網　　址　http://www.wunan.com.tw
電子郵件　wunan@wunan.com.tw
劃撥帳號　０１０６８９５３
戶　　名　五南圖書出版股份有限公司

台中市駐區辦公室/台中市中區中山路6號
電　　話：(04)2223-0891　　傳　　真：(04)2223-3549
高雄市駐區辦公室/高雄市新興區中山一路290號
電　　話：(07)2358-702　　傳　　真：(07)2350-236

顧　　問　林勝安律師事務所　林勝安律師

出版日期　2009年 9 月 初版一刷
　　　　　2014年 3 月 三版二刷
定　　價　新台幣450元整

台灣書房

台灣書房